Der Verlag weist ausdrücklich darauf hin, dass im Text enthaltene externe Links vom Verlag nur bis zum Zeitpunkt der Veröffentlichung eingesehen werden konnten. Auf spätere Veränderungen hat der Verlag keinerlei Einfluss. Eine Haftung des Verlages ist daher ausgeschlossen.

1. Auflage 2019

Verlag: DS Vision Verlag
Redaktion, Projektmanagement, Co-Autorin: Henriette Frädrich
Covergestaltung, Layout, Satz: Nora Wirth, 3 Karat Visuelle Kommunikation
Druck und Bindung: Braun & Sohn Druckerei GmbH & Co. KG
Korrektorat und Lektorat: Nina Fuchs
Printed in Germany
ISBN: 978-3-9525089-0-9
www.denysscharnweber.com

Dieses Buch ist auch als E-Book erhältlich.

Der Inhalt dieses Buches dient lediglich der Information. Die Entscheidung, die in diesem Buch veröffentlichten Übungen und Empfehlungen zu nutzen, liegt beim Leser selbst. Autor und Verlag übernehmen für Schäden, die durch falsche Schlussfolgerungen aus den in diesem Buch enthaltenen Hinweisen direkt oder indirekt entstehen könnten, keine Haftung.

HEART-SELLER

Mit der Kraft des Herzens verkaufen, führen, leben

Denys Scharnweber
mit Henriette Frädrich

Inhalt

Wie macht der das?!

→ ***„Erfolgreich verkaufen heißt, seine Begeisterung verkaufen."***

Michael Marie Jung // Professor, Hochschullehrer, Führungskräfte-Coach // Deutschland

Ich habe so eine latente Abneigung gegen Verkäufer. Verkaufsfunnel finde ich doof, genauso wie Verkaufsmails. Irgendwie mag ich Verkaufen an sich generell einfach nicht. Ich will selbst auch nichts verkaufen. Und ich will erst recht nichts verkauft bekommen. Dieses Rumgeschreie, ob Online oder Offline, dieses JETZT HIER ZUGREIFEN EINMALIG NUR NOCH HEUTE UND 10 % RABATT GIBT'S AUCH NOCH. Ganz oft empfinde ich Verkaufen als Abzocke, ich fühle mich doof dabei, verarscht, unter Druck gesetzt. Rheumadecken-Butterfahrt, nein danke, ich bin doch nicht blöd.

Und dann steht ER da – total lässig vor seinem Flipchart. Und verkauft mit Hamburger Kodderschnauze und dem einen oder anderen dreckigen Witz und flotten Spruch seine hochpreisigen Seminare wie warme Semmeln. Nun sind Seminare etwas Immaterielles. Aber wären sie echte Dinge zum Anfassen, haptisch, würden ihm die 80 Teilnehmer die heiße Ware regelrecht aus der Hand reißen. Die Teilnehmer hängen an seinen Lippen. Er stellt ein Produkt nach dem anderen vor, die Kosten seiner Seminare sind drei- und vierstellig. Also nichts, was man mal eben so aus Lust und Laune zwischendurch in die Einkaufstüte packt. Aber hier im Raum kauft fast jeder mindestens eines von seinen Produkten.[1] Wann immer er fragt „Wer ist dabei?", schnellen die Hände nur so nach oben. Als er seine vielfältige Produktpalette vorgestellt hat und zum Ende kommt, scheinen die Teilnehmer regelrecht enttäuscht zu sein: Wie? Das war alles? Hast du nicht noch mehr für uns?

Innerhalb von 20 Minuten hat er Seminare im Wert eines anständigen Mittelklasse-Neuwagens gehobenerer Marken verkauft. Und ich frage mich: Wie macht der das bloß?!

Ich beobachte das Spektakel fasziniert. Ich habe ein Zwei-Tages-Seminar bei Denys Scharnweber im Rahmen der GEDANKENtanken Business Factory gebucht. Es geht in den zwei Tagen um so vieles: Energie, Fokus, Filter, Wahrnehmung, Wahrhaftigkeit, Führung, Liebe und, und, und. Nach Tag 1 sind die Teilnehmer, einschließlich mir, völlig begeistert und geflasht von Denys und vor allem von dem, was er bei ihnen in nur wenigen Stunden bewirkt, angestoßen oder sogar (aus)gelöst hat. An Tag 2 geht es genauso weiter. Es geht tief. Es geht ans und ins Herz. Mittenrein.

Nach der Mittagspause an Tag 2 fragt Denys die Gruppe, bevor wir weitermachen, ob es denn okay für uns wäre, wenn er sich 20 Minuten der Seminarzeit schnappt und seine weiterführenden Seminare und Ausbildungen vorstellt. Und alle antworten, wie aus der Pistole geschossen: „Na klar, kein Problem, super gern!" Und dann legt er los. Mit dem oben beschriebenen Ergebnis.

Aber wie hat er das „angestellt"? Sind wir alle auf raffinierte Verkaufstechniken hereingefallen? Hat er uns hypnotisiert? Uns irgendetwas in den Tee gekippt?

Nein. Ganz und gar nicht. Denys hat uns einfach ÜBERZEUGT. Natürlich ist Denys Profi genug – mit jahrzehntelanger Erfahrung –, dass er weiß, welche Methoden funktionieren und welche nicht. Und natürlich wendet er diverse Methoden auch an. Aber: Methode allein verkauft nicht. Methode ist nur die Kirsche auf der Sahne auf dem Kuchen. Ohne Sahne und ohne Kuchen plumpst die Kirsche auf den Teller. Viel wichtiger als die Methode ist das Herzstück des Verkaufens: Hab ein tolles Produkt, das die Menschen mögen, brauchen und haben wollen, ein Produkt, das ihnen dient, einen Mehrwert für sie hat. Das ist die Sahne. Aber was ist der Kuchen? Der Kuchen ist die Basis. Der Kuchen bist du. Als Mensch und Verkäufer. Es kommt auf dich an und wie du deinen Kunden begegnest. Es kommt darauf an, wie authentisch du bist. Auf deine innere Haltung und Einstellung. Es kommt ganz einfach schlicht und ergreifend darauf an, wer DU bist.

Diese Trilogie aus guter Methodik, einem tollen Produkt und einem noch tolleren Menschen, der den Menschen um sich herum mit einem offenen Herzen und Freude begegnet (ich sage hier ganz bewusst nicht „Verkäufer" und „Kunde") ist die Basis von Denys Scharnwebers Heart-Seller®. Wenn diese drei Faktoren stimmen, dann ist Verkaufen nur noch eins: einfach. Doch nicht nur das: Verkaufen macht sogar Spaß. Denn es geht dabei gar nicht mehr ums Verkaufen. Verkaufen ist dann eigentlich nur noch Nebensache. Es geht um so viel mehr. Und der Abschluss, der Erfolg, die klimpernden Euro in der Kasse, sind ein automatisch folgendes „Nebenprodukt".

Viele Verkäufer „da draußen" erfüllen nicht mal einen der drei Faktoren. Es fehlt eine gute Methodik, das Produkt überzeugt nicht und sie selbst finden sich, ihren Job und erst recht die nervigen Kunden doof. Klar, dass das keinen Spaß macht. Und noch weniger Abschlüsse bringt. Kein Wunder, dass so viele Menschen keinen Bock auf Verkaufen haben. Und auch kein Wunder, dass Verkäufer einen zweifelhaften Ruf genießen.

Doch zurück in den Seminarraum. Natürlich wissen wir alle, dass Denys gerade nichts anderes macht als klassisches Upselling. Wir wissen, Denys will uns was verkaufen. Und dennoch fühlt es sich bei ihm völlig okay an. Wir sind sogar dankbar. Denn Denys hat uns mit den eineinhalb Seminartagen davor komplett abgeholt, überzeugt, geflasht und begeistert. Und wir wollen noch mehr davon. Er hat uns alle im Sack. Denys hat einfach seinen Job gemacht. Und den macht er verdammt gut. Nicht umsonst gehört Denys zu den beliebtesten und erfolgreichsten Trainern und Coaches in Deutschland. Und dann hat Denys etwas getan, was ich zuvor noch nie bei einem Upselling erlebt habe: Er hat uns um Erlaubnis gefragt. Eine Kleinigkeit – mit einer so riesigen Wirkung.

So oft bekommt man die tollen Angebote einfach so ungefragt um die Ohren gehauen, meistens auf peinlichste und anbiedernde Art und Weise – man fühlt sich regelrecht belästigt. Man schämt sich fremd. Es ist unangenehm. Kennen wir nicht alle diese Momente, wenn sich da jemand abmüht und sein Produkt anpreist, aber niemand so wirklich Bock darauf hat, und alle haben denselben Gedanken: Hör bitte auf damit, mir hier was verkaufen zu wollen!

Und was denken wir bei Denys? Hör bitte bloß nicht auf! Was hast du noch? Wir wollen mehr! Denys verkauft sogar Produkte, die es noch gar nicht gibt. Er improvisiert. Er erkennt Bedürfnisse sofort. Und tütet alles sofort ein. Aus dem Bauch heraus hat er z. B. während eines Persönlichkeitsentwicklungsseminars ein neues Seminar (Energiearbeit) angeboten, einfach weil er erkannt hat, dass in dieser Gruppe großes Interesse an dem Thema bestand. Das Seminar gab es noch gar nicht. Hat er sich eben ausgedacht. „Wer hat Lust, so ein Seminar zu machen? Vier Tage lang, kostet 2.000,00 Euro, wir machen das im April nächstes Jahr." Drei vier Stichpunkte aufs Flipchart gekritzelt. Und zack, gehen 20 Hände hoch. Dauer dieses Verkaufsprozesses: Zehn Minuten. Noch Fragen?

Denys lässt sich immer Zeit, er macht Faxen, ist entspannt. Er weiß einfach, dass er verkaufen wird. Und deshalb müht er sich gar nicht so ab wie andere Verkäufer. Er hat das Ergebnis klar. Muss nichts mehr erreichen. Das macht ihn so entspannt und cool. Er muss nicht mehr ans Verkaufen denken, sondern kann sich voll und ganz der Begeisterung widmen, die er selbst für das, was er tut und anbietet, hat, und sich voll und ganz auf die Menschen und ihre Bedürfnisse einstellen.

Ich persönlich habe noch nie jemanden erlebt wie Denys Scharnweber. Er agiert wie Asterix in dem kleinen sich den Römern widersetzenden gallischen Dorf. So viele bekannte und erfolgreiche Coaching- , Trainer- und Speaker-Kollegen aus der Branche mühen sich in Sachen Verkauf ab. Stellen große, teure Upselling-Events auf die Beine, drucken Werbematerialien noch und nöcher, bauen komplexe Verkaufsfunnel. Und doch kommt so richtig wirklich – gemessen am immensen Einsatz von Energie, Zeit und Geld – viel zu wenig bei rum. Doch nicht nur das. Sie verbrennen sich mit all diesen „Hau-Drauf-Nerv-den-Kunden"-Methoden die Finger. Verlieren Sympathien. Fans, Kunden und Interessenten entwickeln Ablehnung, weil sie sich permanent wie auf einer Rheumadecken-Kutterfahrt fühlen.

Natürlich will Denys auch Geld verdienen. Logo. Aber für ihn ist das nur das Nebenprodukt. Er verschreibt sich mit Herz und Seele seiner Berufung, seinem Job: Ein guter Trainer und Coach zu sein, der die Menschen bewegen, berühren und inspirieren will. Denys hat unbändige Energien, auch nach intensiven Seminartagen ist er für seine Teilnehmer da. Er liebt, was er tut, und er liebt die Menschen, mit denen er zusammenarbeitet. Und er arbeitet mit sehr vielen Menschen zusammen.

Denys verkauft, ohne zu verkaufen. Er ist ein Überzeugungstäter mit Herz. Wir können so viel von ihm lernen. Nicht nur als Verkäufer. Sondern vor allem als Mensch. Schön, dass es nun ENDLICH(!) ein Buch von ihm gibt.

Umso mehr freue ich mich, dass Denys ausgerechnet mir, dem Verkaufsmuffel schlechthin, sein Vertrauen geschenkt hat, dieses Buch mit ihm zusammen zu schreiben. Auch wenn ich ihn schon vorher als Trainer, Speaker und Freund kennengelernt habe, hatte ich so die einmalige Gelegenheit, seine Philosophie, seine Haltung und seine Einstellung noch tiefer zu verstehen, zu erfahren und zu fühlen. Verkaufen ist nämlich gar nicht so doof. Verkaufen auf den richtigen Werten basierend ist toll.

Henriette Frädrich
April 2019

Vorwort

→ ***„Verkaufen ist absolute Glücksache, denn nur glückliche Verkäufer haben glückliche Kunden."***
Alfred Selacher // Lebenskünstler // Schweiz

Liebe Leserin, lieber Leser,

Noch so ein Verkaufsbuch? Gibt es nicht schon genug Bücher, die uns erklären, wie man vom Butterbrot über Autos und Häuser bis hin zu allen möglichen Dienstleistungen den Kunden einlullt, manipuliert und ihn mit ausgefeilten Techniken, Methoden, Gesprächsleitfäden und wasserdichten Einwandbehandlungen zum Abschluss drängt und ihm regelrecht die Kohle aus der Tasche labert?

Ja. Gibt es. Es gibt sogar verdammt viele. Gibt man bei Amazon das Stichwort „Verkauf" ein, wird man mit mehr als 10.000 angebotenen Titeln fast erschlagen. Ich bin also eigentlich ziemlich bekloppt, auf einem offensichtlich völlig übersättigten Markt nun auch noch meinen Senf dazugeben zu wollen. Sagen wir mal so: Die Welt wartet jetzt nicht wirklich auf noch so einen selbst ernannten Verkaufsguru.

Und doch ist es meine Herzensangelegenheit, dich in „meine Welt des Verkaufens" mitzunehmen. Denn was bei all den vielen bisher erschienenen Verkaufsratgebern auffällt, ist, wie aggressiv diese daherkommen. Auf den Titeln prangen in großen Lettern und mit möglichst vielen Ausrufezeichen Buzzwords wie „VERKAUF!", „UMSATZ EXTREM!" oder „SOFORT AUFTRÄGE!". Die Bücher schreien einen regelrecht an. Los jetzt! Verkaufe! Von den Covern grinsen uns knallharte Erfolgstypen entgegen, die die Karikatur ihrer selbst und das gelebte Klischee ihrer Branche sind. Sympathisch? Eher nicht. Kein Wunder also, dass Verkäufer und die Tätigkeit des Verkaufens nicht wirklich beliebt sind.

Dabei ist Verkaufen eine großartige Aufgabe. Verkaufen ist toll! Verkaufen macht Spaß. Aber nur dann, wenn wir uns von den Dollarzeichen in den Augen und dem Abschlussdruck lösen und unseren Kunden wahrhaft begegnen. Als Verkäufer haben wir die Chance, jeden Tag aufs Neue die Bedürfnisse der Menschen zu erkennen, sie zu sehen, sie wahrzunehmen und alles dafür zu tun, ihre Wünsche und Vorstellungen zu erfüllen und ihnen einen absoluten Mehrwert für ihr Leben mitzugeben.

Dieser Ansatz verlangt ein völlig anderes Mindset – und vor allem: ein offenes Herz. Es geht nämlich gar nicht ums Verkaufen. Es geht auch nicht um den Abschluss. Richtig gute Verkäufer verkaufen nicht. Richtig gute Verkäufer dienen ihren Kunden. Und sie tun das mit Herz, Freude, Liebe und Leidenschaft.

Meine Heart-Seller®-Philosophie dreht die bisherigen Regeln des Verkaufens komplett auf den Kopf. Denn wir beginnen nicht mit der Frage, wie kriege ich den Kunden möglichst schnell in einen Abschluss reingequatscht, sondern wir beginnen ganz woanders. Nämlich bei dir. Du stehst als Mensch im Mittelpunkt des Verkaufsprozesses. Wer bist du? Wie tickst du? Was ist deine Haltung? Was sind deine Werte? Begegnest du der Welt offen, mit Freude und Leichtigkeit? Denn bevor du überhaupt Verkaufsstrategien entwickeln und anwenden kannst, ist es deine Aufgabe, dich selbst zu entwickeln. Denn ich behaupte, nur wer ganz bei sich ist, kann den Menschen um sich herum wahrhaft begegnen.

Was verändert das? Es verändert den ganzen Verkaufsprozess. Du tust das mit Freude und Leichtigkeit und deine Kunden genießen diese Begegnung mit dir. Deine Kunden werden dir ganz anders begegnen, als du es bisher gewohnt bist. Und auch deine daraus resultierenden Ergebnisse werden dich überraschen.

Natürlich wende auch ich erfolgreiche und bewährte Verkaufsstrategien an. Natürlich gibt es gewisse Techniken, die wirklich auf magische Art und Weise funktionieren. Aber das tun sie nur dann, wenn wir vorher eine echte Verbindung zu unserem Gegenüber aufgebaut haben. Methoden und Techniken kann man lernen und einfach abspulen. In den wahren Kontakt mit Menschen zu treten, das kann jedoch nur von innen, aus dem Herzen heraus, kommen. Jedes Spielen, Faken und „so-tun-als-ob“ spürt der Kunde. Und dann nützen die besten Techniken und Methoden nichts.

Ich vereine Methoden aus der Persönlichkeitsentwicklung mit bewährten Verkaufsstrategien und packe den Einsatz von Herzenergie noch oben drauf. Klingt irgendwie esoterisch, kitschig und passt so gar nicht zum sonst so knallharten Sales-Business, oder? Aber lass dich mal drauf ein.

Was dabei herauskommt? Eine innovative Verkaufsphilosophie, eine völlig neue Dimension des Verkaufens, die den Bedürfnissen der Menschen aus dem 21. Jahrhundert gerecht wird. Denn was wollen Menschen eigentlich immer? Worum geht es wirklich? Es geht am Ende nie um Zahlen. Es geht immer um echte, wahrhafte Verbindungen. Von Mensch zu Mensch. Von Herz zu Herz.

Ich möchte dich mit diesem Buch auf eine Reise mitnehmen, die dich zu dir selbst führt. Denn nur, wenn du ganz bei dir bist, kannst du auch in all deiner Vollkommenheit anderen Menschen – und deinen Kunden – begegnen. Und die Sache mit dem Abschluss, die Sache mit dem Geld verdienen, die erfolgt dann ganz automatisch und ganz nebenbei. Ehrlich wahr. Du wirst staunen. Es ist pure Magie. Was einst die Hauptsache war, degradieren wir zum Nebenschauplatz. Wir zäumen unser Verkaufspferd also ganz anders auf, als du es bisher vielleicht kennengelernt oder empfunden hast.

Das Buch, das du hier in den Händen hältst, ist so viel mehr als „nur ein Verkaufsbuch". Vielmehr wünsche ich mir, dass es zu deiner Fibel für deinen wahrhaftigen Erfolg wird, bei dem es zuerst um deine Wahrhaftigkeit geht – und dann erst im zweiten Schritt um deinen Erfolg. Auf diesem Weg dorthin möchte ich dich begleiten. Gehen wir gemeinsam los mit Seele, mit Herz, mit Leidenschaft! Bist du dabei? Kommst du mit?

Ich habe das Buch nicht nur für Verkäufer, Vertriebler und Marketingexperten geschrieben (oder die, die es werden möchten), sondern auch für Unternehmer, leitende Angestellte, Führungskräfte und Selbständige. Doch nicht nur das: Ich möchte dich auch inspirieren, wenn du so gar nichts mit all diesen Themen am Hut hast. Auch wenn du kein Verkäufer bist, schmökere doch einfach mal rein. Ich bin mir sicher, auch für dich gibt es hier und da einiges zu entdecken, was dich und dein Leben, den Kontakt und den Umgang mit anderen Menschen und noch so vieles mehr bereichern und verändern wird. Denn im Kern meiner Heart-Seller®-Philosophie geht es immer um unsere innere Haltung und unsere Werte. Wie führst du dich selbst? Niemand kann andere Menschen überzeugen, bewegen und inspirieren, der sich nicht selbst (er)kennt. Wenn wir uns öffnen und vom Herzen heraus agieren, schenkt uns das Leben so viel mehr. In allen Bereichen – ob im Privatleben oder im Business. Deshalb mein Vorschlag: Natürlich geht es in diesem Buch viel ums Verkaufen. Aber versuche dennoch, immer mal wieder eine Brücke zu deinem (Privat)Leben zu schlagen – was bedeutet das für deine Beziehungen, deine Themen, deine Ängste und deine Sorgen?

Meine Vision ist es, die Menschen ins Herz und ins Fühlen zu bringen, damit sie mit sich und mit anderen besser umgehen. Nur so kann die Welt besser werden. Diese Vision zusammen mit meiner Co-Autorin Henriette Frädrich für dich zu Papier zu bringen, war mir eine große Freude.

Danke, dass du dein Herz aufmachst.

Dein Denys
April 2019

PS: Gleichberechtigung ist mir wichtig. Doch genauso auch die Lesbarkeit meines Buches. Deshalb wähle ich entweder die männliche oder weibliche Form von personenbezogenen Hauptwörtern. Dies impliziert keinesfalls eine Benachteiligung des jeweils anderen Geschlechts, sondern ist im Sinne der sprachlichen Vereinfachung als geschlechtsneutral zu verstehen.

HEART-SELLER

01

VERKAUFEN IST DOOF!

1.1 Der will mir doch bloß was verkaufen!

→ ***„Wo verkauft wird, da wird gelogen."***
Deutsches Sprichwort

Verkaufen wird – leider – oft verwechselt mit Betrügen. Welches Image haben Verkäufer bei dir? Hand aufs Herz: Zu den beliebtesten Berufsgruppen gehören sie nicht gerade, oder? Und wie fühlst du dich, wenn dir jemand „etwas verkaufen will"? Die wenigen wirklich guten Erfahrungen mit Verkäufern können wir doch an einer Hand abzählen. Entweder fühlen wir uns übern Tisch gezogen oder belatschert und bedrängt. Es gibt unzählige zweifelhafte Bad Boys, die Sales-Posterboys der Branche, die mit Skandalen um Betrug und bewusste Kundenabzocke das Bild des windigen Verkäufers nur bestärken. Ich nenne an dieser Stelle keine Namen. Aber ich bin mir sicher, du hast auch einige im Kopf. Filme wie „Wall Street" und später dann „The Wolf of Wall Street" feiern diese Art Verkäufer auch noch ab.

Oder aber – und das ist das andere Extrem – wir sind frustriert, weil wir regelrecht mit unseren Geldscheinen in der Tasche winken müssen und uns trotzdem niemand bedient. Wir oft haben wir neben Verkäufer-Schmierlappen schon die andere Kategorie erlebt: die Verkäufer-Schluffis. Die sind mindestens genauso schlimm. Unengagiert, lieblos, haben keinen Bock und kümmern sich nicht.

Vertrauen haben wir also eher selten. Meistens gehen wir ziemlich skeptisch in einen Verkaufsprozess hinein. Das Fatale ist hierbei jedoch, das bedingt sich alles gegenseitig. Es ist eine Spirale. Eine Doof-Spirale, die immer mehr „doof" erzeugt. Der Kunde tritt dem Verkäufer schon skeptisch, distanziert und mit seinen eigenen negativen Glaubenssätzen („Ich lasse mich nicht übern Tisch ziehen!", „Mal sehen, ob das wieder so ein Schluffi ist!") gegenüber. Der Kunde steht regelrecht mit verschränkten Armen vorm Verkäufer.

Doch bevor wir uns in einen Heart-Seller® transformieren, schauen wir uns doch die gängigsten Klischees nochmal an. Die Welt des Verkaufens ist voller Vorurteile und ich möchte mir gern mit dir einige davon anschauen. Denn Hinsehen ist der erste Schritt, um bestehende Glaubenssätze und Widerstände aufzulösen. Doch dazu später mehr. Bei meinen Recherchen zu diesem Buch habe ich ziemlich interessante Zitate zum Thema Verkaufen gefunden, die das Bild, das unsere Gesellschaft von Verkäufern und Verkauf hat, widerspiegeln.

Verkäufer und Käufer sind Gegner

→ ***„Hast du gekauft, so hast du gewonnen. Verkaufe und du wirst verlieren."***
Hebräisches Sprichwort

Begegnen sich in deiner Wahrnehmung Käufer und Verkäufer wirklich auf Augenhöhe, mit Respekt und echtem Interesse? Es ist doch meistens so, dass Käufer und Verkäufer sich unbewusst als „Gegner" gegenüberstehen. Sie kämpfen beide um den maximalen Output zum minimalen Input. Man windet sich, man trickst, man spielt mit gezinkten Karten und geschlossenem Visier. Jeder will etwas anderes vom anderen, aber das, was er will, rückt der andere nur ungern raus. Beide fühlen sich unbewusst vom anderen nicht wirklich gesehen. Der Käufer denkt: „Ach, der bescheißt mich eh!". Der Verkäufer denkt womöglich: „Den krieg ich, Hauptsache Abschluss, und den Restposten werde ich auch noch los, juhu!" Wie oft bist du schon aus einem Geschäft gegangen und hast dich als Käufer wirklich gut beraten gefühlt? Ohne fiese Hintergedanken à la „Mist, der hat mich echt rumgekriegt, das Schlitzohr!"?

Der Käufer ist doch eh doof!

→ ***„Poliertes Messing ist besser an die Leute zu bringen als stumpfes Gold."***
Philip Dormer Stanhope Lord Chesterfield // englischer Schriftsteller

→ ***„Es ist eine große Kunst zu wissen, wie man Wind verkauft."***
Baltasar Gracián y Morales // spanischer Jesuit, Moralphilosoph und Schriftsteller

Die beiden Zitate stammen aus dem 17. Jahrhundert. Ist das nicht krass? Was möchten uns die beiden Herren damit sagen? Die Leute sind zu blöd und wenn sie zu blöd sind, können wir sie auch verarschen, sie haben es nicht anders verdient. Das Mindset von „Hauptsache verkaufen, und wenn es der letzte Schrott ist, den wir dem Kunden anbieten" ist also schon ziemlich alt. Was jedoch noch viel schlimmer ist: Dieses Mindset wird auch noch als „große Kunst" gefeiert. Als guter Verkäufer gilt der, dem genau das gelingt: Den Menschen irgendwas anzudrehen.

→ ***„Die Augen halte zu und deinen Beutel offen, ein solcher Kunde ist es, auf den die Krämer hoffen."***
Friedrich Rückert // deutscher Dichter

Friedrich Rückert soll dies im 18. Jahrhundert gesagt haben. Man hoffte also seit jeher auf einen „doofen Kunden". Kein Wunder, dass Verkäufer einen schlechten Ruf genießen und Käufer sich irgendwie immer übers Ohr gehauen – und im sprichwörtlichen Sinne „für dumm verkauft" – fühlen. Es ist schon jahrhundertelang in uns drin. Es ist also dringend an der Zeit, dass ein Paradigmenwechsel stattfindet und sich eine neue, wahrhafte Verkaufsphilosophie etabliert.

Verkaufen ist niemals ehrlich

→ ***„Ein Kaufmann kann sich schwer hüten vor Unrecht und ein Händler frei bleiben von Sünden."***
Quelle: Altes Testament. Das Buch Jesus Sirach (#Sir 26,28)

→ ***„Von einem, der etwas verkaufen will, darf man keine Wahrheitsliebe erwarten."***
Libanesisches Sprichwort

→ ***„Es ist kein Kaufmann, der nicht Mäusedreck für Pfeffer verkaufen kann."***
Deutsches Sprichwort

→ ***„Gute Worte müssen böse Waren verkaufen."***
Deutsches Sprichwort

Nachdem wir eben schon im 17. Jahrhundert unterwegs waren, reisen wir noch ein paar Jährchen weiter zurück. Im Alten Testament findet sich z. B. also diese Aussage. Sprich, in der Bibel steht faktisch geschrieben, dass man beim Kaufen und Verkaufen immer betrügen muss und immer betrogen wird. Heftig, oder? Es ist so natürlich auch klar, warum sich diese Annahme bis heute, ins 21. Jahrhundert, so manifestiert hat. Man könnte es sogar regelrecht als Ausrede benutzen. Achselzuckend könnte sich Lord Chesterfield darauf beziehen und sagen: „Ey, ich muss poliertes Messing verkaufen statt stumpfes Gold, that's in the Bible, Darling!". Kaufen und Verkaufen scheinen seit jeher irgendwie verflucht zu sein. Bad vibes und böse Absichten umwabern den ganzen Prozess. Und hier kommt die eingangs erwähnte Herzenergie ins Spiel. Denn nur diese kann die Jahrtausende alten negativen Glaubenssätze auflösen. Wir werden also eigentlich einen kleinen Liebeszauber mit dem Verkaufsprozess veranstalten. Wie das geht? Mit ganz neuen Werten (siehe Kapitel 3).

Hüte dich!

→ ***„Was du verkaufst, ist wichtig, denn davon lebst du. Es ist deine Leistung – doch dich darfst du dabei nicht verkaufen!"***
Bruno O. Sörensen // Kaufmann & Buchautor

Allein dieses Zitat zeigt einmal mehr, wie schlecht es um den Begriff „verkaufen" bestellt ist. Wäre Verkaufen in unserer Wahrnehmung positiv behaftet, so würde niemand solch eine Aussage treffen. Dennoch kennen wir alle den Spruch: Man darf sich selbst nicht verkaufen. Aber was genau heißt das eigentlich? Natürlich verkaufen wir uns immer. In jedem Moment, in dem wir mit anderen Menschen um uns herum agieren. Und natürlich gehört es zur Aufgabe eines guten Verkäufers dazu, in den Verkaufsprozess seine eigene Persönlichkeit mit einfließen zu lassen. Das setzt voraus, dass der Verkäufer seinen Kunden mit offenem Herzen begegnet. Das Zitat und das dahinter stehende Mindset bilden jedoch eine unüberwindbare Mauer zwischen Kunde, Produkt und Verkäufer, am besten noch schön mit Stacheldraht und selbstschießenden Abwehranlagen oben drauf.

Woher kommt das?

Aber woher kommt das so negative Bild, das wir vom Verkaufen haben, und welches doch leider auch immer wieder durch unsere Verkaufserlebnisse bestätigt wird? Sind Verkäufer wirklich „böse Menschen"?

Nein, sind sie nicht. Sie folgen lediglich einer jahrhundertealten Wirtschaftsentwicklung, in der Profit und Wachstum immer Sinn und Zweck aller unternehmerischen Tätigkeiten waren. Um nichts anderes geht und ging es. Sie folgen einer hunderte von Jahren alten Doktrin, die den Umsatz über alles andere stellt. Dies zu erreichen, dafür ist jedes Mittel recht. Käufer und Verkäufer haben nur ihren eigenen wirtschaftlichen Nutzen vor Augen.

Und schon der Ursprung des Verkaufs sorgte für Riesen-Drama: Hat Eva in der Bibel nicht Adam dazu überredet, den Apfel zu probieren? Danach war die Kacke bekanntlich am Dampfen: Beide wurden aus ihrem Paradies vertrieben.

Schauen wir in unsere eigene jüngste deutsche Geschichte zurück, so war Verkaufen im Zeitraum zwischen 50er- und 90er-Jahren ziemlich leicht. Die Menschen wollten kaufen. Die schweren Jahre nach Ende des Krieges waren überwunden, Weltwirtschaftswunder voraus. Die Unternehmen konnten fast produzieren und anbieten was sie wollten – die Menschen wollten ihren neuen Wohlstand zeigen und genießen und dazu gehörte reichlich Konsum. All die technischen Möglichkeiten, die es heute gibt, sich über Produkte umfassend selbst zu informieren, gab es nicht. Es gab kein Internet, keine Onlineforen, keine Bewertungsplattformen. Was der Verkäufer erzählte, das war nicht, oder zumindest nicht so einfach, zu überprüfendes Gesetz. Der Verkäufer hatte Narrenfreiheit. Es gab zudem auch kaum Alternativprodukte. Heute haben wir die Möglichkeit, für jedes Produkt eine Auswahl zwischen zig Anbietern, oft auch noch global verteilt, zu treffen. Auch das macht den umsatzorientierten Verkaufsprozess nicht gerade einfacher.

Unternehmen und Verkäufer wurden mit den Internetjahren immer gläserner und vergleichbarer. Kunden haben damit ein Wissen, das sie in den 80er-Jahren niemals hatten. Oberflächliche und unehrliche Verkaufspraktiken haben dadurch kaum noch eine Chance. Der Kunde ist ja nicht blöd, wie ein großer Technikhändler es sogar mal in seinen Werbeslogans propagierte. Nun könnte man meinen, ja dann ist doch alles gut: Der Kunde kann sich umfassend informieren und der Verkäufer gibt die Ware quasi nur noch aus. Nein, so einfach ist das leider – oder zum Glück – nicht. Denn gerade die Unendlichkeit der Informationen und die vielen Möglichkeiten, ein Produkt weltweit zu erwerben, überfordern viele Kunden immer mehr. Sie wünschen sich einen „Freund", der sie durch diesen Dschungel leitet und ihnen dabei hilft, die bestmögliche Entscheidung zu treffen.

Denn heute findet ein Paradigmenwechsel statt. Langsam. Aber er findet statt. Dass Wachstum um jeden Preis und Gewinn als einziger Unternehmenszweck nicht mehr alles sein kann, erkennen immer mehr Menschen. Der Zukunft- und Trendforscher Matthias Horx definiert in diesem Zusammenhang einen der Megatrends in den kommenden Jahren – die sogenannte „New Work":

„Die Digitalisierung wirft den Menschen auf sein Menschsein zurück – vor allem im Arbeitsleben. Wenn Maschinen künftig bestimmte Arbeiten besser verrichten können als der Mensch, beginnen wir, über den Sinn der Arbeit nachzudenken. Wenn die Arbeit uns nicht mehr braucht, wofür brauchen wir dann die Arbeit? New

Work beschreibt einen epochalen Umbruch, der mit der Sinnfrage beginnt und die Arbeitswelt von Grund auf umformt. Das Zeitalter der Kreativökonomie ist angebrochen – und es gilt Abschied zu nehmen von der rationalen Leistungsgesellschaft. New Work stellt die Potenzialentfaltung eines jeden einzelnen Menschen in den Mittelpunkt. Denn Arbeit steht im Dienst des Menschen: Wir arbeiten nicht mehr, um zu leben, und wir leben nicht mehr, um zu arbeiten. In Zukunft geht es um die gelungene Symbiose von Leben und Arbeiten."[2]

Mensch im Mittelpunkt? Sinn? Kreativität? Potenzialentfaltung? Weg mit Zahlen und Leistungsdruck? Alles Themen, die in den Köpfen der knallharten Abschluss-Jäger nicht wirklich zu finden sind. Noch nicht.

Auch dürfen wir in uns hineinhorchen, warum wir uns so ungern etwas verkaufen lassen. Warum können wir uns als Käufer nicht vertrauensvoll in die Hände eines Verkäufers begeben im Vertrauen darauf, dass er uns das bestmögliche Angebot, abgestimmt auf unsere wahren Bedürfnisse, macht?

Eine schöne neue Verkaufswelt

Noch immer werden „die besten Verkäufertricks" propagiert. „Der Psychologe Robert Cialdini ist eine Marketinglegende. Er hat Psycho-Tricks gesammelt, mit denen gute Verkäufer ihre Kunden zum Kauf bewegen. Im Internetzeitalter funktionieren sie besser denn je." So steht es in der Ankündigung eines Online-Artikels,[3] der den Verkäufer zum schlechten Schauspieler degradiert. Demnach soll er u. a. Prinzipien der Gegenseitigkeit, der Sympathie und der Autorität anwenden. Sprich, er soll so agieren wie der Kunde, möglichst nett zu ihm sein, aber auch gleichzeitig kompetent und autoritär. Wie soll er da dem Kunden wirklich begegnen können, wenn er nur damit beschäftigt ist und daran denkt, all diese Prinzipien anzuwenden? Der Verkäufer zieht sich lediglich einen kratzenden Pullover aus Tipps und Tricks rüber. Fühlt er sich damit wohl? Nein. Und der Kunde wundert sich auch über das eigenartige Gebaren des Verkäufers.

Der Kunde will keine Tricks mehr. Er hat genug davon. Es geht um echte Werte. Welche genau das sind und warum wir sie nicht nur für den Verkaufsprozess, sondern für alles in unserem Leben brauchen, darum geht es später ausführlich in Kapitel 3.

Das Verrückte dabei ist: In dem Moment, in dem wir mit unserer inneren Haltung und echten Werten agieren, wenn wir den Menschen wirklich begegnen, verpuffen alle oben aufgeführten Klischees. Und: In dem Moment passiert der Abschluss von ganz allein. Wenn der Abschluss nicht mehr Ziel unserer Bemühungen ist, sondern etwas ganz anderes, dann kommt der von ganz allein um die Ecke spaziert. Crazy? Ja, voll crazy.

Wäre es nicht schön, wenn wir uns gar nicht mehr um den Abschluss zu kümmern brauchen, sondern nur um echten, wahrhaften Kontakt zu unseren Kunden? Schaffen wir ein Schlaraffenland für Kunde UND Verkäufer. In dem jeder bekommt, was er will und braucht – und in dem sich beide auch gut und wohl fühlen. Ohne Tricks. In dem wir sagen können: Ich bin happy, weil du happy bist. In dem der Kunde sagt: Wow, ich bezahle diesen Preis gerne und hatte ein tolles Einkaufserlebnis. In dem der Verkäufer sagen kann: Das hat richtig Spaß gemacht! Ich bin froh, den Kunden so gut beraten zu haben. Und heute Abend kann ich gut schlafen und freue mich auf meine nächsten Kunden.

Das ist die Essenz vom Heart-Selling. (Er)Schaffen wir diesen happy place!

FRAG DICH DOCH MAL:

→ **Welche Vorurteile hast du gegenüber Verkäufern und dem Thema „Verkaufen“? Was sind deine Glaubenssätze?**

1.2 Widerstände

→ ***„Nichts auf der Welt ist dem Menschen mehr zuwider, als den Weg zu gehen, der ihn zu sich selber führt.“***

Hermann Hesse // Schriftsteller und Dichter // Deutschland

Warum verkaufen die meisten Menschen so ungern? Und warum lassen sich die meisten Menschen so ungern etwas verkaufen? Kunde und Verkäufer stehen sich komplett im Widerstand gegenüber. Warum das so ist und woher das kommt, haben wir uns bereits in Abschnitt 1.1 angeschaut.

Wir sind voll mit widerspenstigen Glaubenssätzen und Vorannahmen, die uns weismachen wollen, dass Verkauf doof ist. Wir haben unser Visier – auf beiden Seiten wohlgemerkt – dicht gemacht und hoch gezogen. Kämpfen verdeckt um das, was uns vermeintlich zusteht. Aber wie wäre es, wenn es auch anders ginge? Hinterfragen wir alle diese Glaubenssätze und Vorannahmen. Lösen wir sie auf. Lösen wir den Widerstand auf.

Stehen wir im Widerstand mit uns selbst, mit unserem Gegenüber, mit unserer Aufgabe, erzeugen wir auf allen Ebenen ein NEIN. Widerstand ist nichts anderes als ein NEIN. Schauen wir uns das Wort „Widerstand“ genauer an. Was bedeutet es? „Wider“ steht für „gegen“. „Stand“, klar, kommt von stehen, stellen. Wir stellen uns also (ent)gegen etwas. Wir stehen. Wir sind starr. Und sind gegen alles, was uns umgibt.

Immer, wenn wir im Widerstand zu etwas stehen, kreieren wir ein Problem. Und wo Probleme sind, sind Sorgen und doofe Gedanken. Das fatale daran jedoch ist: Der Gedanke an das Problem ist das, was das Problem nährt. Du fütterst ein Monster! Willst du wirklich ein Monster züchten, das immer größer wird und dich irgendwann auffrisst?

Wie wir aus der Statik wissen, werden z. B. Skyscraper und Hochhäuser in von Erdbeben bedrohten Gebieten so gebaut, dass sie flexibel sind und nicht starr. Sie sind so flexibel, dass sie bis zu einem gewissen Punkt Schwankungen und Erschütterungen aushalten. Sie gehen mit der Bewegung mit und dadurch bleiben sie intakt. Dieses Prinzip lässt sich auf so viele Bereiche unseres Lebens übertragen.

Beobachte dich die nächste Zeit doch einfach mal selbst. In welchen Situationen bleibst du flexibel, auch wenn dir Gegenwind ins Gesicht bläst? In welchen Situationen gleichst du Erschütterungen durch deine eigene Flexibilität aus? Wo kannst du mitgehen? Und in welchen Situationen bist du krampfhaft starr und musst viel Kraft aufbringen, um nicht zu zerbrechen oder wegzufliegen? Und kannst du dir vorstellen, dich in solchen Situationen wie das flexible Hochhaus allem hinzugeben, den Widerstand aufzugeben? Probiere es mal aus. Sei dein eigenes Versuchskaninchen!

Eine Bestandsaufnahme

Jetzt lass uns mal schauen, wie du im Verkauf tickst und „funktionierst". Bitte beantworte die folgenden Fragen für dich. Dass du sie ehrlich beantwortest, muss ich eigentlich nicht extra betonen. Hier geht es nicht um eine Leistungsschau, sondern wirklich um ein ehrliches Hinsehen.

→ Bekommst du mühelos Kundentermine?
→ Hast du mehr Verkaufsabschlüsse als andere Anbieter oder Kollegen?
→ Fällt es dir leicht, Preise zu verhandeln?
→ Bekommst du leicht Empfehlungen?
→ Hast du in den letzten zwei Jahren deinen Umsatz erheblich gesteigert?
→ Erzeugst du immer Vertrauen? (Privat? Geschäft?)
→ Kannst du andere Menschen auf Knopfdruck begeistern? (Privat? Geschäft?)
→ Begeistert dich deine Aufgabe, dein Job? Jeden Tag?
→ Erreichst du deine gesetzten Ziele? (Privat? Geschäft?)
→ Kannst du dich gut in die Lage deines Gegenübers versetzen? (Privat? Geschäft?)
→ Hast du ein wirkliches, echtes Interesse an deinem Gegenüber? (Privat? Geschäft?)
→ Hast du eine gute Selbstwahrnehmung? (Privat? Geschäft?)
→ Fällt es dir leicht, aufkommende Einwände zu behandeln?
→ Kannst du Verkaufsblockaden schnell und einfach lösen?
→ Bildest du dich regelmäßig fort?
→ Hast du wirklich Lust darauf, jeden Tag ein kleines bisschen besser zu werden? (Privat? Geschäft?)

Wie oft konntest du aus vollem Herzen mit „Ja" antworten? Und nicht bescheißen, gell?! Bescheißen bringt hier niemanden weiter, am wenigsten du dich selbst. Es ist auch nicht schlimm, wenn du dir bei einigen der Fragen ein zerknirschtes „Nein" abringen musstest. Allein, dass du dir das eingestehen kannst, ist dein erster Schritt auf dem Weg der Veränderung. Jedes „Nein" zeigt dir, wo deine Widerstände sind. Und hier darfst du Stück für Stück ausprobieren, mit dem in diesem Buch gezeigten Weg deine „Neins" in „Jas" zu verwandeln.

FRAG DICH DOCH MAL:

→ **Wo haben sich deine Widerstände versteckt?**

1.3 Ein kleiner Exkurs in die Verkaufspsychologie

→ ***„Wer auf andere Leute wirken will, der muss erst einmal in ihrer Sprache mit ihnen reden."***

Kurt Tucholsky // Journalist & Schriftsteller // Deutschland

Verkaufspsychologie ist ein alter Hut. Verkauf war und ist immer. Seitdem Menschen vor zigtausenden von Jahren miteinander gehandelt haben, also Waren und Dienstleistungen gegen Zahlungsmittel eintauschten, findet Verkauf statt. Die Devise dahinter: Ich hab was, was du willst, und du gibst mir, was ich will. Dass man die zugrundeliegenden Verhaltensmuster genauer untersuchte, ist jedoch erst seit dem späten 19. Jahrhundert bekannt. Elmo Lewis entwickelte das uns allen bekannte AIDA-Modell um 1898.

Es gab auch Zeiten, in denen Verkaufspsychologie und Verkäufer nicht nötig waren. In Krisenzeiten, Wirtschaftskrisen oder zu Kriegszeiten gab es kaum oder wenig zu kaufen. Das wenige, was es gab, kauften die Menschen einfach. Man nahm, was man kriegen und sich leisten konnte. Die Regale waren leer. Es wurde streng rationiert angeboten und oft auch streng rationiert hergestellt. Ein Verkäufer fungierte hier lediglich als Warenausgeber. Großartig erklären musste in diesen Zeiten niemand etwas. Man war froh, wenn es überhaupt etwas gab. Verkäufer sind also immer dann von Nöten, wenn das Warenangebot die Grundbedürfnisse des Menschen übersteigt.

Aber wie wird Verkaufspsychologie überhaupt definiert? *„Die Verkaufspsychologie befasst sich als Teildisziplin der Marktpsychologie mit den psychischen Abläufen von Wahrnehmung, Überzeugung und Motivation, dem Schaffen und gezielten Wecken von Emotionen, mit kundenspezifischer Anwendung verbaler und nonverbaler Kommunikation im Verkaufsgespräch. Ihre Anwendung ist ein Kernelement der Verkaufstechnik und kann, je nach Grad individueller Wirtschaftsethik, auch Grundlage für gezielte Manipulation sein."*[4]

Schaffen und Wecken von Emotionen. Grundlage gezielter Manipulation. Kein Wunder, dass wir alle die in Abschnitt 1.1 beschriebenen unangenehmen Gefühle und doofen Gedanken haben, wenn es um Verkaufen geht.

Interessant ist, dass sich Verkaufspsychologie nur in eine Richtung orientiert. Vom Verkäufer hin zum Kunden. Man nimmt mit allen möglichen Teilbereichen der Psychologie (Entwicklungspsychologie, Individualpsychologie, Lernpsychologie, Neuropsychologie, Wahrnehmungspsychologie, Sozialpsychologie, Persönlichkeitspsychologie, Handelspsychologie, Werbepsychologie …) den Kunden auseinander. Folgende Fragen stehen dabei im Mittelpunkt:

→ Wie tickt der Kunde?
→ Warum tickt der Kunde, wie er tickt?
→ Wie kann ich herausfinden, wie der Kunde tickt?
→ Wenn der Kunde so und so tickt, welche Tools wende ich dann an?
→ Wie funktioniert menschliches Kaufverhalten allgemein? Wie verhalten sich Menschen beim Kaufen? Warum?
→ Wie funktionieren Argumentationsketten, Werbung und Marketingmaßnahmen?
→ Wie verhandelt man den richtigen Preis?
→ Wie geht man mit Einwänden um?
→ Wie kann man den Kunden „lesen“?
→ Welche Möglichkeiten bietet die Psychologie zur Manipulation des Käufers?

Eine der Haupttheorien der Verkaufspsychologie wurde von Franklin B. Evans, Professor für Verhaltenspsychologie an der University of Chicago, in den 60er-Jahren aufgestellt:

Je ähnlicher sich Verkäufer und Kunde einander sind, desto größer ist die Wahrscheinlichkeit, dass der Kunde kauft. Die Ähnlichkeit kann sich dabei auf äußerliche Erscheinungsmerkmale beziehen, Gesinnung, Hobbys, Herkunft etc.

Und was machten fortan alle Verkaufstrainer? Sie bläuten dem Verkäufer ein, sich „auf den Kunden“ einzustellen. Ihn zu spiegeln. Ihn nachzuahmen. Und zur Not zu lügen und einfach zu erzählen, dass man auch Verwandte in Hamburg hat. Auch wenn das nicht stimmt.

Die Herangehensweisen wurden immer mehr verfeinert: Es kamen Methoden des NLP dazu, die ich auch nutze. Aber – und dazu kommen wir später – dafür muss sich der Verkäufer seiner Werte bewusst sein. Was ermöglicht NLP? Eine differenzierte Betrachtung des Kunden. Jeder Kunde bekommt, was er braucht. Es ist das Bewusstsein, dass nicht jeder Kunde gleich behandelt werden kann. Weil jeder nun mal anders tickt.

In der Geschichte der Verkaufspsychologie merkte man gegen Ende des 20. Jahrhunderts, dass Handbücher und Leitfäden nicht alles sein können, *„sondern systematisch individualisierte Leistung entscheidet in transparenten Käufermärkten über Sympathie und Glaubwürdigkeit des Angebotes. Je nachdem wie empathisch der Verkäufer vorgeht, wird er sich dem Kunden also unter Berücksichtigung der modernen Verhaltensforschung und Wahrnehmungspsychologie in Abfolge und Gestaltung der Gesprächsführung anpassen und Diktion, Kundenprägung sowie Kundenvorlieben bewusst zu nutzen versuchen."*[5]

Ich weiß, wie du tickst!

Natürlich ist es kein Geheimnis, dass jedes Unternehmen seine ganz eigenen Verkaufstechniken und -praktiken anwendet. Aber welches Gefühl hinterlässt es bei den Käufern? Bei den Menschen? Genau die Gefühle, die in Abschnitt 1.1 beschrieben wurden.

Denn die Verkaufspsychologie, also das Wissen, wie Menschen im Verkaufsprozess funktionieren, dient im Verkauf nur einem: dem Unternehmen und dem Verkäufer. Dient es wirklich den Kunden? Ich behaupte: Nein. Es sorgt für einseitige „Machtverhältnisse" und damit für die Benachteiligung des Kunden.

Und mit welchem WARUM gehen Verkäufer jeden Tag an ihre Arbeit? Den meisten geht es um ihre Provision. Nicht wirklich um den Kunden. Dazu unter Abschnitt 3.12 mehr.

Der Kunde ist König?

In diesem System kreisen alle Maßnahmen um den Kunden als Sonne im Sonnensystem. Der Kunde ist König, heißt es so schön. Das klingt erst mal ganz toll. Das haben wir alle schließlich so gelernt. Aber ich behaupte: Nö. Das ist doof. Der Kunde ist nicht König. Der Kunde will gar nicht König sein. Was für eine schreckliche Verantwortung! Und was ist das Typische bei einem König? Die einen huldigen ihm, küssen ihm die Füße. Die anderen verachten ihn. Willste doch beides nicht, oder? Außerdem tun die meisten Unternehmen und Verkäufer ja auch nur so, als sei der Kunde König. Es ist fake. Nicht echt.

Ein wahrhafter Verkaufsprozess ist eine Kommunikation auf Augenhöhe. Und wir gehen noch einen Schritt weiter: Wie wäre es, wenn der Verkäufer im Mittelpunkt steht? Wenn der Verkäufer sich seiner selbst so bewusst ist, dass er automatisch anziehend wirkt? Und wie bist du wirklich und wahrhaftig emphatisch und sympathisch? Hierzu alle Antworten in Kapitel 3.

FRAG DICH DOCH MAL:

→ **Was wäre für dich der perfekte Verkaufsprozess?**
→ **Wie möchtest du angesprochen werden?**
→ **Wie sollte ein Verkäufer dir gegenüber agieren?**
→ **Und andersrum: Wie sollte für dich der „perfekte Kunde" sein?**

1.4 Verkaufen und Verkäufer sind toll!

→ ***„Wenn Sie einen Dollar in Ihr Unternehmen stecken wollen, so müssen Sie einen weiteren bereithalten, um das bekannt zu machen."***

Henry Ford // Unternehmer // USA

Nun haben wir in Abschnitt 1.1 ein ziemlich düsteres Bild vom Verkaufen und vom Verkäufer gemalt. Das kann und möchte ich so natürlich nicht stehen lassen. Denn nicht nur ich persönlich finde, dass Verkaufen ein großartiger und wichtiger Job ist. Es gibt auch genug „berufene Verkäufer", die jeden Tag alles geben, ihre Kunden happy zu machen und die verkaufen richtig geil und völlig in Ordnung finden.

Hinzu kommt, dass ohne Verkäufer ein essenzieller Faktor im Wirtschaftskreislauf fehlen würde. Wie Henry Ford es so schön auf den Punkt bringt: Die Welt muss nicht nur davon erfahren, dass es dein Produkt gibt (Werbung und Marketing), du brauchst auch Menschen, die gut darin sind, den Nutzen und die Mehrwerte des Produktes anderen Menschen vorzustellen und es eben, ja, zu verkaufen.

Ob wir Verkaufen und Verkäufer doof oder toll finden, liegt zum einen an unseren bisherig gelernten Glaubenssätzen. Es ist aber auch eine kulturelle Geschichte. In Amerika geht man mit Verkäufern und der Tätigkeit des Verkaufens ganz anders um als in Europa und Deutschland im Speziellen. Dort ist es eine Kunst und man wertschätzt die Rolle des Verkäufers, gesteht ihm seine Wichtigkeit unvoreingenommen zu. Dort ist es auch ein regelrechtes Prinzip, das besagt, wenn du Verkäufer bist, wirst du immer Arbeit haben.

Schon 1929 erschien z. B. das Buch „Verkäufer, Firma, Kunde: Wie Amerika Verkaufskunst lehrt" von Kurt Th. Friedlaender. *„Der Verkäufer ist ein wesentlicher Faktor unserer heutigen Wirtschaft"*, heißt es gleich im allerersten Satz. Ich möchte gern eine ganze Passage aus diesem Buch zitieren, die die Wichtigkeit und die Bedeutung des Verkäufers eindringlich beschreibt.

„Gerade die moderne Zeit zeigt uns, dass der Luxus von gestern die Notwendigkeit von heute ist. Es gibt eine große Reihe von Gegenständen, bei welchen das Publikum seine Anschauungen grundlegend verändert hat. Gehen wir weiter zurück, denken wir

an die Zeiten des Mittelalters, so waren dort Messer und Gabel, Glas und ähnliche Gebrauchsgegenstände, ein Luxus. Wer würde sich heute ein Leben ohne sie denken können! Das Automobil, eine verschwenderische Protzerei vor 20 Jahren, ist heute einer der Grundpfeiler des modernen Transportwesens.

Aber wer hat es nun vermocht, diese Gegenstände dem Publikum näher zu bringen und es zu ihrer ersten Benutzung zu veranlassen? Lediglich der Verkäufer, der in nimmer endender Arbeit die Vorteile dieser Produkte predigte, konnte ihre Einführung erwirken. Er ist in gewissem Sinne der Träger des Fortschrittes, der Apostel einer verbesserten und veredelteren Lebensführung. Wir können ihm für diese Missionar-Arbeit nicht genügend danken und müssen uns mehr und mehr von den Vorurteilen freimachen, welche eine gewisse Zeit, und die in ihr verkörperte Einstellung, ihm entgegenbrachte. Ohne ihn wäre die Durchführung aller großen Erfindungen mehr als problematisch gewesen, denn die Erfahrung zeigt uns, dass weder Publikum noch Sachverständige eine neue Entdeckung leicht aufnehmen.

Zum Beispiel: Nicht nur herrschte keine Nachfrage nach Eisenbahnen, vielmehr war der größte Widerstand zu überwinden, um sie einzuführen. Das Publikum wollte nicht mit ihnen fahren; die Ärzte sahen in ihnen eine Gefahr für die Gesundheit und behaupteten, dass eine Fortbewegung in einem schnelleren Tempo als 60 km/h zu einer Blutstockung führen müsste. Als Brunel zum ersten Male auf seinem Dampfschiff die Themse herunterfuhr, wurde er vom Publikum und den Gelehrten so angefeindet, dass die Hotels in London sich weigerten, ihn über Nacht aufzunehmen. Die erste Nähmaschine von Howe wurde in Boston vom Publikum in Stücke geschlagen, um die große Gefahr zu beseitigen, welche man allgemein in ihr sah, da sie die Heimarbeit unmöglich zu machen schien und eine große Arbeitslosigkeit zur Folge haben müsste. Zehn amerikanische Kongresse setzten sich der Erfindung von Morse entgegen und versagten ihr die Einführung. Westinghouse wurde ausgelacht und mit allen möglichen unehrenvollen Namen belegt, als er Fachmännern erzählen wollte, dass durch Luftdruck Züge gebremst werden könnten. Als Murdock mit seiner Erfindung der Gaslampe in die Öffentlichkeit trat, hielten es Publikum und Gelehrte für ausgeschlossen, dass Lampen ohne Docht brauchbar sein könnten. Wir können es uns heute nicht mehr recht vorstellen, dass Edison gezwungen war, seine ersten elektrischen Glühbirnen gratis einem Bürohaus zur Verfügung zu stellen, um sie auszuprobieren.

Die Geistesarbeit des Erfinders war stets nur ein kleiner Teil der zur Nutzbarmachung dieser neuen Ideen notwendigen Voraussetzungen. Neben dem Fabrikanten, welcher sie herstellen konnte, war es der Verkäufer, der dem Publikum einhämmern musste, welche Vorteile hier geboten waren. Die Erfindung des Telefons durch Bell wäre nie der

Kultur-Fortschritt geworden, wenn nicht in der Person von Theodor N. Vail. Der geniale Verkäufer verstand es, nicht den Apparat, sondern die in ihm verkörperte Idee zu verkaufen, dem Publikum in nimmer endender Arbeit zu zeigen, welche Vorteile hier für die Wirtschaft und für den einzelnen geboten wurden.

Und so wird es sich durch die Jahrhunderte weiter entwickeln. In dem Moment, wo einmal ein bestimmter Gegenstand aus dem Stadium des Luxus heraus zur Notwendigkeit geworden ist, wird wieder eine neue Erfindung die Tätigkeit des Verkäufers verlangen und diesen Beruf weiter anziehend und unentbehrlich machen."

Dieser Text ist fast 100 Jahre alt. Zwar haben sich die Produkte deutlich verändert, die es heute zu verkaufen gilt. Doch am Grundgedanken – *„Er ist in gewissem Sinne der Träger des Fortschrittes, der Apostel einer verbesserten und veredelteren Lebensführung. Wir können ihm für diese Missionar-Arbeit nicht genügend danken und müssen uns mehr und mehr von den Vorurteilen freimachen, welche eine gewisse Zeit, und die in ihr verkörperte Einstellung, ihm entgegenbrachte. Ohne ihn wäre die Durchführung aller großen Erfindungen mehr als problematisch gewesen, denn die Erfahrung zeigt uns, dass weder Publikum noch Sachverständige eine neue Entdeckung leicht aufnehmen."* – hat sich kaum etwas verändert.

Ohne Verkaufen würde unsere freie Wirtschaft nicht funktionieren. Natürlich sind auch alle anderen Teile der wirtschaftlichen Wertschöpfungskette in einem Unternehmen wichtig – Forschung und Entwicklung, Herstellung, Logistik etc. Kein Bereich könnte ohne den anderen auskommen. Es ist ein Kreislauf. Alle Bereiche sind gleich wichtig, gleich berechtigt. Ein Verkäufer könnte schließlich nichts verkaufen, wenn nichts hergestellt wird. Es kann nichts hergestellt werden, wenn nichts erforscht und entwickelt wird. Und es kann nichts erforscht und entwickelt werden, wenn dafür kein Geld zur Verfügung steht, das ein Verkäufer mit seinen Umsätzen generiert hat. We are all one. Und alle arbeiten für denselben Unternehmenszweck, auch wenn sie gänzlich verschiedene Jobs ausüben.

Du entscheidest: In welches Energiefeld begibst du dich?

Wie wir die Aufgabe des Verkäufers betrachten und angehen, liegt – wie alles im Leben – an uns selbst und unserer eigenen inneren Haltung. Wenn „alte" Verkaufsmethoden, wie sie in Filmen wie „The Wolf of Wallstreet" propagiert und gefeiert werden, dich anmachen, then go for it. Alles gut. Kannste machen. Nur die Frage, die du dir dann stellen darfst, ist: Welche Kunden hast du dann? Willst du genau diese Kunden wirklich haben? Ist es dir am Ende sogar egal?

Ich persönlich möchte aber eine ganz andere Energie in den Verkaufsprozess hineingeben. In welchem Energielevel möchtest du dich bewegen? Natürlich funktionieren viele der „alten" Methoden heute noch immer, mit Druck und Schmerz-Szenarien lassen sich immer noch genügen Menschen zu einer Verkaufsentscheidung drängen. Die Frage ist aber: In welches Energiefeld wollen wir uns hineinbegeben? Das ist doch das Spannende!

Wenn du gute Kunden haben möchtest – mit Potenzial und Nachhaltigkeit – dann bin ich davon überzeugt, dass die alten Druck-Schmerz-Methoden nicht funktionieren. Vielleicht kauft der Kunde so ein einziges Mal. Vielleicht, damit du ihn endlich in Ruhe lässt, weil du ihm ein dermaßen ungutes Gefühl vermittelt hast. Ein Hab-Erbarmen-Verkauf. Aber glaubst du wirklich, dieser Kunde kommt zurück? Ja, wenn er masochistisch veranlagt ist, dann sicher gerne. Dann hast du ihm wirklich was Gutes getan.

Nach einem Seminar kam mal ein Teilnehmer auf mich zu und sagte zu mir: „Denys, es ist so beeindruckend, dass du immer richtig gute Leute anziehst. Alles Leute hier, die eine gute Haltung und Einstellung haben, die tolle Energie haben, die dem Leben und den Menschen offen begegnen, mit denen man wirklich gern zusammen ist. Und wenn ich das mit anderen Seminaren vergleiche, auf denen ich schon war, dann ist das ziemlich oft nicht so." Ich strahlte den Teilnehmer an, das war natürlich ein tolles Feedback und sagte: „Wow, danke! Das ist aber spannend!" Der Teilnehmer fragte mich herausfordernd: „Und weißt du auch, warum das so ist?" Ich wartete seine Antwort ab. „Weil du anders verkaufst!" Ich sah ihn fragend an: „Aber was machen wir denn anders?" Er erklärte: „Ganz einfach: Du verkaufst nicht aus Angst, nicht aus Druck und nicht aus Mangel heraus. Du erschaffst nicht künstlich etwas, das gar nicht da ist, nur um die Leute zum Kaufen zu bewegen. Und deshalb kommen Menschen zu dir, die aus ihrer eigenen freien Entscheidung heraus zu dir kommen. Bei anderen ist es oft so, dass Verkäufer sie mit bestimmten Methoden klein machen. Ihnen kein gutes Gefühl geben. Und so kaufen die Menschen aus so einem Angstgefühl heraus. Sie haben Angst, es nie zu schaffen, wenn sie jetzt nicht diese einmalige Chance ergreifen. Sie kaufen aus Angstgefühl, aber nicht aus einem Herzensbedürfnis heraus. Und das ist ein wahnsinniger Unterschied."

Ich ließ das sacken. Und genau so ist es. Wenn du aus deinem Herzensbedürfnis etwas verkaufst, statt beim Kunden ein Mangelbewusstsein zu schüren, hast du eine ganz andere Qualität von Kunden. Kunden, mit denen es richtig Freude macht, zu arbeiten, mit ihnen Geschäfte zu machen, weiterzugehen, sie in ihrer Entwicklung zu begleiten.

Wen willst du anziehen? Wen willst du in deinem Feld haben? Ich habe für mich entschieden, ich habe Bock auf richtig coole Leute. Und genau die kommen auch zu mir. Die, die meine Methoden und Verkaufen mit Herz doof finden, für die gibt es genug andere Verkaufstrainer, Methoden und Bücher. Und das ist auch völlig okay und gut so. Warum will ich coole Leute um mich herum? Auch bei meinen Kunden? Weil sich alles auf alles überträgt. Es überträgt sich auf mein Geschäft. Auf mich. Ich habe mehr Freude, Energie, Lust. Das überträgt sich auf meine Familie, mein Privatleben, mein ganzes Leben.

Diesen Aspekt dürfen wir uns wirklich bewusst machen. Wen will ich in mein Leben ziehen? Wen will ich anziehen? Warum? Und dabei steht eben nicht der reine Umsatz – also welcher Kunde bringt möglichst viel Geld mit – im Vordergrund. Es geht um so viel mehr.

FRAG DICH DOCH MAL:
→ Wen und was willst du in dein Leben ziehen?
→ Was tust du dafür?

HEART-
SELLER

02

WORUM GEHT ES WIRKLICH?

2.1 Der Zehn-Euro-Trick und eine wichtige Lektion

→ ***„Ein jeder ist soviel wert, als die Dinge wert sind, um die es ihm ernst ist."***

Marc Aurel // Römischer Kaiser und Philosoph

Ich arbeite mit Tricks. Was?! „Ich dachte, hier geht es um Wahrhaftigkeit und eben nicht um Tricks", kann ich dich empört rufen hören. Aber bevor du das Buch wütend in die nächste Ecke feuerst oder im Gästeklo neben dem Klopapier parkst, lass mich dir meinen Trick erklären. Denn der Trick ist lediglich Mittel zum Zweck, um unsere innere Haltung, unsere Einstellung und unsere Werte zu entdecken und teilweise auch zu entlarven.

Ich arbeite wirklich mit Tricks. Und zwar mit echten Zaubertricks. Jedoch nicht im Verkaufsprozess selbst, sondern ich führe meinen Vortrags- und Seminarbesuchern einen simplen, aber verblüffenden Zaubertrick vor. Ich habe diesen Trick vor vielen, vielen Jahren von einem Zauberer gelernt. David Copperfield hat diesen Trick einige Zeit sogar als Eröffnungsact in seinen Shows vorgeführt. Ich habe mir diesen Trick abgeschaut. Und wie das genau aussieht, kannst du live bei mir erleben.

Der Trick ist simpel: Ich verknote vor den Augen des Publikums meine Hände und Finger auf eine ganz bestimmte Art und Weise. Bei mir sieht das total einfach aus. Das Publikum darf mitmachen, bekommt das aber nicht hin. Alle lachen, wundern sich und sind verwirrt. Ein großes „Häh?!" schwebt über den Köpfen der Zuschauer. Wie hat der das gemacht?!

Warum führe ich diesen Trick vor? Ich möchte damit gern das Pareto-Prinzip[6] schlagen. Der italienische Ökonom Vilfredo Pareto hat im 19. Jahrhundert eine der bekanntesten Wirtschaftsformeln aufgestellt und ich bin mir sicher, du kennst diese Formel oder hast zumindest davon schon mal gehört. Pareto sagt, dass 80 Prozent der Ergebnisse mit 20 Prozent des Gesamtaufwandes erreicht werden. Die verbleibenden 20 Prozent der Ergebnisse benötigen mit 80 Prozent die meiste Arbeit. Du kannst das auf alle möglichen Bereiche des Lebens und der Wirtschaft übertragen: 80 Prozent der Einnahmen einer Fluggesellschaft werden von 20 Prozent der Fluggäste, nämlich die, die Business- und First-Class fliegen, generiert. 80 Prozent der Umsätze werden von lediglich 20 Prozent der Mitarbeiter erwirtschaftet. Aber ist das wirklich so? Ist das nicht nur ein Glaubenssatz, den wir so verinnerlicht haben, dass wir ihn jeden Tag manifestieren? Und woran liegt das? Können wir diesen Effekt vielleicht irgendwie aushebeln, wenn es uns gelingt, hinter das Warum zu schauen?

Ich finde es spannend, herauszufinden, was in den Gehirnen der Menschen vorgeht. Sind sie bereit, im Leben zu investieren, damit sie etwas bekommen? Was muss passieren, damit sie bei einem Angebot einen so starken Nutzen erkennen, dass sie denken, jawoll, das möchte ich gerne haben?

Nun habe ich diesen Trick gelernt, um herauszufinden, wie der Mensch tickt, wenn es um innere Prozesse, Abläufe, Neugier aber auch Kaufentscheidungen und Überzeugungen geht. Denn jeder von uns reagiert komplett unterschiedlich:

→ Die einen müssen erst mal andere – Freunde, Familie, Kollegen – fragen und am besten noch im gesamten Prozess mit einbinden. Sie wollen sich rückversichern, dass das alles okay und gut ist. Sie können die Entscheidung nicht allein treffen. Sie brauchen **soziale Sicherheit**.
→ Andere stellen sich nur eine Frage, die ihre Entscheidung maßgeblich beeinflusst: Was habe ich davon? Sie wollen den größtmöglichen **Nutzen für sich allein herausziehen**.
→ Dann gibt es die Spaß-Fraktion: Die denken gar nicht lange nach, wägen kaum ab, bei ihnen steht der Spaß im Vordergrund. Sie tun und kaufen alles, was **Spaß** bringt.
→ Und zu guter Letzt gibt es die Kandidaten, die sich das alles sehr skeptisch anschauen. Sie wollen sehr genau wissen, ob das alles gut für sie ist. Das sind die, die erst mal tagelang „Stiftung Warentest“ lesen und sämtliche Bewertungsportale studieren. Und dann meistens dem Verkäufer einen Vortrag über das Produkt halten. Sie kennen es besser als der Verkäufer selbst. Sie brauchen **Details und sachliche Argumente**.
→ Oder man ist **grundsätzlich gegen alles**.

Was mache ich also? Ich frage zunächst mein Publikum, wer gern eine Möglichkeit kennenlernen möchte, mit der er mit absoluter Sicherheit und Garantie 100 Prozent Rendite macht. Klingt nach Butterfahrt? Wart's ab! Natürlich gehen dann fast alle Hände hoch. Dann frage ich in die Runde: „Und wer will 200 Prozent machen?“ Natürlich gehen dann auch alle Arme hoch. Ich steigere das bis zu 1.000 Prozent. Alle Arme gehen hoch. Und natürlich spüre ich schon eine gewisse Unruhe im Publikum, Skepsis und Zweifel. Und ich nehme auch die Menschen wahr, die sich gerade echt verkackeiert fühlen. Klar, was erzähle ich denen auch? Klingt ja auch alles wirklich ungeheuerlich und ziemlich unseriös. Der ist doch nicht etwa auch einer von diesen „Das-Blaue-vom-Himmel-runter-versprechenden-Verkaufs-Fuzzis?!“ – spüre ich in den fragenden Gesichtern der Menschen vor mir ganz deutlich. Ich könnte mich da jedes Mal wirklich drüber amüsieren. Und muss das im selben Zug aber auch aushalten, dass mir eine Welle von Skepsis entgegenkommt. Ist ja nicht unbedingt das, was man als Trainer und Speaker erreichen möchte.

Und dann geht es munter weiter. Denn dann frage ich: „Wer von euch ist denn auch bereit, zu investieren, um so eine Möglichkeit zu bekommen?“ Dann gehen auch die Arme hoch. Aber deutlich zögerlicher.

Dann kläre ich etwas auf: „Ich möchte euch gern etwas zeigen, was euch spiegeln wird. Ihr werdet gleich erfahren, wie ihr tickt und was in euch vorgeht, wenn ich eine Übung mit euch mache.“

Dann führe ich den Trick vor, den ich weiter oben schon kurz beschrieben habe.

It’s not about the trick

Dann wird es spannend. Richtig spannend. Denn der Hände-Trick ist nicht der eigentliche Star der Show. Er ist nur Mittel zum Zweck. Vermutlich denken viele der Zuschauer, aha, der hat uns jetzt halt einen Trick gezeigt. Und wahrscheinlich soll das eine Metapher für Verkaufsmethoden sein. Wir müssen halt einige Tricks beherrschen, blablabla.

Nachdem ich also diesen Trick vorgeführt habe, frage ich in die Runde: „Wer von euch möchte gern wissen, wie das funktioniert?“ Und ich wette mit dir, auch du würdest das gern wissen wollen, wenn du dabei wärst.

Und dann stelle ich mich aufrecht hin, halte meine Hände mit einer fordernden Geste nach vorne und sage laut und bestimmt: „Zehn Euro!“ Pause. „Wer das von euch wissen möchte, den möchte ich darum bitten, dass er jetzt an mich zehn Euro bezahlt.“ Und dann halte ich meine Klappe. Ich schaue ruhig und bestimmt in die Runde und sage nichts mehr. Stille. Ich halte das eine ganze Weile aus. Und ich spreche hier ganz bewusst von „aushalten“, denn natürlich ist das ein krasser Moment, die Verblüffung und Verwirrung der Menschen auszuhalten, die mich teilweise konsterniert anstarren und denken „Ist das sein fucking Ernst? Ich soll dem jetzt einfach so zehn Euro in die Hand drücken?!“

Einfach mal die Klappe halten

Das ist übrigens ein großes „Geheimnis" beim Verkaufen. Im richtigen Moment in die Stille zu gehen und nichts mehr zu sagen. Bei einem meiner ersten größeren Aufträge, den ich von einem Kunden aus der Unternehmensberatungsbranche bekommen habe, ging es um einen Auftragswert von 110.000 Euro. Ich sagte dem Kunden: „Wenn Sie Ihre Mitarbeiter bei mir ausbilden lassen wollen, kostet das 110.000 Euro." Ich habe nicht rumgeeiert, ich habe mich nicht gewunden. Ich habe das genau so gesagt. Klar, sachlich, deutlich. Dann habe ich erst mal gar nichts mehr gesagt. Natürlich spürte ich, wie der Kunde schlucken musste. Aber ich habe nichts gesagt.

Viele Verkäufer machen an dieser Stelle den Fehler, dass sie diese Stille nicht aushalten können. Sie fangen sofort an zu argumentieren, als würden sie sich verteidigen und dafür rechtfertigen, ja sogar entschuldigen müssen. Sie quatschen sich um Kopf und Kragen. Noch schlimmer, sie fangen gleich an, dem Kunden Rabatte vorzuschlagen. Sie sabotieren sich in diesem Moment komplett selbst. Und das ganze Geschäft damit mit. Glaubst du wirklich, der Kunde fühlt sich dann besser? Im Gegenteil. Du machst damit alles kaputt. Du untergräbst deine eigene Autorität, Kompetenz und deinen Wert. Denn was denkt der Kunde dann? Er fühlt sich von deinem ersten aufgerufenen Preis verarscht in dem Moment, in dem du anfängst, rumzueiern. Er fühlt, dass du selbst nicht an den Wert deines Produktes oder deiner Dienstleistung glaubst, ja nicht mal an dich selbst glaubst. Du bist selbst nicht überzeugt. Außerdem bist du so viel zu sehr im Wollen, kommst als Bittsteller daher. Ist das cool? Nö. Das ist peinlich und unsouverän. Kann das die Grundlage für ein vertrauensvolles Verhältnis sein? Du kennst die Antwort. Wenn du absolut von deinem Produkt oder deiner Dienstleistung überzeugt bist, wenn du weißt, dass es großartig ist, dass es einen starken Nutzen hat und für den Kunden genau das Richtige ist, dann brauchst du nicht zu quatschen. Es gibt dann nichts mehr zu sagen. Es gibt nichts mehr zu tun. Lassen ist hier das bessere Tun. Du strahlst es aus. Und der Kunde spürt das.

Nun haben mich die Geschäftsführer natürlich angestarrt und nach einer Weile gesagt: „Wow! Das ist ja viel Geld." Dazu habe ich dann auch nichts gesagt. Stille. Blicke. Aushalten. Aber stell dir das bitte nicht vor wie in einem alten Western-Movie, wo die sich duellierenden Cowboys bei High Noon vorm Saloon stehen und aggressives Blicke-Ping-Pong spielen, bevor der erste seine Knarre zückt. Es ist kein Kampf. Ganz und gar nicht. Wir sind keine Gegner (siehe 1.2) – im Gegenteil. Ich weiß einfach, ich habe ein verdammt tolles Angebot im Gepäck, das dem Kunden so viel Nutzen und Mehrwert bringen wird. Ich bin ganz bei mir, ja sogar voll mit Liebe und Wohlwollen. Für mich, für meine Dienstleistung und auch für den Kunden. Spürt der Kunde das? Natürlich. Und ich weiß: Es ist nur Geld. Ich habe keinen Druck. Ich muss nichts. Ich will nichts. Ich weiß einfach, bin absolut überzeugt, dass es die Summe, die ich für die Leistung genannt habe, die ich erbringe, einfach wert ist.

Der größte Fehler ist, wenn wir etwas fordern. Nicht nur im Verkauf, auch in jeder anderen Beziehung: Eltern und Kinder, Freundschaften, in der Partnerschaft, Kollegen. Wenn wir etwas wollen, machen wir oft den Fehler, dass wir viel zu viel argumentieren. Wer argumentiert, verliert. An anderer Stelle argumentieren wir: in der Präsentationsphase (siehe 6.6). Aber sonst lassen wir das. Okay? Wir fordern nicht. Wir sagen einfach nur: Das ist das Geld, was meine Dienstleistung oder mein Produkt wert ist.

Die Stille blieb also im Raum. Die Geschäftsführer wiederholten sich: „Mensch. Das ist aber viel Geld." Habe ich den Auftrag bekommen? Ja.

Aber an dieser Stelle geht es ja eigentlich gar nicht um diese Geschichte. Hier geht es um den Zaubertrick und die zehn Euro, die ich von meinem Publikum dafür verlange.

Meint der das alles wirklich ernst?!

Was passiert also? Zögernd kommen einige Menschen nach vorn und drücken mir Zehn-Euro-Scheine in die Hand. Ich bedanke mich. Die Menschen sind immer noch etwas irritiert. Einige grinsen, weil sie es witzig finden. Einige sind irritiert und schauen erst mal, was die anderen machen. Einige sitzen einfach nur starr da, Arme vor dem Körper verschränkt und sie beobachten das alles sehr skeptisch. Ich kann ihre Abneigung gegen das, was gerade passiert, richtig spüren. Andere sind total neugierig, kommen voller Freude nach vorne und drücken mir mit High-Five ihren Zehner in die Hand. Sie haben Spaß am Spielen. Ihre Augen leuchten. Ich sage immer noch nichts, harre aus, warte ab, beobachte, lasse geschehen. Ich lasse die Dynamik im Raum entscheiden, was passiert. Es ist wirklich unglaublich spannend, das alles zu beobachten. Und auch ich weiß natürlich nie, wie das Ganze ankommt, was passieren wird, wie die Menschen reagieren.

Nach einer Weile, wenn niemand mehr nach vorne kommt, bedanke ich mich bei allen und zähle laut die Geldscheine in meiner Hand. Je nach Gruppengröße habe ich dann mehrere hundert bis sogar auch schon weit über tausend Euro in der Hand. Manchmal gibt es dafür Applaus. Manchmal herrscht absolute Stille. Die Menschen wissen ja noch immer nicht, worauf ich hinaus will.

Dann sage ich: „An alle, die noch nicht bezahlt haben: Glaubt mir, das wird die beste Investition deines Lebens sein." Dann warte ich wieder einen Moment. Die nächsten kommen und bezahlen. Aber es sind immer noch genug Menschen im Raum, die nicht bezahlen. Zu denen sage ich dann: „Für alle, die immer noch nicht glauben, dass das die beste Investition deines Lebens ist, dann darfst du dir das Geld auch wieder zurück holen." Dann kommen wieder einige, die bezahlen. Und trotz der Garantie, dass sie ihr Geld zurück bekommen, wenn sie es möchten, gibt es immer noch Menschen im Raum, die nicht bezahlen. Was passiert dann?

Ich lege noch eine Schippe drauf: „Alle, die mir keine zehn Euro gegeben haben, möchte ich jetzt bitten, für die nächsten fünf Minuten vor die Tür zu gehen. Ihr werdet verstehen, dass ich den Trick nur denjenigen zeigen werde, die auch bereit waren, dafür zu investieren." Ungläubige Stille herrscht im Saal. Dann vereinzelt Lachen, manchmal auch Johlen und Applaus. Einige kommen dann noch nach vorne und geben mir ihre zehn Euro last minute. Andere sind richtig sauer und wütend und gehen kopfschüttelnd raus. Andere tun so, als wäre es ihnen egal, und sie schlendern möglichst cool hinaus. Aber alle sind zutiefst verunsichert. Meint der das alles wirklich ernst?!

Ja, ich meine das alles verdammt ernst. Schon allein, wie unterschiedlich die Menschen auf all das reagieren, darüber könnte ich ein ganzes Buch schreiben. Es verrät mir so viel über die Werte und Persönlichkeitsmerkmale meiner Zuschauer.

Als alle Nicht-Zahler draußen sind, schließen wir die Türen. Und dann löse ich mein Versprechen, mein Angebot ein. Ich zeige und erkläre den Trick. Übe ihn mit den zahlenden Zuschauern einige Male. Alle lachen. Alle haben Spaß. Denn natürlich ist der Trick pupseinfach. Okay, die Sache mit dem Trick wäre also erledigt. Ich habe meinen Trick erfolgreich verkauft und dafür aus null Euro in wenigen Minuten mehrere hundert, manchmal sogar mehr als tausend Euro gemacht. Kein schlechtes Geschäft, oder? Natürlich sind die Menschen im Saal immer noch irritiert. Aha. Ich habe jetzt einen einfachen Hände-Verschränkungs-Trick gelernt und dafür zehn Euro bezahlt. Und nun?

Ich fange die Unsicherheit auf. „Ich möchte euch gleich erklären, warum ich das Ganze hier gemacht habe. Aber dafür holen wir erst mal unsere Kollegen wieder rein." Dann grinse ich. „Wer von euch möchte denn jetzt auch 100 Prozent Rendite machen? Jetzt, gleich und sofort?" Zögerlich gehen die Arme hoch. „Dann geht raus. Und fragt die Kollegen draußen, ob sie wissen wollen, wie der Trick geht. Und dann verlangt ihr dafür …" Stille. „… Na klar! Zehn Euro!" Der Saal bricht in schallendes Lachen aus. Wir holen die draußen wartenden Teilnehmer wieder herein, die ihre Neugier kaum verbergen können. Ich sehe, wie im Publikum noch einige zehn Euro ihren Besitzer wechseln und einige meiner Trick-Schüler ihr neu gewonnenes Wissen gewinnbringend verkaufen.

Wer seinen Trick einmal verkauft, hat die zehn Euro Investition wieder drin. Wer ihn zehn Mal verkauft, hat 1.000 Prozent Rendite gemacht. Wer ihn 20 Mal verkauft, 2.000 Prozent usw. Wirtschaft ist so easy.

Was der Trick uns lehrt

Aber was sollte das Ganze nun? Was lehrt uns diese Aktion? Wir können daraus so viel lernen. Der Verkäufer kann dabei etwas lernen. Aber auch die Käufer, ebenso wie die Nicht-Käufer.

- → Wenn du etwas anbietest, muss es einen echten Mehrwert haben. Sonst machen die Menschen es nicht. Egal, ob es dabei um Verkauf geht oder um Beziehungen zu anderen Menschen. Biete ein gutes Produkt an. Und hab dabei Spaß und Freude. Ich frage dich an dieser Stelle:
- → Welchen Mehrwert hat diese kleine Vorführung für dich?
- → Was kannst du daraus ziehen?
- → Wie funktioniert Verkaufen aus Überzeugung heraus?
- → Wie ticken wir Menschen bei einem Verkaufsprozess?
- → Was ist beim Verkauf entscheidend?
- → Verkaufen ist kein Betrug.
- → Du kannst verkaufen, ohne zu „verkaufen". Du kannst verkaufen, ohne verkaufen zu müssen.
- → Wir brauchen immer ein „Warum".
- → Der Trick und meine Zehn-Euro-Forderung zeigen uns, wie wir wirklich ticken. Sind wir bereit zu investieren, damit wir etwas zurückbekommen? Sind wir bereit zu investieren, damit wir etwas lernen? Trauen wir uns auch mal etwas, auch wenn wir nicht ganz wissen, was passiert – wenn wir eine gewisse Unsicherheit verspüren? Sind wir mutig? Ist der uns angeborene Spieltrieb überhaupt noch da in uns? Gehen wir mit Freude und Leichtigkeit an die Dinge in unserem Leben heran? Setzen wir um?

All das erkläre ich den Zuschauern. Einige der Nicht-Zahler sind sichtlich betreten und fühlen sich ertappt. Aber darum geht es mir natürlich nicht. Ich will niemanden entlarven oder bloßstellen. Mein Anliegen ist es, die Menschen durch echte Erfahrungen ins Spüren zu bringen. Denn nur, wenn wir spüren und fühlen, können grundlegende Veränderungen geschehen. Dazu mehr in Abschnitt 3.6.

Nicht zu verkaufen ist unterlassene Hilfeleistung

Was ist hier die Brücke zum Leben? Wir müssen investieren. In uns selbst. Mit Zeit, mit Energie, mit Liebe, mit Geduld, mit Hingabe, mit Engagement und nicht zuletzt auch mit Geld. Wenn du wirklich willst, wirst du immer Geld haben. Du wirst nie auf dem Trockenen schwimmen. Du musst nur rausgehen, arbeiten, verkaufen, dranbleiben. Rausgehen, arbeiten, verkaufen, dranbleiben. Permanent und immer wieder. Vorausgesetzt, du bist von dir und deinem Produkt wirklich überzeugt. Das Problem ist aber: Die meisten machen das nicht. Halten es einfach nicht für nötig.

Ich war früher genauso drauf. Es lief zu Anfangszeiten ganz gut mit meinem Seminar-Business. Naja, ganz gut ist übertrieben. Es lief okay. Ich habe mich und meine Produkte so gut wie gar nicht verkauft. Meine Einstellung war, die Leute kommen und finden schon irgendwie zu mir. Bis mich eines Tages mein Freund Rabih regelrecht wachrüttelte. Er sagte: „Denys, du bist viel zu arrogant! Wie kannst du verlangen und glauben, dass die Leute schon irgendwie zu dir kommen?! Du hast so tolle Seminare, die den Menschen so viel bringen und nützen, wenn du die nicht anständig verkaufst, ist das unterlassene Hilfeleistung! Es ist deine verdammte Pflicht, zu verkaufen!“ Rabihs Appell war ein Wirkungstreffer. Er hatte Recht. Seitdem fing ich an, auf meine Art und Weise zu verkaufen. Natürlich nicht mit Butterfahrt-Charme. Sondern mit der richtigen Ansprache, durch die richtige Produktpräsentation, durch wahrhaften Kontakt, mit offenem Herzen etc. Doch dazu später mehr.

Jetzt hat der die ganze Kohle eingesackt!

Bevor ich mit meinem Training, Seminar oder Workshop weitermache, gibt es noch einen wichtigen Punkt zu klären. Denn natürlich fragt sich jeder im Raum: „Was macht der Typ da vorne jetzt bitteschön mit der ganzen Kohle?! Behält der das jetzt echt alles?! Der hat da einen Haufen Scheine in seiner Hand – macht der sich jetzt 'nen netten Abend damit? Mit meiner Kohle? Ist das überhaupt legal? Steuerfrei und so?“

Geld ist immer im Fluss. Geld kommt. Geld geht. Und weil ich das weiß und lebe, stelle ich folgende Frage an mein Publikum: „Wer von Euch kennt Menschen, denen es nicht so gut geht? Beispielsweise Rentner?“

In Deutschland wird sich viel zu wenig um Rentner gekümmert. Politiker können ihre Diäten im Laufe eines Vormittags mal eben um 1.000 Euro erhöhen sogar in Zeiten, in denen wir nicht regierungsfähig waren. Aber die Rentner mehr zu unterstützen, ihnen angemessene und wertschätzende Renten auszuzahlen, das scheint unmöglich zu sein. Da es meiner Meinung nach der Staat – wie es aussieht – nicht schafft, die Rentner, die unseren Staat und somit auch unsere Wirtschaft aufgebaut haben, in der Rente zu unterstützen und ihnen etwas von ihrer harten Arbeit zurückzugeben, ist es mir eine Herzensangelegenheit, genau diesen Menschen DANKE zu sagen und sie zu unterstützen.

Mehrere Hände gehen hoch. Ich gehe ins Publikum und suche mir einen jungen Mann aus. Er erzählt: „Meinen Großeltern geht es nicht gut. Sie waren seit so vielen Jahren nicht mehr im Urlaub. Sie haben ihr ganzes Leben lang geschuftet, um meinen Eltern und letztlich auch mir ein schönes Leben zu ermöglichen. Sie wollten, dass wir es besser haben als sie. Und jetzt kommen sie gerade so zurecht und halbwegs über die Runden." Im Saal herrscht Stille. Und ich spüre Anteilnahme und hier und da fließen auch Tränen. Und dann gebe ich dem jungen Mann das ganze zuvor „verdiente" Geld, mehrere hundert Euro. „Das ist für deine Großeltern. Davon sollen sie wieder mal in den Urlaub fahren. Du gibst ihnen das mit ganz lieben Grüßen von uns allen hier, okay?" Der junge Mann weint fast. Einige Menschen stehen auf und applaudieren. Immer mehr Menschen folgen.

Mit kleinem Aufwand Großes bewirken: Durch mein Verkaufsbeispiel habe ich einige hundert Euro der Teilnehmer eingenommen. Das eingenommene Geld ging komplett an dieses Rentnerpaar, die ihr Glück kaum fassen konnten.

Aber wie funktioniert denn jetzt dieser Trick?!

Was fehlt nun noch? Du weißt immer noch nicht, wie dieser Trick funktioniert. Willst du es wirklich wissen? Ich erkläre dir den Trick gern. Zehn Euro!

FRAG DICH DOCH MAL:

→ **Wie hättest du reagiert? Hättest du bezahlt oder dich geweigert?**

2.2 Verkaufen ist so viel mehr

→ ***„Wenn aus dem Verkauf eine Begegnung zwischen Kunde und Verkäufer wird, sind beide zufrieden."***

Alfred Rademacher // Aphoristiker // Deutschland

Das Wirtschaftsmagazin „brand eins" widmete sich in seiner Ausgabe 03/2016 dem Titelthema „Sale sucks! – Das neue Verkaufen". Der Leitartikel „Gekauft!"[7] von Wolf Lotter setzt sich dabei u. a. mit der Frage auseinander, was in den heutigen Zeiten aus dem Verkäufer wird:

„Seine Zukunft liegt ganz sicher nicht in der lauten, schnellen Konsumgesellschaft, sondern in der Wissensgesellschaft. Seine Rolle ändert sich grundlegend. Er ist nicht mehr der Agent des Händlers, dem es um den schnellstmöglichen Warenumschlag geht, sondern ein Makler, der überall dort, wo wirklich hohe Komplexität und ein hohes Bedürfnis nach personalisierten Lösungen vorherrschen, dem Kunden Orientierung geben soll – in dessen Namen und Auftrag. In der Wissensgesellschaft geht es nicht mehr um die Aufrechterhaltung möglichst hoher Informationsdefizite auf der einen Seite, von der die andere profitiert, sondern um Partnerschaft. Davon sind heute, in der Übergangszeit von der Ära des Drückens in die Welt der nachhaltigen Wissensökonomie, viele noch weit entfernt.

Man tut gern so, als ob man ein persönliches Problem löse – doch dem folgen dann eine Zahl neuer Abhängigkeiten, die man durch „nachgelagerten Support" zu lösen vorgibt. Das ist nicht nur in der Informationstechnologie üblich, sondern auch bei Maschinen, Autos oder Dienstleistungsangeboten. Das ist noch altes Verkaufen.

Die neue Rolle ist anders. Sie schafft keine neuen Abhängigkeiten an der Stelle der alten, sondern ermöglicht mehr Freiräume. Das ist es, was wir erwarten, bevor wir etwas kaufen. Dazu braucht es Makler, die zwischen die Handelspartner treten und vermitteln, vor allen Dingen aber informieren. Im Geschäft zwischen Unternehmen ist es ganz normal, dass vor einer komplexen Entscheidungsfindung Experten hinzugezogen werden. Daran werden sich auch Endkunden gewöhnen. Bei Versicherungen, beim Hausbau und der Geldanlage ist das bereits so. Was spricht etwa bei der Lösung von Mobilitätsfragen dagegen? Bei Fragen der Bildung und persönlichen Entwicklung? Der Verkäufer wird ein Ermöglicher, der dafür sorgt, dass sein

Auftraggeber – der Kunde – in der Wissensgesellschaft sein maßgeschneidertes Produkt bekommt.

Das sind dann keine Verkäufer mehr, sondern redliche Makler. Der Makler ist der bessere Verkäufer. Er hilft mir, meine Interessen zu realisieren.

Das könnte der neue Goldstandard des Geschäfts sein: anderen helfen, ihre Probleme zu lösen, ihre Freiheit zu steigern, ganz ohne falsches Theater. Ein Shopping-Erlebnis, das wir kaufen würden."

Ich musste lange über diesen Artikel und vor allem diesen Ausschnitt nachdenken, beinhaltet er doch so viele Elemente meiner Heart-Seller®-Methode. Denn worum geht es beim Verkaufen heute wirklich?

→ Der Verkäufer wächst in eine ganz neue Rolle hinein: Er ist ein „redlicher Makler". Der Makler ist der bessere Verkäufer. Als Makler unterstütze ich den Auftraggeber dabei, die bestmöglichen Angebote, abgestimmt auf die individuellen Bedürfnisse, zu finden. Er hilft dem Kunden, seine Interessen zu realisieren.
→ Der Verkäufer als „Ermöglicher", der den Kunden dabei unterstützt, sein maß geschneidertes Produkt zu bekommen.
→ Der Käufer ist nicht mehr Käufer, sondern Auftraggeber.
→ Es geht nicht um schnelles Kohlemachen, sondern darum, dem Kunden Orientierung zu geben, seine personalisierte Lösung zu finden.
→ Käufer und Verkäufer stehen sich nicht als „Gegner" gegenüber, sondern agieren in einer Partnerschaft.
→ Verkaufsmethoden der 80er-, 90er- und 2000er-Jahre – sogenanntes „altes Verkaufen" (Druck machen, Schmerz erzeugen) – funktionieren heute nicht mehr so ohne Weiteres. Es gibt immer noch genug Menschen, die über Druck und Schmerz zu manipulieren sind, und es gibt auch genug Verkaufstrainer, die diese Methoden nach wie vor mit Inbrunst der Überzeugung lehren. Aber ganz ehrlich: Das sind dann auch nicht meine Kunden. Ich möchte diese Kunden gar nicht haben. Sado-Maso ist nicht so meins. Auf dem Spielfeld können sich gern andere austoben.
→ Der neue „Goldstandard" des Verkaufens: Anderen dabei helfen, ihre Probleme zu lösen. Ohne „falsches Theater".

Was ist für die Umsetzung dieses „neuen Verkaufens“ notwendig? Es geht um eine ganz andere innere Haltung und Einstellung, es geht um Werte, es geht um Überzeugen – alles Themen, denen wir uns in Kapitel 3 ausführlich widmen werden. Denn natürlich könnten wir auch hier so tun als ob. Jaja, der Kunde und seine Bedürfnisse – ich weiß, ich muss darauf eingehen, blablabla. Und genau darum geht es: Diese lapidare Einstellung, dieses so offensichtliche Desinteresse am Kunden, in echten und wahrhaften Kontakt zu transformieren.

Eine neue Identität

Es geht aber auch um eine ganz andere Identität. Wie der Autor des von mir zitierten Artikels schreibt, darf sich der Verkäufer mehr und mehr als Makler betrachten. Heute noch zwei völlig unterschiedliche Berufe, die zwar einige Schnittmengen haben, aber dennoch gänzlich verschieden wahrgenommen werden und bisher auch in abgegrenzten Branchen agieren.

Warum brauchen wir eine neue Identität? Schon mit ihrer Berufsbezeichnung haben die meisten Verkäufer ein Problem. So findet man die kuriosesten Bezeichnungen auf den Visitenkarten und in den E-Mail-Signaturen: „East-Area-Manager für Außendienstverkäufer in Sachsen-Anhalt“. Oder „Facility-Consultant für Reinigungsmittelvertreter“ bis zum „Infant-Nutrition-Consultant für Babynahrungsmittelverkäufer“. Niemand möchte sich einfach Vertreter oder Verkäufer nennen. Wobei der Begriff „Consultant“ oder „Berater“ gar nicht mal so schlecht ist. Denn geht es doch mehr und mehr darum, den Kunden zu beraten und ihn bei seinem Kaufprozess zu begleiten.

Nun ist es jedoch so, dass auch „Makler“ eigentlich nicht den besten Ruf genießen. Sie werden in eine ähnliche Schublade gepackt wie Verkäufer. Nicht umsonst schreibt der Autor in seinem Artikel den Zusatz „redlicher Makler“. Also doch nicht Makler? Was nun? Für mich kristallisiert sich in meiner Arbeit und mit meiner Heart-Seller®-Methode immer mehr heraus, dass ein Verkäufer vielmehr als Coach agiert. Wie das genau im Detail aussieht, das schauen wir uns in Kapitel 4 genau an.

Wie könnte man einen Verkäufer noch nennen? Oder wie könnte man den Prozess anders beschreiben? Lass uns doch einfach mal rumspinnen:

- → Ich sehe dich.
- → Ich nehme dich wahr.
- → Ich bin offen für dich und deine Bedürfnisse.

- → Ich finde, was du suchst oder brauchst.
- → Ich bin dein Ratgeber.
- → Ich bin dein „Coach“.
- → Ich bin dein Wunscherfüller.
- → Ich bin dein Ermöglicher.

Was fällt dir spontan noch ein?

Wenn du diese Begriffe liest oder hörst, was passiert dann mit deiner Wahrnehmung? Spürst du, wie sich Widerstände auflösen? Sowohl wenn du dich in die Rolle des Verkäufers versetzt als auch in die Rolle des Käufers?

Wenn „Verkauf“ nicht mehr in der Berufsbezeichnung steckt, kommen wir vielleicht auch immer mehr dahin, unsere innere Einstellung und Haltung zu ändern. Dahingehend, dass es eben niemals um Verkaufen, also den Tausch von Ware gegen Geld, sondern um das Maßschneidern individueller Kundenlösungen geht. An dem beide Seiten auch richtig Spaß und Freude haben. Verkaufen ist der Prozess, durch den der Verkäufer herausfindet, welche Bedürfnisse und Wünsche der Kunde hat. Der Verkäufer unterstützt den Kunden dabei, diese zu erfüllen. Mit gegenseitigem Nutzen und kontinuierlich auf Augenhöhe für beide Seiten.

Wie wäre es, wenn wir unsere bisherigen Glaubenssätze über das Verkaufen (siehe auch 1.1) umwandeln? Wenn wir den Glaubenssatz „Verkaufen ist doof“ umwandeln in „Verkaufen macht Spaß und ich tue damit etwas Gutes – für mich und den Kunden“? Schießen wir den Doof-Glaubenssatz ins Universum. Und holen wir uns den guten Glaubenssatz aus dem Universum und pflanzen ihn in unser Herz. Schau mal, was passiert.

Perspektivenwechsel

Letztlich geht es um nichts anderes als einen Perspektivenwechsel. Eigentlich haben bisher beide Seiten, Verkäufer und Käufer, folgenden Satz im Kopf: „Ich will was von dir haben!“. Der Käufer will das beste Angebot zum niedrigsten Preis. Der Verkäufer sein Produkt zum höchstmöglichen Preis los werden.

Wie wäre es, wenn wir das umdrehen? Weg von „Ich will was von dir haben!“ hin zu „Ich möchte dir etwas geben.“ Was könnte das deiner Meinung nach sein, was Käufer und Verkäufer sich gegenseitig geben könnten?

Natürlich muss auch dieses „Ich möchte dir etwas geben" wahrhaft und authentisch sein. Wir sagen und denken das nicht, um schneller zu unserem Ziel, möglichst schnell und viel Umsatz zu machen, zu gelangen. Nein, wir müssen es sein. Es fühlen. Es spüren – aus dem Herzen heraus. Wir wollen dem Kunden wirklich etwas Gutes tun.

FRAG DICH DOCH MAL:

→ **Wie geht es dir bei diesem Gedanken?**

→ **Spürst du Licht durch dein Herz fluten? Oder schiebt sich eine Widerstandswolke davor?**

2.3 Die NRS-Strategie

→ ***„Der Berufene sucht auch Dinge, die sich erzwingen lassen, nicht zu erzwingen. Darum bleibt er frei von Aufregung. Der im Geist einfache sucht Dinge, die sich nicht erzwingen lassen, zu erzwingen. Darum ist er fortwährend in Aufregung. Weil er seiner Aufregung freien Lauf lässt, hat er immer etwas zu machen und zu erstreben. Die Aufgeregt heit aber richtet auf die Dauer zu Grunde."***

Zhuangzi XIV // Philosoph und Dichter // China

„Diese Trilogie aus guter Methodik, einem tollen Produkt und einem noch tolleren Menschen, der den Menschen um sich herum mit einem offenen Herzen und Freude begegnet (ich sage hier ganz bewusst nicht „Verkäufer" und „Kunde") ist die Basis von Denys Scharnwebers Heart-Seller®. Wenn diese drei Faktoren stimmen, dann ist Verkaufen nur noch eins: einfach." Das schreibt Henriette in ihrem Vorwort über meine Philosophie. Und genau so ist es: Es ist alles einfach einfach.

Welche Methode liegt nun meinem Heart-Seller® zugrunde? Was bringt mich dazu, zu behaupten, es ist alles ganz einfach? Weil wir eine ganz neue Dimension des Verkaufens entdecken und leben. Dass man heute erfolgreiche Verkaufsstrategien mit Methoden der Persönlichkeitsentwicklung verknüpft, ist an und für sich nichts Neues. Das wende auch ich an. Aber bei mir kommt noch eine dritte Komponente dazu: Wir entdecken und nutzen unsere Herzenergie. Und die ist der eigentliche Star meines Konzepts – der Atomkern, der alles zusammenhält, die Basis, die Sonne, um die sich alles andere herum dreht.

Wir betreten damit einen ganz neuen Raum, eine neue Dimension, ein neues Universum. Und du wirst sehr schnell spüren, wie viel sich verändern wird, wenn du diese Herzenergie mit aufs Spielfeld bringst. Es wird den gesamten Verkaufsprozess verändern. Es wird deinen Kunden verändern. Es wird dich verändern. Hin zum Positiven. Du kannst dich schon jetzt richtig darauf freuen.

Meine Heart-Seller®-Philosophie basiert auf der von mir entwickelten NRS-Strategie, die ich dir gern kurz erläutern möchte. Wir Menschen brauchen ja immer Futter für Verstand, Hirn und Kopf, damit wir bereit sind, uns auch mal eine Etage tiefer auf unser Herz zu verlassen.

→ **NEURO:** repräsentiert das Nervensystem des Menschen; die Gesamtheit aller Nervenzellen in einem Organismus. Über die Sinne werden in Form physikalischer Reize Informationen aus der Umwelt aufgenommen und im Nervensystem verarbeitet. Dieser Prozess ist vieldimensional, spielt sich auf zahlreichen Ebenen ab und beeinflusst das menschliche Verhalten. Hier kommen die Methoden der Persönlichkeitsentwicklung, aber auch der Einsatz der Herzenergie ins Spiel.

→ **RESONANZ:** beschreibt eine intensive und harmonische Beziehung in der zwischenmenschlichen Kommunikation. Jedes menschliche Verhalten ist abhängig vom inneren Zustand, den Werten und Gefühlen eines Individuums. Um Resonanz zu erreichen, müssen Körper, Geist und Seele (Herz) eine Einheit bilden, im Einklang miteinander sein. Wenn Kommunikationspartner im Denken, Fühlen und Handeln übereinstimmen, entstehen sogenannte positive Resonanzphänomene: Eigene Fähigkeiten werden erkannt und bewusst eingesetzt, man erhält Zugang zu den eigenen Ressourcen, Leistungen werden optimiert, Verkauf und Umsatz gesteigert sowie das Sympathiepotenzial erhöht. Auch hier kommen die Methoden der Persönlichkeitsentwicklung, aber auch der Einsatz der Herzenergie ins Spiel.

→ **SELLING:** Basis aller Kaufentscheidungen sind die Emotionen eines Individuums. Daher ist es wichtig, den Kunden, aber auch sich selbst ein gutes Gefühl zu vermitteln. Deshalb ist die smarteste und effizienteste Strategie, in Verkaufsgesprächen die Methoden einzusetzen, die nicht nur gezielt auf den Kunden abgestimmt sind, sondern auch zur Persönlichkeit und den Werten des Verkäufers passen.

Nur wer sich selbst kennt, kann von Herz zu Herz mit anderen Menschen kommunizieren. Auch ein Verkaufsgespräch ist nichts anderes als Kommunikation. Brechen wir es runter, geht es auch im Verkaufsprozess um die essentiellen Fragen des Daseins: Wer bist du? Was brauchst du? Was fehlt dir? Was kann ich für dich tun?

Verkaufspsychologie ist ein alter Hut, den wir uns schon in Abschnitt 1.3 angeschaut haben. Aber ein ganz entscheidender Punkt fehlt bei allen Methoden, Modellen und Strategien: das Innenleben des Verkäufers. Und genau das setze ich bei meinen Methoden in den Mittelpunkt. Bei allen anderen Strategien stülpen sich die Verkäufer lediglich Masken und Kostüme, bestehend aus Strategien und Modellen und vermeintlich funktionierenden Techniken, über. Aber ich bin der Meinung, auf diese Art und Weise tun wir niemandem einen Gefallen. Nicht dem Unternehmen, nicht dem Kunden, nicht dem Verkäufer. Zäumen wir das Pferd also ganz anders auf. Von innen nach außen.

HEART-
SELLER

03

DIE WERTE EINES HEART-SELLERS®

3.1 Warum wir Werte brauchen

→ ***„Eine Freude, die von außen kommt, wird uns auch wieder verlassen. Jene Werte aber, die im Innern wurzeln, sind zuverlässig und dauernd."***

Lucius Annaeus Seneca // Römischer Philosoph
Marc Aurel // Römischer Kaiser und Philosoph

Was unterscheidet einen „guten" Verkäufer von einem „schlechten" Verkäufer? Meiner Meinung nach ist es nicht der offensichtliche Erfolg in Form eines Abschlusses. Es ist nicht die Höhe der Provision. Sondern es ist die innere Haltung, mit der ein Verkäufer lebt, arbeitet und seinen Kunden begegnet.

Und jetzt streichen wir einfach mal alle „verkaufsrelevanten" Wörter aus dem ersten Absatz und ersetzen sie durch allgemeingültige:

Was unterscheidet einen glücklichen Menschen von einem unglücklichen Menschen? Meiner Meinung nach ist es nicht der offensichtliche Erfolg. Es ist nicht die Höhe seines Einkommens. Sondern es ist die innere Haltung, mit der er lebt, arbeitet und anderen Menschen begegnet.

Aber was bestimmt deine innere Haltung (dazu auch in Abschnitt 5.2 mehr)? Es sind deine Werte. Und damit meine ich nicht, was du wert bist (du bist unbezahlbar, das ist doch klar!) und auch nicht deine Blutwerte. Sondern ich meine die Werte, die dich durch dein Leben in die für dich hoffentlich richtige Richtung lenken. Es gibt einige Werte, die ich dir in diesem Abschnitt nicht nur ans, sondern auch in dein Herz legen möchte. Es sind universelle Werte, die – würden wir alle danach leben – unsere Welt zu einem (noch) viel besseren Ort machen würden. Und diese Werte sind auch die Bausteine, aus denen sich die innere Haltung eines Heart-Sellers® zusammensetzt.

Werte sind die Ausrichtung in deinem Leben. Sie sind dein unsichtbarer Guide. Hast du dich schon mal bewusst gefragt, von welchem Guide du dich eigentlich durch dein Leben führen lässt? Alles, was wir tun oder nicht tun, alles was wir erreichen oder nicht erreichen, wird immer von unseren Werten gesteuert. Es ist also eines deiner wichtigsten Aufgaben überhaupt, dich mit deinen Werten auseinanderzusetzen.

Warum brauchen wir überhaupt Werte?

Es ist nur leider so, dass sich sehr viele Menschen noch nie so wirklich mit dem Thema Werte auseinandergesetzt haben – weder für ihr Berufsleben noch für ihr Privatleben. Hast du schon mal in dich reingehört und überprüft, nach welchen Werten du lebst und welche Werte dir wichtig sind? Liebst du die Freiheit und Unabhängigkeit oder bist du lieber ständig mit möglichst vielen Menschen um dich herum zusammen? Willst du Beständigkeit oder suchst du permanent das große Abenteuer? Das sind nur zwei von vielen möglichen Werten. Unsere Werte zu kennen, ist wie ein innerer Kompass, der uns im Leben in die für uns richtige Richtung führt. Leben und arbeiten wir nicht kongruent zu unseren Werten, sind wir unglücklich und können niemals erfüllt und erfolgreich sein. Ziemlich logisch, oder?

Es geht aber auch nicht nur darum, unsere eigenen Werte zu kennen, sondern auch zu respektieren und zu akzeptieren, nach welchen Werten unsere Mitmenschen leben. Jeder Mensch hat individuelle Werte. Und natürlich auch jeder Kunde. Wenn wir uns neugierig darauf einlassen, dass unsere Partner, Freunde, Kollegen und auch Kunden nach ganz eigenen Werten leben, können wir ihnen ganz anders begegnen und echtes Verständnis für ihre Bedürfnisse entwickeln. Wir SEHEN die Menschen, die uns täglich privat und im Berufsleben begegnen, wirklich und wahrhaft. Und sind so in der Lage, sie viel besser zu verstehen.

→ ***„Werte kann man nicht lehren, sondern nur vorleben."***
Viktor Frankl // Neurologe und Psychiater // Österreich

Unsere Werte sind für so vieles – bewusst oder unbewusst – verantwortlich. Beispielsweise für unser WARUM, dem wir uns in Abschnitt 3.6 ausführlich widmen werden. Jedem WARUM liegt ein Wert zugrunde. Und es geht darum, die Werte für das höchste Warum zu kennen. Und in Abschnitt 4.3 werde ich dir das SCORE-Modell vorstellen, mit dem du ganz konkret das WARUM und die Werte deiner Kunden herausfindest und verstehst. Du siehst also, ohne Werte geht so ziemlich gar nichts.

Wertemodelle

Es gibt viele tolle Tools, mit denen du deine Werte kennenlernen kannst. Was ist dir wichtig? Was treibt dich an? Wo gibt es in deinen Beziehungen zu anderen Menschen Konflikte, weil beide Seiten einfach nach völlig verschiedenen Wertehierarchien leben? Je mehr du dich selbst damit auseinandersetzt, desto mehr bekommst du auch ein Gespür dafür, was deine Mitmenschen und Kunden wirklich antreibt, was sie wollen, was sie erwarten und was sie brauchen. Du verstehst auf einmal, warum es vielleicht hier und da Konflikte gibt. Und kannst ganz anders darauf reagieren, statt wie so oft (und meist eben aus Unkenntnis der konträren Werte) in den Widerstand zu gehen. Und auf einmal wird so vieles klarer. Und viel leichter.

Ich möchte dir an dieser Stelle einen ganz kurzen Überblick über nur einige der vielen verschiedenen Wertemodelle geben, da es sonst den Rahmen des Buches sprengt.

→ Ein Klassiker ist z. B. das von **Steven Reiss** entwickelte Reiss-Profile,[8] mit dem du herausfinden kannst, welche Lebensmotive (= Werte) deinem Verhalten zugrunde liegen. Nach Reiss gibt es 16 Lebensmotive, die unsere Persönlichkeit formen: Macht, Unabhängigkeit, Neugier, Anerkennung, Ordnung, Sparsamkeit, Ehre, Individualismus, Beziehungen, Familie, Status, Rache, Eros, Essen, körperliche Aktivität und emotionale Ruhe.
→ Der deutsche Philosoph **Nicolai Hartmann**[9] setzte sich schon 1925 mit Wertesystemen auseinander und fasste seine Erkenntnisse in seinem Modell vom „Reich der ethischen Werte" zusammen. Seine Werteordnung teilte menschliche Verhaltensweisen in folgende Kategorien auf: Erkenntniswerte (Wahrheit), ästhetische Werte (alles Schöne), sittliche Werte (alles Gute), Vitalwerte (alles Lebendige), Lustwerte (alles Angenehme), Güterwerte (alles Nützliche).
→ Warum ist Nicolai Hartmann für die Wertepsychologie so wichtig? Weil auf seinen Erkenntnissen beruhend das bekannte Modell des „**Werte-Quadrats**"[10] von u. a. seinem Schüler **Paul Helwig**[11] (1936) und **Friedemann Schulz von Thun**[12] (1989), beide Psychologen, weiterentwickelt wurde. Das Werte-Quadrat ist heute Basis für viele Kommunikations- und Motivationsmodelle. *„Mithilfe des Werte- und Entwicklungsquadrates könne es gelingen, für jede menschliche Qualität (z. B. Ehrlichkeit) die notwendige Gegenqualität („Schwestertugend") zu finden (z. B. Takt und Sensibilität); erst beides zusammen lasse „den Regenbogen aufgehen". Ehrlichkeit ohne Takt könne zur brutalen Offenheit verkommen, Takt ohne Ehrlichkeit zur höflichen Fassade. Habe man die Balance zweier Gegenwerte vor Augen, könne man auch die anstehende Entwicklungsrichtung entdecken: der eine neige zur Verabsolutierung der Ehrlichkeit und müsse entsprechend Takt und Sensibilität erobern; der andere übertreibe genau diese Qualität und solle lernen, ehrlichen Klartext zu sprechen."*[13]
→ Und wer hat's wirklich erfunden? Wie so oft die alten Griechen. Denn schon **Aristoteles** hat sich 350 v. Chr. mit den vielfältigen moralischen und ethischen Werten auseinandergesetzt, die den Menschen antreiben. In seiner „Nikomachischen Ethik"[14] lehrt er die „Mesotes-Lehre", die besagt, dass es immer ein gesundes Maß zwischen allen extremen Ausprägungen geben muss, damit

Menschen glücklich und erfüllt leben. Es geht also um die gesunde Mitte zwischen Übermaß und Mangel. Extreme Wertausprägungen sind also laut Aristoteles ziemlich doof. Und schon unsere Oma wusste doch: Die Dosis macht das Gift.

Deine Wertehierarchie

Was sind deine Werte? Nimm dir doch einfach mal einen Zettel und schreibe zehn Werte auf, die dir spontan einfallen, die dir in deinem Leben wichtig sind. Du kannst dabei an Werte aus deinem Privatleben denken, was dir beispielsweise in deinen Beziehungen wichtig ist, sowie an Werte aus deinem Berufsleben. Meistens wirst du jedoch feststellen, dass sich diese Werte, auch wenn du sie differenziert betrachtest, ziemlich ähneln. Wir sind ja auch im Job derselbe Mensch, warum sollten wir da großartig anders ticken als im Privatleben? Logisch, oder? Werte könnten z. B. sein: Freiheit, Vertrauen, Offenheit, Selbstverwirklichung, Harmonie, Schönheit, Spaß, Freude, Leichtigkeit, Gesundheit, Sicherheit, Abwechslung, Familie, Sexualität und, und, und. Wichtig ist, dass du diese Werte wirklich fühlst. Dass es keine Wischi-Waschi-Worte sind, die nichts in dir auslösen, sondern dass du wirklich sagen kannst, was dir dieser Wert bedeutet. Dass du ganz klar formulieren kannst, warum dir dieser Wert so wichtig ist. Deine Werte musst du also fühlen können, sie müssen für dich greifbar sein.

Wenn du diese zehn Werte untereinander aufgeschrieben hast, geht es jetzt darum, heraus zu finden, wie wichtig dir diese Werte sind. Denn du wirst Werte haben, die dir wichtiger sind als andere Werte. Und einen Wert, der über allen anderen Werten steht. Das ist dein Master-Wert, dein Königswert, dein Werte-Leitstern. Wir bilden also eine Top 10 deiner Werte, deine ganz persönlichen Werte-Charts. Du kannst die Hierarchie deiner Werte ganz spontan bilden. Manche wissen sofort, welcher Wert auf Platz eins steht und welcher auf dem fünften Platz. Je mehr du es aus dem Bauch heraus fühlst, desto besser. Um das ganze richtig systematisch anzugehen, kannst du auch alle Werte miteinander vergleichen, du spielst also eine Art „Trumpf“ mit deinen Werten.
Nehmen wir an, du hast

→ Freiheit
→ Vertrauen
→ Offenheit
→ Selbstverwirklichung
→ Harmonie

aufgeschrieben (ich nehme jetzt hier als Beispiel nur fünf Werte), dann nimmst du Freiheit und vergleichst diesen Wert mit allen anderen Werten. Ist dir Freiheit wichtiger als Vertrauen? Ist dir Freiheit wichtiger als Offenheit? Und so weiter. Der Wert, der alle anderen Werte toppt, ist dein Nummer-Eins-Wert. Den schreibst du auf eine neue, nummerierte Liste und streichst Freiheit aus der unsortierten Liste. Und genauso gehst du mit den anderen Werten vor und findest so deinen Nummer-Zwei-Wert, deinen Nummer-Drei-Wert etc. Ganz wichtig: Alle Werte sind gleichwertig von der Qualität her! Es gibt keine schlechten oder guten oder doofen oder besseren Werte. Du erstellst deine Wertehierarchie also ganz ohne dich selbst dabei zu be-werten, okay?

Was machst du jetzt mit deiner so erstellten Werte-Top 10? Warum ist die so wichtig für dich? Wozu ist das gut?

Ganz ehrlich: Eigentlich ist die Reihenfolge deiner Werte total egal. Es hilft dir aber dabei, dich selbst besser zu verstehen, zu erkennen, warum du auf bestimmte Menschen und Situationen auf deine ganz bestimmte Art und Weise reagierst, warum beispielsweise Konflikte entstehen. Es hat am Ende immer mit Wertekonflikten zu tun.

Und jetzt kommt etwas ganz entscheidendes: Wenn du spürst, dass in deinem Leben irgendetwas nicht so ganz rundläuft, wenn es rappelt im Gebälk, du frustriert und unglücklich bist, dann schau dir mal deine Werteliste ganz genau an. Ich wette mit dir, du findest mindestens einen Wert, den du gerade nicht lebst oder nicht leben kannst.

Wenn du deine wichtigsten Werte nicht lebst, wird es schwer, dass du dich leben und lieben kannst, das Leben deiner Träume lebst, deine Ziele erreichst und vom Herzen heraus wirklich erfolgreich, erfüllt und glücklich bist.

Deshalb ist diese Wertehierarchie ein wirklich tolles Tool, mit dem du regelmäßig überprüfen kannst, wo du eigentlich gerade in deinem Leben stehst und warum du vielleicht gerade nicht glücklich bist oder nicht vorankommst. Du schaust hin. Es wird dir bewusst. Das erfordert Mut. Und es kann sein, dass es schmerzt. Aber nur wenn du wirklich hinschaust, siehst du klar. Und kannst dann entscheiden, was du tun kannst, um deine auf der Strecke gebliebenen Werte wieder (mehr) zu leben und deine Ziele zu erreichen. Du kannst entscheiden, auf welche Werte du wieder mehr Fokus setzen möchtest.

Spannend ist, dass wir mit den Werten immer ganz konkret arbeiten können. Wenn dir beispielsweise bestimmte Werte gerade fehlen, wie z. B. Fülle, kannst du Fülle für ein bis drei Monate einfach mal nach ganz oben auf deine Werteliste packen. Und dann schau, wie sich dein Denken, dein Handeln, dein Tun und letztlich auch dein Leben verändert.

Oder wenn ein Paar ein Kind bekommen hat. Früher standen vielleicht Freiheit, Unabhängigkeit, Erotik, Spaß und Abenteuer ganz oben auf der Rangliste, die nun weiter nach unten rutschen. Denn auf einmal geht es um Familie, Sicherheit, Routinen. Wenn Werte wie Erotik früher sehr ausprägt waren, das Paar gut, gern und oft Spaß im Bett hatte und auf einmal ist wegen dem kleinen Schreihals kein Sex mehr angesagt, sorgt das natürlich für Frust. Frust entsteht immer dann, wenn wichtige Werte nicht gelebt werden können.

Es ist absolut nichts verwunderliches, dass sich Werte im Laufe eines Lebens auch immer wieder verschieben. Was dir mit 20 wichtig war, kann mit 40 nach ganz hinten gerückt sein. Mit 20 wolltest du vielleicht Freiheit und Abenteuer leben und mit Mitte 30 sind dir Bindungen, Sicherheit und Familie viel wichtiger. Und vielleicht drängen sich Freiheit und Abenteuer dann mit 40 wieder dazwischen. Wichtig ist, zu erkennen, welche Werte dir gerade wichtig sind, welche Werte du leben möchtest und zu checken, ob du diese Werte wirklich lebst.

Was hat das mit Verkaufen zu tun? Auch Kunden haben Werte. Meistens wollen sie mit dem Kauf hin zur Freude und weg vom Schmerz. Dem liegen die unterschiedlichsten Werte zu Grunde. Du darfst also herausfinden und wahrnehmen, welche Werte das sind. Das gelingt dir mit den folgenden aufgeführten Werten. In der später folgenden Präsentationsphase (siehe 6.6) kannst du dann entsprechend den Werten des Kunden schöne, große, bunte Bilder und Welten visualisieren.

Die Werte eines Heart-Sellers®

→ ***„Dass Wirtschaft nicht Lebensinhalt sein darf, ist der Menschheit von allen ihren großen Lehrern gesagt worden; dass sie es nicht sein kann, zeigt sich heute."***
Erich Fromm // Philosoph // Deutschland/USA

Warum habe ich den ersten Absatz dieses Kapitels in zwei Varianten geschrieben? Weil wir immer noch zwischen Berufs- und Privatleben eine Mauer bauen, Arbeit ist Arbeit, Schnaps ist Schnaps. Ich möchte diese Mauer gern weghauen („Die Mauer muss weg!“). Denn wie wäre es, wenn wir nach denselben Werten arbeiten, wie wir im besten Falle privat leben? Unsere Werte bestimmen unser Lebensglück, unsere Zufriedenheit, unsere Erfüllung. Nehmen wir unseren Werterucksack mit ins Büro und in unser nächstes Kundengespräch. Und was du in genau diesen Rucksack reinpacken darfst, das möchte ich dir nun zeigen: Es sind die Heart-Seller®-Werte. Diese sind Werte, die mit deiner Herzenergie gespeist sind. Es sind Werte wie Aufrichtigkeit, Liebe, Bedingungslosigkeit, Absichtslosigkeit, Wahrhaftigkeit, Annahme, Freude, Leben im Hier und Jetzt, Größe, ein starkes Warum, Klarheit, echte Begegnung, Demut und Dankbarkeit. Ich verspreche dir, diese Werte wiegen nicht schwer in deinem Gepäck. Im Gegenteil, sie sorgen dafür, dass dein Rucksack immer leichter wird – und dein Leben immer voller.

All die nachfolgend in Kapitel 3 aufgeführten Werte sind so essentiell für dich als Heart-Seller®. Denn nur wenn du diese Werte lebst und fühlst, sind auch die Methoden, die ich dir in Kapitel 6 vorstelle, wirklich wirksam. Natürlich kannst du dich auch ohne all diese Werte aus meinem Werkzeugkoffer bedienen – das wird schon auch irgendwie hinhauen. Aber wie ich dich einschätze, willst du mehr vom Leben. Du willst mehr, als dass es „einfach nur irgendwie hinhaut“. Du möchtest glücklich sein, erfüllt sein, erfolgreich sein. Aber das funktioniert nicht, ohne dass du gute Werte lebst und deine Werte kennst. Schauen wir sie uns also alle im Detail an.

FRAG DICH DOCH MAL:

→ **Welche Werte fallen dir spontan ein, die dir wichtig sind?**
→ **Lebst du deine wichtigen Werte wirklich?**
→ **Wenn nein, warum nicht? Was steht dir im Weg? Was hindert dich daran?**
→ **An welchen Werten misst du deine Mitmenschen?**
→ **Welche Konflikte, die du hast, beruhen vielleicht auf unterschiedlichen Wertevorstellungen?**

3.2 Aufrichtigkeit & Wahrhaftigkeit

→ ***„Es ist uns immer bewusst, ob wir aufrichtig sind oder nicht. Aufrichtigkeit ist nicht etwas, das man uns beibringen müsste; sie kommt tief aus unserem Inneren."***

Sri Chinmoy // Spiritueller Lehrer // Indien

Aufrichtigkeit. Wahrhaftigkeit. Beides große Wörter, die Hand in Hand miteinander gehen. Aufrichtigkeit gilt auch als Synonym von Integrität. Aber was bedeutet das?

Aufrichtigkeit bedeutet, zu sich selbst, seinen Werten und Idealen zu stehen. Ein aufrichtiger Mensch kennt seine Werte und lebt sie auch. Deshalb ist es so wichtig, sich immer wieder mit seinen Werten (siehe 3.1) auseinanderzusetzen. Er lässt seinen Worten Taten folgen. Worte und Taten sind kohärent, stimmen also in ihrer Bedeutung überein. Ein aufrichtiger Mensch predigt Wasser und trinkt es dann auch. Ein unaufrichtiger Mensch predigt Wasser und trinkt Wein. „He walks the talk", wie es im Englischen heißt. Aufrichtigkeit bedeutet auch, ehrlich zu sein – sich selbst gegenüber aber auch gegenüber anderen Menschen. Es bedeutet auch, Verantwortung für sich zu übernehmen, zu dem zu stehen, wer und was man ist, auch zu seinen Fehlern, und sich nicht zu verstellen.

Was ist der Unterschied zwischen Aufrichtigkeit und Ehrlichkeit? Ehrlichkeit heißt, andere nicht zu belügen. Aufrichtig sein heißt, andere nicht zu belügen – aber auch sich selbst nicht. Wer aufrichtig ist, weiß, wer er ist, mit allen Makeln, Fehlern und aller Unwissenheit. Es bedeutet im Prinzip, jede Maske, die wir tragen – aus welchen Gründen auch immer – abzusetzen. Es bedeutet auch, jede Rolle, die wir spielen, ad acta zu legen. Es bedeutet, sich so zu zeigen, wie man ist. Aufrichtigkeit ist die konsistente, also beständige, innere Grundhaltung eines Menschen. Aufrichtig zu sein bedeutet auch, sich nicht zu verbiegen und sich nicht kaufen zu lassen, wenn dafür eigene Werte verraten werden. Wer aufrecht ist, steht zu seinen Überzeugungen und verbiegt sich nicht. Ein aufrichtiger Mensch hat einen freien, offenen Blick, der dem Gegenüber nicht unsicher ausweichen muss und ist sich seiner selbst sicher und seiner selbst bewusst.

Wie bist du denn? Was verbirgst du? Wo trägst du Masken? Wo spielst du Rollen? Warum?

Aufrichtigkeit ist ein tugendhafter Wert. In Johann August Eberhards[15] „Synonymischen Handwörterbuch der deutschen Sprache“[16] von 1802(!) heißt es: *„Aufrichtig (in die Höhe gerichtet, d. h. so daß jeder ihn sehen kann, nicht verborgen; Gegenteil: versteckt) ist der, welcher ohne jede List und Falschheit redet und handelt, dessen Tun und Reden mit seiner Gesinnung vollkommen übereinstimmt, der ohne versteckte Nebengedanken und versteckte Absichten handelt.“*

Und trifft genau diese Beschreibung nicht den Nagel auf den Kopf, wenn es darum geht, wie wir uns auch einen guten Verkäufer vorstellen? Nur einem aufrichtigen Verkäufer kann sich ein Kunde wirklich anvertrauen und öffnen. Und was hat der Verkäufer davon? Er kann den Kunden gemäß seiner Wünsche und Bedürfnisse richtig beraten. Wünschen wir uns nicht alle aufrichtige Verkäufer? Gehen wir als Heart-Seller® vor!

Wahrhaftig ist, so der griechische Philosoph Aristoteles, wer die Wahrheit liebt und das Lügen ablehnt, wer nicht über- und untertreibt, wer nicht hinzudichtet und nichts verschweigt. Es geht also darum, einen gesunden Mittelweg zu finden zwischen Angeberei und falschem Ruhm auf der einen Seite und falscher Bescheidenheit und „Ich-kann-doch-nichts“-Attitüde auf der anderen Seite. Auch das ist für eine Verkäufer so wichtig!

→ ***„Glatte Worte und schmeichelnde Mienen vereinen sich selten mit einem anständigen Charakter.“***
Konfuzius // Philosoph // China

Worum geht es dem Verkäufer eigentlich wirklich? Will er einen happy Kunden haben? Oder geht es ihm nur um den Abschluss, egal, mit welchen Mitteln und egal zu welchem Preis? Welche Absichten hegst du als Verkäufer, wenn du in ein Gespräch mit einem Kunden gehst? Führst du Gutes im Sinne des Kunden im Schilde? Oder ist es dir egal, Hauptsache der Kunde kauft halt jetzt mal endlich? Überprüf dich mal. Los, trau dich!

Warum ist diese Aufrichtigkeit so wichtig? Karma, Baby, Karma. Alles, was du unaufrichtig in deinem Leben erreichst, wo du dich irgendwie so durchlavierst, wo du anderen irgendwelchen Mist erzählst, um dabei selbst etwas zu erreichen, wird dich direkt in die Hölle führen. Neiiiiin. Natürlich nicht. Aber so ähnlich. Ich denke, du hast bestimmt die eine oder andere Erinnerung, wo du in deinem Leben nicht ganz aufrichtig warst. Wie fühlt sich das an? Doof, oder? Du kannst es vielleicht ganz gut verdrängen, aber irgendwie hängt doch permanent so ein Gefühl von doof im Raum, das du auch nicht loswirst. Und dann gibt es sicher auch Momente in deinem Leben, in denen du aufrichtig gehandelt hast. Wie geht es dir, wenn du daran denkst? Was macht es mit dir?

Auch im Business finden wir unzählige Beispiele, bei denen Menschen an Format und Respekt gewinnen, wenn sie sich aufrichtig verhalten. Wenn Unternehmer ehrlich über ihre Ups and Downs erzählen. Wenn Menschen Fehler machen und dazu stehen. Wenn andere Menschen sie dafür nicht in die Pfanne hauen. Wenn Verkäufer ehrlich sagen, dass sie nicht das perfekte Produkt oder den richtigen Service für den Kunden anbieten können.

Aufrichtigkeit ist eine Lebenskunst. Sie ist die Liebe zur Wahrheit und die Achtung vor dieser. Aufrichtigkeit ist eine Herzensangelegenheit. Sie kann nur von innen kommen und sie zeigt sich uns nur dann, wenn wir wissen, wer wir sind.

Die Bestandteile von Wahrhaftigkeit im Herzen setzen sich zusammen aus Demut, Dankbarkeit, Absichtslosigkeit und Bedingungslosigkeit.

→ ***„Selbstbewusstsein, Selbstkontrolle und Selbsthingabe mag schwer erscheinen, aber es ist leicht, wenn Du zu Dir selbst ehrlich bist, und unmöglich, wenn Du es nicht bist. Alles ergibt sich der Ehrlichkeit."***
Nisargadatta Maharaj // Spiritueller Lehrer und Philosoph // Indien

FRAG DICH DOCH MAL:

→ **In welchen Bereichen in deinem Leben bist und handelst du wirklich aufrichtig und wahrhaftig?**
→ **In welchen nicht? Warum nicht? Was würde passieren, wenn du aufrichtig wärst?**
→ **Welche Menschen in deinem Leben empfindest du als aufrichtig? Welche nicht?**
→ **Welchen Einfluss haben sie auf dich?**
→ **Wie würde sich dein Verhältnis zu deinen Kunden verändern, wenn du aufrichtig(er) ihnen gegenüber wärst?**
Wie würde sich das in deinen Ergebnissen wieder spiegeln?
→ **Was bedeutet Aufrichtigkeit und Wahrhaftigkeit für dich persönlich?**
→ **Wie verhältst du dich, wenn jemand nicht aufrichtig zu dir ist?**

3.3 Liebe, Freude, Begeisterung

→ ***„Wenn wir einen Menschen glücklicher und heiterer machen können, so sollten wir es in jedem Fall tun, mag er uns darum bitten oder nicht."***

Hermann Hesse // Schriftsteller und Dichter // Deutschland

Liebe und Freude sind die stärksten Kräfte in unserer Welt. Liebe und Freude sind Trumpf – sie toppen alle anderen Emotionen, vor allem die negativen. Liebe und Freude lösen alles andere auf. In ihnen schmelzen Angst, Erniedrigung, Hass, Traurigkeit, Zerstörung, Krieg, Schuld, Scham, Ärger, Hoffnungslosigkeit, Wut, Aggression, Gier, Neid und all diese anderen fiesen kleinen Biester aus der Kategorie „mega-doof".

Was in Liebe und Freude geschieht, weckt Begeisterung. Wo Begeisterung ist, sprühen Funken. Was wir mit Liebe tun, tun wir mit Freude. Was wir mit Freude tun, tun wir mit Begeisterung. Was wir mit Begeisterung tun, löst Begeisterung bei anderen aus. Wenn wir Begeisterung bei anderen auslösen, bringen wir sie in die Freude. Und wo Freude ist, liegt Liebe in der Luft.

Vielleicht mag ich dir gerade vorkommen wie ein verstrahlter Troubadix aus den Asterix-Comics, der in den Liebestrank gefallen ist. Aber nichts liegt mir mehr am Herzen, als dich (noch mehr) in die Liebe und in die Freude zu bringen. Und eigentlich ist es auch völlig überflüssig zu erklären, warum Liebe und Freude so wichtig sind, oder? Eigentlich ist es absurd, das zu verargumentieren, denn Liebe und Freude sind das höchste der Gefühle, nach dem wir alle streben und uns sehnen. Es ist unser natürlicher Daseins-Ideal-Zustand, auf den wir nur leider lauter Müll aus den oben genannten Gefühlen der Kategorie „doof" drauf packen. Und diese doofen Gefühle resultieren aus allem, was wir tun, wenn wir nicht in Liebe und Freude handeln.

Was hat Liebe und Freude jetzt mit Verkaufen zu tun? Gegenfrage: Hast du jemals gern bei einem griesgrämigen Verkäufer etwas gekauft? Gehört ein mies gelaunter Verkäufer wohl zu den besten seines Unternehmens? Siehste!

→ ***„Frage dich in jeder schwierigen oder herausfordernden Situation: Was würde der stärkste, mutigste, liebevollste Teil meiner Persönlichkeit jetzt tun? Dann tue es. Tue es richtig. Und zwar sofort."***
Aus „Der Pfad des friedvollen Kriegers" von Dan Millman

Stell dir folgende zwei Szenarien vor:

1. Du bist Verkäufer. Du hast deine Umsatzziele vor Augen. Du spürst Druck. Jeder Tag ist für dich ein K(r)ampf. Kampf um Kunden, Kampf um Umsatz, Kampf um Abschlüsse. Eigentlich gehst du jeden Tag widerwillig zur Arbeit. Die Kunden nerven eh nur mit ihren vielen Fragen und Forderungen und am Ende kaufen sie ja doch nicht. Und eigentlich findest du auch das Produkt, das du verkaufen sollst, irgendwie doof. Ganz zu schweigen von der Firma, für die du dich abrackern sollst, damit die Bosse da oben noch mehr Kohle scheffeln. Die Tage sind zäh, die Stunden bis Feierabend ziehen sich, von Montag bis Freitag vergeht eine Ewigkeit und das Wochenende ist immer viel zu kurz. Dein Chef erkennt deine Leistung eh nicht an und dann sind da auch noch die Kollegen, die sich mit ihrer schmierigen Art immer wieder bei Kunden und Chefs einschleimen. Du bist den ganzen Tag im Widerstand, auch dir selbst gegenüber. Denn eigentlich willst du schon lange eine Veränderung, kommst aber nicht aus dem Quark. Kein Wunder, woher soll auch die Energie kommen, wenn du abends erschöpft und oft ziemlich frustriert nach Hause kommst. Wenn dich jemand fragt, ob dir dein Job Spaß macht, lachst du zynisch: „Spaß?! Was soll daran Spaß machen? Ich verdiene halt mein Geld damit. Nicht mehr und nicht weniger."

2. Du bist Verkäufer. Du hast deine Umsatzziele vor Augen. Aber noch mehr als das hast du vor Augen, wie du jeden Tag deinen Kunden mit Neugier und Freude begegnest. Du kommst gut gelaunt und freudestrahlend ins Büro. So ein Arbeitstag ist für dich wie ein Überraschungsei. Du hast Überraschungseier geliebt als Kind und dich immer darüber gefreut, wenn du eins bekommen hast. Du weißt nicht, was drin ist, aber egal was drin ist – es macht einfach Spaß, alles zu entdecken und aufzubauen. Und erst die Schokolade drumherum, hm, lecker! So ein Überraschungsei ist nie langweilig. Du gehst gerne zur Arbeit, du machst deinen Job gern. Klar, du verdienst auch Geld damit, aber du merkst gar nicht, wie der Tag vergeht, so sehr gehst du in deiner Tätigkeit auf. Was, schon wieder Feierabend? Die Begegnungen mit deinen Kollegen und deinen Kunden erfüllen dich. Du verkaufst irgendwie nebenbei und kannst es dir selbst kaum erklären. Du magst einfach das Produkt, das du verkaufst. Es ist toll und du stehst voll dahinter. Genauso wie du dich als Teil der Firma siehst. Willst du einen anderen Job? Nö, wieso? Es ist alles prima.

Was empfindest du, wenn du diese beiden Szenarien auf dich wirken lässt? Welches Bild und welche Stimmung entsteht bei dir? Und in welchem Szenario siehst du dich in deiner jetzigen Situation gerade? In welchem Szenario würdest du lieber arbeiten? In welchem Szenario wärst du lieber Kunde?

Wie würde sich deine Welt verändern, wenn du randvoll mit Liebe und Freude durch jeden Tag gehst? Kannst du dir das vorstellen? Spiel es mal in Gedanken durch.

Wenn du dir das so gar nicht vorstellen kannst, das zu lieben und dich daran zu freuen, was du jeden Tag tust, dann ist auch das eine Antwort. Dann darfst – und musst du sogar – aus Liebe zu dir selbst, Dinge verändern. Einen neuen Job? Ein neues Umfeld? Ein neuer Partner? Tust du das nicht und bleibst in deiner freudlosen Misere stecken, verschwendest du dich und dein Potenzial. Du enthältst dich der Welt vor. Aber die Welt möchte dich in all deiner Fülle erleben, in all deiner Freude. Denn nur in Freude kannst du dich voll entfalten und dich der Welt mit all deinen Fähigkeiten und Talenten (ver)schenken. Tust du das nicht, bist du zwar da, aber du hast keine Wirkung. Zu diesem Aspekt habe ich auch noch etwas mehr in Abschnitt 4.5 „Drei Drittel" geschrieben.

→ ***„Gibt es im gesamten Universum eine einzige Sache von Wert? Ja, die Macht der Liebe. Sie sind die Liebe selbst, wenn Sie keine Angst haben."***
Nisargadatta Maharaj // Spiritueller Lehrer und Philosoph // Indien

Let's swing high!

Es gibt verschiedene Modelle, die die Kraft der unterschiedlichen Emotionen messen und darstellen. So hat beispielsweise der US-Amerikanische Arzt und Psychiater David R. Hawkins[17] in seinem Buch „Die Ebenen des Bewusstseins" eine Skala veröffentlicht, die allen menschlichen Emotionen eine bestimmte Schwingung, also Energie, zuordnet. Negative Gefühle wie Angst, Wut oder Ärger schwingen auf einer niedrigen Frequenz (20 bis 175). Positive Gefühle wie Liebe, Freude und Frieden schwingen hingegen auf sehr hohen Frequenzen (200 bis 1.000).

→ ***„Liebe wird missverstanden als Gefühl oder Emotion. Liebe ist so viel mehr. Denn Liebe ist ein Bewusstseinszustand, die Art und Weise, wie wir in dieser Welt leben, wie wir uns und andere darin selbst sehen und wahrnehmen."***
David R. Hawkins // Mystiker, Arzt und Psychiater // USA

Je höher du „schwingst“, desto besser für dich und andere. Stell dir das wirklich vor wie auf einer Schaukel. Die kleinen Schwingungen am Anfang sind so schwerfällig und mühsam. Du ächzt dir einen ab. Aber wenn du in Schwung gekommen bist, dann geht es wie von selbst. Du jauchzt, du juchzt und es macht einfach nur Spaß. Es wurde sogar bewiesen, dass deine energetische Frequenz die energetische Frequenz deiner Mitmenschen beeinflussen kann. Wirklich wissenschaftlich beweisen müssen wir das allerdings gar nicht, wir haben das doch alle schon zig Mal selbst erlebt: Es gibt Menschen, die erhellen einen Raum, wenn sie ihn betreten – und andere, wenn sie ihn verlassen. Letztere sind die typischen Energievampire, die so mies drauf sind, dass sie dich mit runterziehen in ihren Schwingungskeller. Andersrum funktioniert es aber auch. Ist jemand gut drauf, kann er dich mit in seine hohen Schwingungsetagen hoch beamen. Und dasselbe gilt für dich. Bist du in Freude und Liebe, hast du die Macht, auch die Menschen um dich herum mit in deine Sphären zu nehmen. Bist du eher drauf wie der ewig muffelige Oskar aus der Mülltonne in der Sesamstraße, vergiftest du den ganzen Raum um dich herum.

Und wo zieht es Kunden hin? Zu Oskar oder zum Sonnenschein?

Was du fühlst und denkst, strahlst du in Form dieser Schwingungen aus. Wenn du dir dessen bewusst bist, achtsam in dich hineinhorchst, verstehst du auch, warum und auf welche Art und Weise andere Menschen auf dich reagieren. Im Privatleben. Aber natürlich auch in deinem Berufsumfeld. Deine Schwingung bestimmt deine Realität. Schon Albert Einstein wusste das, zumindest sagt man ihm dieses Zitat nach: „Gleiche dich der Frequenz der Realität an, die du erreichen möchtest, und du kreierst diese Realität. Das ist keine Philosophie. Das ist Physik.“

Sorge also dafür, dass du deinen Raum schön machst. Schwing dich hoch. Hohe Schwingungen erzeugen Anziehung. Und du ziehst automatisch das in deinen Raum, was du dir wünschst. Menschen sind gerne in schönen Räumen. Und Menschen kaufen auch gerne in schönen Räumen. Es beginnt alles bei dir.

Auch ich arbeite mit Energie und Methoden aus der Energiearbeit. Alles ist Energie. Alles ist im Fluss. In Abschnitt 4.8 widme ich mich dem Thema „Energiearbeit“ auch noch etwas ausführlicher und zeige dir, wie auch du die Kraft der Energie für dich nutzen kannst und wie du dich bewusst in höhere Sphären schwingst, wenn du mal unten im Ärgersumpf vor dich hin moderst.

Prinzip Freude

→ ***„Freude ist eine Liebeserklärung an das Leben."***
Adalbert Ludwig Balling // Geistlicher und Autor // Deutschland

Letztens wollte ich mir ein neues Auto kaufen. Beziehungsweise spiele ich mit dem Gedanken, mir eine neue, coole Karre zuzulegen. Ich gehe also in verschiedene Autohäuser verschiedener hochklassiger Marken. Und erlebe das wahre Grauen. Es ist fast schon Realsatire. Ich bin bereit, wirklich viel Geld auszugeben. Ich will einen geilen Schlitten haben. Aber daran scheint niemand sonst Interesse zu haben. Keine Begrüßung beim Betreten des Autohauses. Ich gehe zu den Wagen, die mich interessieren, setze mich rein, schaue mir den Kofferraum an. In manchen Autohäusern sind die Autos verschlossen, ich muss erst jemanden suchen, der mir die Autos aufmacht. Wenn ich höflich darum bitte, scheine ich zu stören. An den kleinen Schreibtischnischen sitzen die Angestellten, tackern wie Zombies auf ihre Tastaturen ein, aber beachten mich nicht. Es ist echt zum Beömmeln. Hier und da kommt jemand auf mich zu, fragt, ob er helfen kann, aber die Frage klingt schon fast ängstlich. Wirklich Bock und Lust, geschweige denn Freude, strahlt hier niemand aus. Wenn ich eine Frage habe, muss ich mir jemanden suchen und bei seiner so wichtigen Schreibtischarbeit stören. Dann werde ich höflich bedient, aber es kommt nicht ein Funken von Begeisterung und Interesse rüber. Da funkt gar nichts. Die sind alle tot! Bei einer der Damen, die mich gerade berät, klingelt dauernd das Telefon. Es sind Kollegen, die sie ungeduldig daran erinnern, dass sie nun schon ewig warten und wann sie endlich mit zur Mittagspause kommt. Mit keinem der Verkäufer wechsele ich mehr als zehn Worte. Lieferzeiten? Oh, das dauert. Firmen-Leasing-Großkunden-Rabatte? Oh, da bin ich nicht der richtige Ansprechpartner. Das Emotionalste, was ich zu hören bekomme, ist: Ja, das ist wirklich ein schönes Auto. Echt jetzt?! Ich weiß, dass viele Menschen ähnliche Erfahrungen machen beim leidigen Thema Autokauf. Aber ich war überrascht, wie wahr – leider – das Klischee des behäbigen, unengagierten und gelangweilten Autohausverkäufers ist – kein Wunder, dass es mit der deutschen Autoindustrie bergab geht.

Ein ungeschriebenes Gesetzt besagt: Nur ein lachendes Gesicht kann verkaufen. Ein ungeschriebenes Denys-Scharnweber-Gesetz sagt: Nur ein lachendes Gesicht kann verkaufen, wenn das Lachen wahrhaft aus dem Herzen kommt.

Natürlich wollen wir alles in unserem Leben in Freude tun. Niemand hat Spaß daran, keinen Spaß zu haben. Logisch. Ausgenommen Oskar aus der Mülltonne. Aber der hat, wenn wir genauer hinschauen, wiederum einfach eine diebische Freude daran, verdammt schlecht gelaunt zu sein und seine Sesamstraßen-Mitbewohner anzupöbeln. Aber er muss ja auch nichts verkaufen. Sein ZdE („Zweck der Existenz“[18] in Anlehnung an John Streleckys Bestseller „Das Café am Rande der Welt“) besteht darin, in einer Mülltonne vor sich hin zu muffeln. Kann mir kaum vorstellen, dass das deiner sein soll.

„Joy is a choice“ habe ich einmal auf einem Zitate-Kalenderblatt gelesen. Freude ist eine Wahl. Es ist deine Wahl. Hast du wirklich Bock, deinen Umsatz zu verdoppeln? Hast du Bock, jeden Tag Bock auf deinen Job zu haben mit allem, was dazu gehört? Hast du Bock, mit dir selbst cool zu sein? Hast du Bock darauf, deinen Kunden etwas wirklich Gutes zu tun? Hast du richtig Bock darauf, deinem Unternehmen was Gutes zu tun – jeden Tag? Wenn dir das gelingt, sind alle happy. Einschließlich dir selbst.

Es gibt sogar Verkäufer, die haben richtig Bock auf „Problemkunden“: Kunden, die nicht zufrieden sind, Kunden, die nerven, Kunden, die sich beschweren. Ich habe das selbst in einem Team in einer Firma erlebt, die ich coachen durfte Da gab es einen Verkäufer – wir nennen ihn mal Theo – der so einen diebischen Spaß daran hatte, diese Kunden „rumzukriegen“. Wer einen Problemkunden hatte, schickte ihn dankbar zu Theo. Und Theo schaffte es immer, die Kunden zu besänftigen und ihnen den Wind aus den „Ärgersegeln“ zu nehmen. Theo rieb sich jeden Morgen die Hände und freute sich auf seine Herausforderungen. Es gab keine Nuss, die er nicht knackte. Nun arbeitete Theo nicht mit besonderen magischen Verkäufertricks. Theo war selbst die Freude in Person. Er schwang auf einem dermaßen hohen Energielevel (wir erinnern uns – siehe oben – Freude ist eine der höchsten Schwingungen), es wirkte ansteckend. Und selbst wenn der Kunde sich doch gegen das Produkt entschied, hatte der Kunde die Firma, und vor allem Theo, in guter Erinnerung und verließ das Gespräch in einer ebenso guten und hohen Schwingung – in Freude. Und das ebnete den Weg, dass der Kunde, auch wenn er selbst nicht mehr an Bord war, anderen von seiner positiven Erfahrung erzählt. Und vielleicht später doch wiederkommt, wenn der Bedarf nach dem Produkt wieder da ist. Das würde er nicht tun, wäre er an einen widerwilligen Verkäufer geraten, der aus dem Problem seiner Unzufriedenheit ein noch größeres Problem gemacht hätte („Das geht wirklich nicht.“, „Ich verstehe nicht, was das Problem sein soll.“, „Das übersteigt unsere Kulanzmöglichgkeiten.“, „Da muss ich erst den Chef fragen.“). Für Theo hingegen gab es nichts, was es nicht zu lösen gab. Das wussten seine Kollegen. Das wussten seine Chefs. Und alle waren heilfroh und dankbar, Theo an Bord zu haben. Und das Beste daran ist, dass Theo sich nicht nur auf die Kunden einließ, ihnen zuhörte und gemeinsam mit ihnen individuelle Lösungen fand und dadurch das Unternehmen mehr und mehr an Respekt, Wertschätzung und Dankbarkeit seiner Kunden gewann, sondern Theo steckte damit auch seine Kollegen an, die sich ebenfalls immer mehr trauten, das zu tun, was Theo tat. Theo wurde zum Vorbild. Und beeinflusste damit sein Team nachhaltig. Positiv natürlich. Man könnte sagen, Theo hat die Schwingungen im gesamten Team erhöht.

Seien wir wie Theo!

Wenn wir in Freude etwas tun, haben Gefühle wie Angst und Ärger kaum eine Chance. Freude weckt Lust auf Kreativität und Neugier, sowie die Bereitschaft, zu lernen. Und Kreativität, Lernen und Neugier sind weitere essentielle Zutaten im Heart-Seller®-Prozess. Aus Freude wir Neugier wird Kreativität wird Lernen wird Verbessern wird Erfolg wird Glück wird Freude … Und das Ganze nochmal von vorn. Ein Perpetuum mobile – ein immer währender Energiefluss.

Was bedeutet das alles? Natürlich darf und muss dein Weg dir Spaß machen. Ergebnisse sind das eine. Es ist schön, wenn wir tolle Ergebnisse erzielen. Aber ist es nicht viel wichtiger, dass der Weg zu unserem Ergebnis ein freudvoller Weg ist? Ein Weg, den du gerne gehst? Natürlich können wir uns auf den Weg machen und uns irgendwie durchkämpfen. Wenn wir hart an uns arbeiten und diszipliniert und fokussiert einen Schritt vor den anderen setzen, kommen wir auch irgendwie an. Und freuen uns dann, juhu, Ziel erreicht, Etappe geschafft. Aber was nützt das alles, wenn wir uns dabei selbst verraten und verbissen kämpfen für ein vermeintlich wertvolles Ziel, welches uns im schlimmsten Falle auch noch jemand anderes vor die Nase gesetzt hat (die vom Chef vorgegebenen Umsatzzahlen, der von Papa gewünschte Uni-Abschluss)? Wir freuen uns kurz, leiden aber still und heimlich auf dem langen, harten Weg. Wie schön wäre es doch, wenn du deinen Weg genießen kannst. Den Weg nur zu gehen, um ein Ziel zu erreichen, ist Verschwendung von kostbarer Lebenszeit. Das nützt niemandem etwas – am wenigsten dir selbst. Auch das schauen wir uns in Abschnitt 3.6 noch mal genauer an.

→ ***„Freude an der Arbeit lässt das Werk trefflich geraten.“***
Aristoteles // Griechischer Philosoph

Begeisterung

→ ***„In dir muss brennen, was du in anderen entzünden willst.“***
Aurelius Augustinus // Lateinischer Philosoph und Kirchenlehrer

Aus Freude wächst Begeisterung. Wie sehr bist du von dem, was du jeden Tag tust, begeistert? Wie sehr begeistert dich das Produkt, das du verkaufst? Wie sehr begeistert dich das Unternehmen, für das du arbeitest? Wenn du selbstständig bist, wie sehr begeistert dich dein eigenes Produkt? Wie sehr begeistert dich die Aufgabe, dein Produkt an den Mann, die Frau zu bringen? Wie sehr begeistern dich deine Kunden?

Begeisterung unterscheidet den mittelmäßigen Verkäufer vom erfolgreichen Verkäufer. Begeisterung strahlt Überzeugung aus. Vielmehr: Begeisterung verkauft nicht, Begeisterung überzeugt. Nicht umsonst steckt im Wort „Begeisterung" das Wort „Geist". Ist nicht unser Geist genau das, was uns ausmacht? Weißt du, was dich ausmacht? Wer bist du? Was begeistert dich?

→ ***„Begeisterung erhebt das Leben über das Alltägliche und verleiht ihm erst einen Sinn."***
Norman Vincent Peale // Pfarrer und Autor // USA

All you need is love

Wenn du für dich Liebe und Freude als Ergebnis siehst, kommt alles in Liebe und Freude automatisch zu dir, was der Liebe und Freude dient. Zum Abschluss dieses Kapitels möchte ich dir noch den wunderbaren Ohrwurm „All you need is love"[19] von den Beatles schenken. Vielleicht wird es die Heart-Seller®-Hymne?

Love, love, love. Love, love, love. Love, love, love.

There's nothing you can do that can't be done. Nothing you can sing that can't be sung. Nothing you can say, but you can learn how to play the game. It's easy.

Nothing you can make that can't be made. No one you can save that can't be saved. Nothing you can do, but you can learn how to be you in time. It's easy.
All you need is love, all you need is love. All you need is love, love, love is all you need. All you need is love. All you need is love, love, love is all you need.

There's nothing you can know that isn't known. Nothing you can see that isn't shown. There's nowhere you can be that isn't where you're meant to be. It's easy.

All you need is love.

Was wollten die Beatles uns damit sagen? Es ist eine Hymne an die Liebe, die Selbstliebe und den Glauben an dich selbst. Es ist alles da.

Liebe, Liebe, Liebe. Es gibt nichts, was du tun kannst, was nicht getan werden kann. Nichts, was du singen kannst, was nicht gesungen werden kann. Nichts, was du sagen kannst, aber du kannst lernen, wie man das Spiel spielt. Es ist einfach.

Nichts, was du machen kannst, was nicht gemacht werden kann. Niemanden, den du retten kannst, der nicht gerettet werden kann. Nichts, was du tun kannst, aber du kannst lernen, wie du du selbst sein kannst. Es ist einfach.

Alles, was du brauchst, ist Liebe. Liebe ist alles, was du brauchst.

Nichts, was du wissen kannst, was keiner weiß. Nichts, was du sehen kannst, was nicht sichtbar ist. Kein Ort, an dem du sein kannst, der nicht dort ist, wo du sein sollst. Es ist einfach.

Alles, was du brauchst, ist Liebe. Liebe ist alles, was du brauchst.

Ich möchte das ganze sogar noch etwas weiter spinnen. Denn während die Beatles noch davon singen, dass wir Liebe brauchen, würde ich John Lennon, Gott hab ihn selig, und Paul McCartney, die beiden Songschreiber, gern davon überzeugen, hätte ich die Macht dazu, aus dem „need", also dem „brauchen" ein „ARE" zu machen. All we ARE is love. Alles, was du BIST, ist Liebe. Liebe zu brauchen impliziert einen Mangel und Mangel ist ein Gefühl von „doof". Niedrige Schwingung, you name it. Sei Liebe. Sei Freude. Sei Begeisterung. Von Herzen. Du musst es spüren. Wenn du es nicht spürst, ändere dringend etwas. Bescheiß dich nicht. Schau hin.

Liebe ist keine Emotion, sondern Energie. Die zur Liebe dazugehörige Emotion ist die Freude. Liebe und Freude befruchten sich gegenseitig. Sie können nicht voneinander getrennt werden. Wenn du in der Liebe und der Freude bist, kannst du jede, auch jede negative Emotion hineinpacken und sie wird sich in Liebe und Freude umwandeln. Um Liebe und Freude zu heilen, brauchst du jedoch ein Verständnis für Bedingungslosigkeit und Absichtslosigkeit.

FRAG DICH DOCH MAL:

- → **Lebst und arbeitest du in Liebe und Freude und mit Begeisterung?**
- → **Wenn nein, was sind die Hindernisse? Wie sieht dein Leben aus, in dem du diese Werte leben kannst und spürst?**
- → **In welchen Situationen hat dich jemand anderes mit seiner Freude und Begeisterung angesteckt? Was kannst du von ihm/ihr lernen? Welche Eigenschaften und Fähigkeiten dieser Person hättest du gern? Wie könntest du das in dein Leben ziehen?**

3.4 Bedingungslosigkeit & Absichtslosigkeit

→ ***„Wie die Sonne nicht auf Lob und Bitte wartet, um aufzugehen, sondern eben leuchtet und von der ganzen Welt begrüßt wird, so darfst auch du weder schmeicheln noch Beifall brauchen, um Gutes zu tun."***

Epiktet // Philosoph der Antike

Bedingungen und Absichten sind die größten Hindernisse, um in dein Herz zu kommen. Sie hindern aber nicht nur dich daran, sondern auch die Menschen, mit denen du täglich zu tun hast, ob es Kollegen, Freunde, Kunden, deine Kinder oder dein Partner sind. In dem Moment, wo du Absichten hegst und Bedingungen stellst, um etwas bestimmtes zu erreichen, bist du out of your heart. Mag sein, dass du bekommst, was du willst. Aber zu welchem Preis? Mit wieviel Druck? Fühlst du dich wirklich gut dabei? Fühlt sich der andere wirklich gut dabei? Welche Energiefelder schaffst du damit?

Bedingungslosigkeit und Absichtslosigkeit gehören zu den schönsten Qualitäten deines Herzens. Warum darf sich ein Heart-Seller® dieser Qualitäten mehr und mehr bewusst werden? Ich frage dich absichtlich nicht, warum ein Heart-Seller® diese Qualitäten braucht. Denn brauchen ist ein Wort des Mangels. Wo jemand braucht, ist keine Fülle. Wo keine Fülle herrscht, werden Absichten formuliert, Forderungen und Bedingungen gestellt.

In Absichtslosigkeit und Bedingungslosigkeit bringen wir automatisch Freude, Liebe und Begeisterung in einen Raum. Egal, ob du gerade ein Gespräch mit deinem Schatzi, deinen Eltern, deinem Chef, deinen Angestellten oder deinen Kunden führst – Freude, Liebe und Begeisterung überzeugt. Wo Freude, Liebe und Begeisterung sind, muss nichts verkauft werden. Alles geschieht wie von selbst.

Bedingungslosigkeit

→ ***„Wenn du dich hingibst, empfängst du mehr, als du gibst. Denn du warst nichts und nun wirst du jemand."***
Antoine de Saint-Exupéry // Schriftsteller und Pilot // Frankreich

Was bedeutet, bedingungslos zu sein?

Wir legen unserem Handeln und unserem Fühlen keine Bedingungen zu Grunde. Wir knüpfen keine Bedingungen an all das, was wir tun, sagen und fühlen. Wir heften keine Etiketten an irgendetwas. Wir sind frei von Urteilen, Bewertungen und Verurteilung. Wie oft gelingt uns das wirklich? Du kannst dich selbst einmal eine Weile beobachten. Was tust du jeden Tag, ohne daran eine Bedingung zu knüpfen?

Bedingungslos zu sein bedeutet dementsprechend auch, egal, was du tust, ganz bei dir selbst zu sein. Du nimmst alles und jeden einfach wahr und an, wie er, sie oder es ist. Du analysierst nicht, bewertest nicht, interpretierst nicht. Du kennst deine Werte und handelst danach. Du bist wahrhaftig. Du gehst deinen Weg, zu deinem Ziel und deinem Ergebnis, ohne dass du es erreichen musst. Du handelst. Aber du reagierst nicht. Du bist bedingungslos – anderen gegenüber, aber vor allem auch dir selbst gegenüber. Du bist hundert Prozent. Du bist in Fülle. Wer in Fülle ist, braucht keine Forderungen und Bedingungen zu stellen.

Wenn du bedingungslos bist, kannst du zaubern. Denn du nimmst an, was ist. Damit änderst du deine Schwingung, deine Energie. Du schwingst hoch. Du öffnest dein Herz. Du hast keine Angst davor. Warum auch? Du bist voll, du bist Fülle, du bist Liebe, du bist Licht. Und was glaubst du, was dann passiert? Du fungierst dann als Schlüssel. Du bist der Schlüssel, an dem eine Einladung hängt, dass auch die Menschen um dich herum ihr Herz öffnen können. Du machst die Welt zu einem so viel besseren Ort. Wer Bedingungslosigkeit aussendet, ermuntert andere Menschen ebenso dazu, bedingungslos zu sein und in die Fülle zu kommen.

Bedingungslosigkeit bewertet nicht, klagt nicht, kritisiert nicht. Bedingungslosigkeit braucht nicht. Sie nimmt nichts persönlich, will nichts, begehrt nichts. Bedingungslosigkeit ist das beste Gegengift gegen Neid, Hass, Verlangen und Eifersucht. Bedingungslos zu sein, heißt auch, objektiv zu sein, standhaft, sich seiner selbst und seiner Werte bewusst. Wer bedingungslos ist, ist der Beobachter am Fluss des Lebens, der alles vorbeiziehen lassen kann. Wenn in dem Fluss Gefühle von Ablehnung, Ausgrenzung, Wut, Ärger und Neid schwimmen, schaut die Bedingungslosigkeit einfach drauf. Aber sie wird nicht zu diesen Gefühlen. Sie atmet einfach ein und aus – in Liebe. Bedingungslosigkeit ist ein Zustand, in dem wir eins sind mit uns und der Welt.

Bedingungslosigkeit akzeptiert. Es geht darum, keine Erwartungen daran zu knüpfen, dass sie von Entscheidungen, Verhaltensweisen und Lebensweisen anderer abhängig sind. Wir können niemanden kontrollieren – nur uns selbst. Bedingungslose Liebe liebt niemanden dafür, wie er sein Leben lebt, sondern einfach nur, weil er lebt. Weil er oder sie ist.

Bedingungslosigkeit ist eine Handlung und kein Gefühl. Es ist die Handlung, also die Entscheidung, nach dem Besten für eine andere Person zu streben. Es geht dir dabei nicht um das Gefühl, das der andere dir dann entgegenbringt. Sondern es geht um das Gefühl, das du hast, wenn du bedingungslos agierst. Wie stellst du dir dieses Gefühl vor? Diese Handlungen sind von freigiebiger Liebe ohne Zurückhaltung geprägt. Du musst nichts tun, du tust einfach. Sobald du spürst, dass du etwas tun musst, um eine Belohnung, Anerkennung, Dankbarkeit oder Liebe zu bekommen, bist du nicht mehr bedingungslos.

Bedingungslosigkeit zu praktizieren und wirklich zu leben, ist etwas, was wir über Jahre trainieren und immer wieder üben dürfen. Wirklich in die Bedingungslosigkeit zu kommen, ist sicher auch eine Aufgabe, die uns ein Leben lang herausfordert.

Bedingungslosigkeit ist das Ja-Sagen zu jeder Situation, das Annehmen des Augenblicks oder einer Person ohne Urteil oder Bewertung. Es ist das Bejahen von allen Gedanken, allem Gesagtem, allen Taten – ohne vielleicht, ohne Zweifel. Manche verwechseln Bedingungslosigkeit mit „sich unterbuttern lassen". Dazu darf dir bewusst sein, dass Bedingungslosigkeit nicht bedeutet, dass du zu allem Ja und Amen sagst und dir alles gefallen lässt. In der Bedingungslosigkeit bist du aber dermaßen in deiner eigenen Fülle, dass du gar nicht auf die Idee kommst, dass du auch nur ansatzweise untergebuttert oder ausgenutzt wirst. Du nimmst nichts mehr persönlich, stehst also den Projektionen anderer nicht mehr zur Verfügung. Bedingungslosigkeit ist Souveränität. Es kann von nichts und niemandem angegriffen werden. Wer bedingungslos ist, braucht nichts und ist mit nichts zu kaufen. Nichts bringt dich mehr in die Freiheit und Unabhängigkeit als die Bedingungslosigkeit. Bedingungslose Liebe ist keine blinde Liebe, sondern die Erkenntnis, dass nichts wichtiger ist als die Liebe selbst.

In ihrem Buch „33 Herzensqualitäten – Die Intelligenz der Liebe" schreibt Autorin Christina Kessler:

„Die bedingungslose Sicht befähigt uns, stets die Wahl zu treffen – eine authentische, freie Wahl, losgelöst von allen Konditionierungen, Indoktrinationen und Identifikationen, losgelöst aus dem Spinnennetz des mentalen Ich. Nicht zuletzt ermöglicht sie ein exaktes Urteil. Denn wir können nur dann über andere urteilen, wenn wir in ihr Herz zu schauen vermögen und wenn wir sie bedingungslos lieben. Bedingungslosigkeit ist das Tor zur Freiheit."

Die kleine Schwester: Großzügigkeit

Bedingungslosigkeit hat eine kleine Schwester: Es ist die Großzügigkeit. Wer großzügig ist, schenkt gerne, ohne eine Gegenleistung zu erwarten. Es kann jede Form von Geschenk sein: Materielles, Aufmerksamkeit, Liebe, Energie, Zeit. Großzügigkeit fragt auch nicht, ob der andere das Geschenk verdient hat. Sie gibt. Mit Freude und von Herzen. Und das ist entscheidend: Du tust das gern!

Wir warten nicht mehr darauf, dass andere nett und großzügig sind und uns etwas geben. Wir sind bedingungslos. Wir schenken auch den anderen die Freude, einfach annehmen zu dürfen, ohne etwas dafür geben zu müssen. Denn natürlich wittern viele Menschen hinter jedem Akt der Großzügigkeit eine Finte. Wo ist der Haken? Der will doch was von mir! Verdammte Axt, die Welt ist in der Hinsicht schon ganz schön versaut. Aber wir – wir gehen vor und übernehmen damit Verantwortung für uns selbst. Wir gestalten die Welt so, wie wir sie gerne hätten. Wer wünscht sich nicht eine Welt voller kleiner, schöner, netter Momente und Überraschungen? Also legen wir los und tun wir etwas dafür!

Wann warst du das letzte Mal großzügig? Wir können unsere Großzügigkeit im Alltag wunderbar mit kleinen „Random Acts of Kindness"[20] trainieren:

→ Sei freundlich und nett allen deinen Mitmenschen gegenüber.
→ Hab ein nettes Wort für die gestresste Kassieren, den Taxifahrer, die Kindergärtnerin, die Krankenschwester.
→ Stell der alten Nachbarin einen Blumenstrauß vor die Tür.
→ Verteile an Nikolaus kleine Schokoladennikoläuse in deinem Haus.
→ Gib dem Postboten ein Stück Kuchen oder einen Kaffee.
→ Bring den Kollegen ungefragt Kaffee oder etwas Süßes oder Obst mit.
→ Halte in der Bahn die Tür auf, wenn jemand angerannt kommt.
→ Mach der gestressten Mutter keinen zusätzlichen Stress, wenn sie wegen ihres kranken Kindes eher nach Hause muss und du, als ihr Kollege, erledigst ein paar ihrer Aufgaben.

- → Hör auf zu meckern und dich zu beschweren.
- → Hilf einem Freund, Kollegen oder Nachbarn, der krank ist. Bring ihm/ihr Blumen, Obstkorb, Zeitschriften, Hühnersuppe.
- → Schreibe jemandem einen Brief oder Karte und sage DANKE.
- → Zahl im Restaurant das Mittagessen für den Tisch nebenan heimlich und bitte den Kellner, nichts zu verraten.
- → Leg ein paar Münzen in das Geldausgabefach eines Ticket-Automaten. Du kannst dir nicht vorstellen, wie derjenige, der das findet, ausflippen wird vor Freude!
- → Bestell in deinem Lieblingscafé einen Kaffee mehr für den nächsten der dran ist.
- → Mach Komplimente: Fremden gegenüber, deinem Partner, deinen Freunden und ja, sogar deinen Kollegen oder deinem Chef gegenüber. Wertschätze sie.
- → Engagier dich ehrenamtlich.
- → Hebe Müll von der Straße auf und wirf ihn in den Mülleimer.
- → Frag den Kollegen, der heute so ruhig ist, was los ist. Und dann hör wirklich zu!
- → Verschenke Konzerttickets, wenn du verhindert bist. Verkaufe sie nicht.
- → Lass Autofahrer aus der Seitenstraße rein fahren.
- → Schicke jemandem ein Geschenk. Ohne Absender.
- → Wenn dich jemand für etwas bewundert (Kette, Pullover, Uhr) und du wirklich darauf verzichten kannst, dann schenke es diesem Menschen einfach. Ad hoc und sofort.
- → Bedanke dich bei der Bedienung im Café und gibt ihr etwas mehr Trinkgeld als üblich.
- → Lache im Stau die anderen Mitfahrer in den anderen Autos an.
- → Wenn du ein Buch oder eine Zeitschrift fertig gelesen hast, lass es im Zug oder auf einer Parkbank liegen.

Das ganze macht nicht nur Spaß, sondern es darüber hinaus überaus ansteckend. Dazu gibt es auch einen schönen Hollywoodfilm „Das Glücksprinzip“[21], mit Kevin Spacey und Helen Hunt. In dem Film startet ein kleiner Junge eine Bewegung. Er kümmert sich wahllos um drei Menschen und tut ihnen etwas überraschend Gutes, was das Leben dieser Menschen nachhaltig positiv verändert und beeinflusst. Die einzige Bedingung (Mist, doch eine Bedingung! Aber diese Bedingung ist zum höchsten Wohle aller.): Sie müssen es weiter geben, sprich, einem anderen Menschen etwas Gutes tun und der wiederum auch zu dieser Bedingung usw. Im Englischen heißt der Film „Pay it forward“, also in etwa „Gib meinen Gefallen an jemanden anderen auf deine Art weiter“. Heißt, ein einziger Mensch kann ganz viel bewirken. Und ich frage mich an dieser Stelle, warum das nur ein Film und nicht schon längst Realität geworden ist.

Wenn du großzügig bist, geht es dir selbst gut damit. Du erhöhst damit deine Schwingung massiv. Und wie durch ein Wunder geht damit alles viel leichter. Du wirkst auch auf andere positiv und diese „good vibes“ sind ansteckend.

Großzügigkeit bedeutet aber auch, dass du auch dir selbst gegenüber genauso großzügig bist. Auch du darfst nehmen und annehmen, wenn dir etwas Gutes geschieht und es einfach genießen, ohne Druck zu spüren, dafür etwas leisten zu müssen. Es steht dir zu. Nimm es dir. Denn es ist auch nicht gesund, wenn Menschen nur geben. Damit wird eine Art Ungleichgewicht geschafft. Geben ist nicht seliger als nehmen, das ist so ein alter unhinterfragter Glaubenssatz. Wir dürfen auch in Freude (an)nehmen.

Es startet immer bei dir! Großzügigkeit und Bedingungslosigkeit fängt bei uns selbst an. Wir wissen alle, dass wir nicht perfekt sind. Wir haben unsere Macken, Fehler, Unzulänglichkeiten und Schwächen. Und hier dürfen wir üben. Wir dürfen uns genau so annehmen und lieben lernen. Bedingungslos. Nur, wer sich selbst bedingungslos lieben und annehmen kann, ist auch in der Lage, andere bedingungslos zu lieben.

→ ***„Ihr sagt oft: „Ich würde geben, aber nur dem, der es verdient.“ Die Bäume in eurem Obstgarten reden nicht so, und auch nicht die Herden auf euren Weiden. Sie geben, damit sie leben dürfen, denn zurückhalten heißt zugrundegehen.“***
Khalil Gibran // Philosoph und Dichter // Libanon

Absichtslosigkeit

→ ***„Einem jungen Mönch, der offensichtlich mit großem Ehrgeiz den Buddhaweg praktizierte, sagte ich: „Pass besser auf, dass dir nicht irgendwann die Puste ausgeht!“ Denn bei der Praxis des Weges geht es nicht darum, etwas zu erreichen. Deine tägliche Praxis muss Ausdruck von Ziellosigkeit, Hingabe und Loslassen sein.“***
Kodo Sawaki // Zenmeister // Japan

Warum tue ich etwas? Warum tue ich etwas für jemanden? Schreibe ich dieses Buch hier wirklich aus vollem Herzen heraus für dich? Weil ich meine echte Begeisterung für all diese Themen, die du hier findest, teilen will? Oder will ich am Ende doch nur Anerkennung und Bestätigung, was für ein wahnsinnig geiler Hecht ich bin? Gebe ich mir wirklich Mühe, wenn ich jemandem etwas schenke? Steht er dabei im Mittelpunkt oder will am Ende doch nur ich das Lob, wie überaus großzügig und kreativ ich bin? Tue und sage ich alles, was ich sage und tue, absichtslos, erwartungslos und bedingungslos? Bin ich wirklich wahrhaft? Oder tue und sage ich all das nur, UM etwas dafür ZU bekommen? DEALE ich nur?

All diese Fragen darfst du dir auch stellen – auf dich und deine Themen bezogen.

Es ist die vermaledeite Sache mit dem „um … zu“. Wenn du dich mal beobachtest, ganz offen und ehrlich, einfach nur hinschaust: Wann handelst du wirklich absichtslos?

Das Problem ist, dass wir nie lernen, absichtslos zu sein. Wir bekommen schon von Kindesbeinen an beigebracht, erwünschtes Verhalten gegen erwünschte Belohnung zu tauschen. Wir dealen. Die ganze Zeit. Bist du ein braver Junge, bekommst du Liebe, Anerkennung und vielleicht ein Bonbon. Wenn du nicht brav bist und folgst, gibt es Ablehnung in allen Varianten. Das schafft eine so krasse emotionale Abhängigkeit auf so vielen Ebenen. Deshalb: Schmeißen wir dieses „um … zu“ einfach mal in die nächste Tonne. Aber in hohem Bogen.

Absichtslosigkeit und Bedingungslosigkeit gehen Hand in Hand. Du liebst nicht als Resultat auf bestimmte Handlungen, die dich glücklich machen. Du bist nicht an „wenn … dann“ gekettet. Du bist frei davon. Du ziehst dein persönliches Glück vielmehr aus dem Akt deiner bedingungslosen Liebe.

Wir lernen, dass alles, was wir tun oder sagen, einer bestimmten Absicht, einem Zweck, einem Ziel dient. Sonst bräuchten wir es ja gar nicht erst zu tun.

→ ***„Wert ist betrogen zu werden, wer beim Geben ans Annehmen denkt.“***
Lucius Annaeus Seneca // Römischer Philosoph

Ich weiß, es ist tricky mit dieser Absichtslosigkeit. Denn wenn ich absichtslos sein will, ist das ja auch schon wieder eine Absicht. Aber wie kommen wir nun absichtslos in die Absichtslosigkeit? Absichtslos und bedingungslos zu sein, erreichen wir, wenn wir in unserem Grundtonus sind. Im Nullfeld – dem Zustand, in dem wir nichts wollen, nichts müssen. In dem wir frei von äußeren Bedingungen handeln. Es ist das „Es gibt nichts mehr zu tun“, was du oft von mir zu hören bekommst, wenn du in meinen Seminaren bist. Wir brauchen keine Absicht, denn wir haben unser Ergebnis sowas von klar. Dazu auch in Abschnitt 4.4 mehr. Und über den Grundtonus wirst du auch im nächsten Kapitel und in Abschnitt 7.1 noch mehr lernen.

→ ***„Gier nach einem Ergebnis verhindert das Erblühen der Selbsterkenntnis. Die Suche an sich ist Hingabe, sie selbst ist die Inspiration.“***
Jiddu Krishnamurti // Philosoph // Indien

Wenn wir absichtslos sind, sind wir ganz bei uns. Wir richten all unsere Energie auf und in uns selbst und nicht länger auf andere Menschen, Situationen oder Geschehnisse von außen. Wir machen uns vom Außen unabhängig – sind innen, bei uns. Absichtslosigkeit ist leicht, unschuldig, frei, leuchtend und strahlend.

Freude, Hingabe, Begeisterung und Liebe

Absichtslosigkeit und Bedingungslosigkeit bringen uns in unser Herz – ins Hier und Jetzt. Wir tun die Dinge der Dinge wegen. Du arbeitest nicht, um Geld zu verdienen, um damit etwas kaufen zu können (ein Doppel-Um-Zu!), sondern einfach nur, weil dir deine Arbeit, deine Aufgabe, Spaß macht. Du verkaufst auch nicht, um Umsatz zu machen, sondern einfach nur, weil verkaufen und im Kontakt mit deinen Kunden zu sein, genau dein Ding ist. Du findest das richtig geil. Du machst Sport, nicht um abzunehmen, sondern einfach weil du Freude an der Bewegung hast und du das Gefühl liebst, dich zu verausgaben. Du lässt dein Kind ein Instrument lernen und spielen, nicht, weil jedes Kind doch irgendein Instrument spielen muss, sondern weil dein Kind wirklich Interesse und Freude daran hat, Töne zu produzieren und in Klängen zu baden. Alles was du jeden Tag tust, tust du um seiner selbst willen. Kannst du dir das vorstellen?

Absichtslos sein erfolgt dann automatisch, wenn wir im Flow sind. Wenn wir alles, was wir tun, mit Liebe, Freude, Interesse, Hingabe und Begeisterung tun. Erfolg kommt dann von ganz allein. Wer seinen Job hasst, seine Kollegen doof findet und den Chef sowieso, wird niemals erfolgreich und glücklich sein. Wer für seinen Sport keine wirkliche Begeisterung empfindet, wird nie aus Spaß an Bewegung und Spiel heraus agieren, sondern ihn nur ausüben, um was auch immer damit zu erreichen. Um … zu.

Deshalb ist es umso wichtiger, immer wieder hinzuschauen und zu checken: Ist das, was wir jeden Tag tun, denken, fühlen, sagen und leben wirklich passend für uns? Kommt es aus dem Herzen?

Hier schließt sich der Kreis zum vorangegangenen Kapitel.

Kinder und Natur sind unsere Meister

Absichtslosigkeit und Bedingungslosigkeit können wir von sehr kleinen Kindern lernen. Bis Kinder ungefähr zwei Jahre alt sind, sind sie im Grundtonus. Sie haben keine Identität. Sie sind einfach sie selbst. Das Ego steht noch wartend vor der Tür und freut sich darauf, sich endlich einnisten zu dürfen. Kinder in dem Alter sind nicht in Überspannung, nicht in Unterspannung. Sie sind einfach. Okay, ausgenommen sie haben Hunger, sind müde oder haben die Windel voll. Dann ist vorbei mit Zen. Aber sobald diese natürlichen Bedürfnisse befriedigt sind, ist alles wieder im Lot.

Kinder tun die Dinge unabhängig vom Ergebnis. Handeln Kinder mit Absicht? Mit Bedingungen? Nicht, solange wir es ihnen nicht beibringen. Solange wir ihr Sein nicht an Bedingungen knüpfen („Wenn du deine Hausaufgaben machst, wirst du später mal viel Geld verdienen.") sind sie frei. Kinder können das sehr gut. Sie lernen einfach im Vorbeigehen mal eben drei Sprachen. Nicht, weil sie müssen, nicht weil sie wollen, sondern einfach so. Weil Mama die eine Sprache spricht und Papa die andere. Die denken gar nicht darüber nach. Es passiert von ganz allein. Ohne Ziel, ohne Ergebnis. Kinder lernen ohne Anstrengung. Einfach in dem sie die Dinge tun und komplett darin versinken. Der berühmte Flow-Zustand.[22] Und dann kommen wir Eltern und die Gesellschaft. Und machen dieses großartige unabhängige System kaputt. Wir nennen es Erziehung. Oder Fördern. Mein Kind muss das und das können. Wie, dein Kind läuft noch nicht? Wie, dein Kind trägt immer noch Windeln nachts? Mein Kind muss früher sitzen, laufen, sprechen, lesen, schreiben, rechnen können als andere. Na herzlich Willkommen im Hamsterrad!

Die größte Kraft ist der Grundtonus eines Kindes. Erlangen wir diese Kraft wieder.

Aber auch die Natur zeigt uns, wie Absichtslosigkeit geht. Denn alles in der Natur hat nur eine einzige Bestimmung: einfach da zu sein. Kein Baum, keine Blume, keine Kuh, kein Schaf denkt darüber nach, warum es da ist, wozu es da ist, und ob es nicht besser wäre, dieses oder jenes zu tun. Ein Baum im Wald wird vielleicht nie von irgendwem gesehen. Vielleicht wird er gefällt und landet als Feuerholz in einem Kamin. Vielleicht schubbern sich die Wildschweine nachts an ihm. Vielleicht installiert der Förster einen Hochstand auf ihm. Der Baum weiß einfach nicht, was passiert. Er hat keine Ziele, Pläne, Wünsche. Klar ist aber, egal was mit dem Baum passiert, es ist in Ordnung. Er ist für alles, was passiert, offen. Er ist einfach.

Du kannst Absichtslosigkeit jeden Tag üben. Alles, was du dafür tun darfst, ist, alle Interpretationen, voreiligen Schlüsse, Annahmen, Hintergedanken, Analysen, Erwartungen und Absichten loszulassen. Sprich: Schalt halt einfach mal deine Rübe da oben ab. Und nutze sie nur für die Sache an sich. Aber für nichts anderes. Jeder Gedanke, der nicht mit der Sache an sich zu tun hat, lass ihn los. Wenn du staubsaugst, sauge Staub. Du kannst gern den Staub betrachten und darüber nachdenken. Aber wenn deine Gedanken zur vermeintlichen Zickigkeit deiner besten Freundin wandern oder zur Planung des Geburtstags deines Mannes, dann lass sie los.

Absichtslosigkeit ist pure Magie. Du bist in deiner vollen Kraft, in deiner Mitte, bei dir. Du tust die Dinge, die du tun musst. Nicht weil du musst, sondern weil sie deine Bestimmung sind und dir entsprechen. Du bist auf deinem Weg unterwegs mit der Kraft deines Herzens. Alles andere, was dem nicht entspricht, wird sich von dir lösen. Was hat das zur Folge? Alles hat eine ganz neue Intensität, Kraft, Energie und Tiefe. Du gibst dich dem Leben hin, fließt in Liebe mit ihm mit, statt zu kapitulieren oder daran zu zerren und Dinge erzwingen zu wollen.

Absichtslosigkeit ist so viel stärker als alles, was du mit Disziplin, Fokus, Wille und Anstrengung erreichen kannst.

FRAG DICH DOCH MAL:

→ **Lebst und liebst du bedingungslos?**
→ **In welchen Situationen stellst du Bedingungen? Warum? Was erhoffst du dir zu bekommen? Was willst du wirklich?**
→ **Wie fühlt es sich für dich an, ohne Bedingungen zu geben und zu sein?**
→ **In welchen Situationen bist du im „um … zu“ gefangen?**
→ **Was tust du ohne Absicht? Rein aus der Freude heraus?**

3.5 Es ist, wie es ist: Annahme

→ ***„Eines der schwierigsten Dinge der Welt ist, irgendetwas ganz einfach zu betrachten."***

Jiddu Krishnamurti // Philosoph // Indien

Aber wie kommen wir in die Bedingungslosigkeit und in die Absichtslosigkeit? Wie in den Zustand von Friede, Freude, Eierkuchen, äh, Freude, Liebe und Begeisterung? Eigentlich ganz einfach: durch Annahme, durch Loslassen und im Hier und Jetzt sein. Es geht ums „einfach sein".

Weg mit den Etiketten

Wenn wir uns neue Klamotten kaufen, was machen wir als erstes, wenn wir die Sachen zu Hause auspacken? Wir schneiden die Etiketten ab. Auf den Etiketten steht allerhand über das Teil, Pflegehinweise, Preis, allgemeine Infos, Strichcode, Größe, Name, was auch immer. Etiketten erfüllen hier beim Verkaufsprozess ihren ganz klaren Sinn. Doch darüber hinaus werden sie nicht mehr benötigt. Deshalb schneiden wir sie ab.

Nun ist es jedoch so, dass wir in unserem Leben an so ziemlich alles Etiketten pappen. An Dinge, an Menschen, an Situationen. Imaginär und unsichtbar. Wir latschen mit einer großen Etikettiermaschine durchs Leben und kleben auf alles Label drauf. Klack! Klack! Klack! Rote, gelbe, schwarze, blaue, grüne. Alles bekommt von uns ein Etikett. Oft sogar mehrere auf einmal. Manche Dinge, Menschen oder Situationen werden regelrecht zugekleistert mit unseren Etiketten. Hier noch eins. Und da noch eins. Und da noch eins. Wie in Rage tackern wir die Etiketten noch und nöcher drauf.

Doch was steht auf den Etiketten? Unsere Bewertungen. Unsere Urteile.

Der Kollege ist nicht einfach der Kollege. Nein, der ist doof, ein Arsch und arrogant. Das andere Auto parkt nicht einfach neben unserem Auto, nein, es parkt ziemlich doof, überhaupt, wie kann man nur so blöd sein und so dämlich parken? Es gehen nicht einfach andere Menschen auch im Supermarkt einkaufen, nein, es sind alles lahme Rentner und faule Hausfrauen. Die blöden Arschgeigen im Callcenter. Die scheiß Deutsche Bahn. Die zickige Partnerin.

Ziemlich oft steht auf den Etiketten „doof". Der, die oder das ist doof.

Ganz oft kleben wir die Etiketten aber auch auf uns. Wir übersähen uns regelrecht damit. Ich bin so und so, weil. Ich kann das nicht, weil. Wir kleistern uns mit Etiketten zu, verstecken uns dahinter, bis aus all den Etiketten eine Maske wird, eine Rüstung, hinter und in der wir uns verstecken können.

Und kennst du das, wenn du etwas gekauft hast, von dem du das Etikett einfach nicht abbekommst? Du knibbelst daran herum, aber es lässt sich nicht rückstandsfrei entfernen. Du kannst es nur in kleinen Stücken abreißen, aber die Kleber-Schicht bleibt schmierig und hässlich kleben. Meistens passiert das auf Geschirr oder Plastik-Dosen. Das sind unsere Anhaftungen. Wir können unsere Etiketten nicht lösen. Können die Dinge nicht einfach so annehmen, wie sie sind. Wir kleben dran fest. Und dann weichst du es in Wasser ein, schrubbst mit einer Bürste, und du fragst dich, wie kann man nur so blöd sein, so dämliche Etiketten auf etwas zu kleben. Du etikettierst sogar Etiketten mit deiner Bewertung.

Stell dir das ruhig bildlich vor: so eine Etikettiermaschine ist schließlich verdammt schwer und unhandlich. Sie blockiert uns und schränkt uns total ein, wenn wir sie die ganze Zeit mit uns mitschleppen müssen. Wir haben die Hände nicht frei. Haben ständig ein schweres Gewicht in der Hand. Müssen ständig auf andere achten, um ihnen ja die „richtigen" Etiketten draufkleben zu können. Kein Wunder also, dass wir selbst nicht aus dem Quark kommen. Kein Wunder, dass wir unsere Ziele nicht erreichen. Kein Wunder, dass wir nicht konzentriert, fokussiert und im Flow sind. Kein Wunder, dass wir uns irgendwie nur so durch den Alltag schleppen. Kein Wunder, dass wir uns belastet und schwer fühlen. Wir sind ja auch die ganze Zeit mit Etikettieren beschäftigt und schleppen das Equipment dafür mit uns rum – jeden Tag, in jedem Moment.

Lass die Etikettiermaschine doch mal liegen! Lass sie los. Bring sie in den Keller. Oder am besten gleich in den Müll. Und dann? Dann lassen wir die Finger weg von den Dingen, Menschen und Situationen, auch wenn es uns noch so sehr in den Fingern juckt, ihnen wieder irgendwas drüber zu kleben. Wir lassen sie so, wie sind. Sie sind einfach. Nicht gut. Nicht schlecht. Wir nehmen an, was ist.

Es schenkt uns absolute Freiheit. Friede, Freude, Eierkuchen. Nicht mehr zu bewerten, andere nicht, die Umstände nicht, uns selbst nicht, ist unglaublich befreiend. Und es ist so einfach. Wir müssen noch nicht mal etwas dafür tun! Wir dürfen es einfach lassen. Wie oft beschweren wir uns, dass wir uns so sehr anstrengen müssen, was wir alles tun müssen. Und hier brauchen wir gar nichts tun. Im Gegenteil. Wir dürfen weniger tun. Wir dürfen nichts tun. Los-lassen.

Eine kleine Übung für dich:

→ Die nächsten sieben Tage lässt du die Etikettiermaschine liegen.
→ Du beobachtest dich. Wann zuckt es in deiner Hand, wann willst du wo, auf wen und was, wieder was draufkleben?
→ Und dann nimm wahr, was es wäre, was du etwas draufkleben würdest. Welches Urteil, welche Bewertung geht durch deinen Kopf? Und was macht das mit dir? Wie fühlst du dich? Welche Gefühle löst das in dir aus?
→ Dann lässt du es. Du hast deine Etikettiermaschine sowieso nicht dabei. Also lässt du es. Du lässt die Sache oder den Menschen oder die Situation etikettlos. Spüre in dich hinein, beobachte dich. Wie fühlt sich das an? Was verändert das für dich? Wie geht es dir damit?
→ Und dann beobachte, nimm wahr und staune, wie sich deine Welt verändert, was passiert, wie es dir geht, wie andere auf dich reagieren, wenn du ohne deine Waffe, die Etikettiermaschine, durchs Leben läufst.
→ Dann bring die Etikettiermaschine zum Recycling-Hof. Vielleicht wird ja irgendwann mal ein Blumentopf draus. Oder Klopapier.

Warum ist es für den Heart-Seller® so wichtig, frei zu sein? Wir machen uns die Arbeit und den ganzen Verkaufsprozess unnötig schwer, wenn wir etikettieren. Stell dir vor, du kannst den Kunden annehmen, wie er ist. Du kannst ihm ganz anders, offen und von Herzen begegnen. Du kommst in den wahrhaften Kontakt.

Nicht zu etikettieren, bedeutet auch, keine voreiligen Schlüsse zu ziehen. Es heißt also nicht nur, dass wir einfach bewerten und beurteilen. Denn wie so oft sind unsere eigenen, haltlosen Urteile und Bewertungen die Grundlage, dass wir das „Doof-Rad“ noch weiterdrehen und überdrehen. Denn aus unseren eigenen Urteilen stricken wir einen ganzen schweren Teppich aus Analysen, Interpretationen und Vorannahmen. Mit unseren eigenen „Doof-Bewertungen“ erzählen wir uns richtige „Doof-Geschichten“. Oder, um es mit einem Zitat zu sagen, das ich mal auf einem dieser Social-Media-Sprüche-Bilder gesehen habe:

→ ***„Assumption is the mother of all fuck-ups.“***
unbekannt

In seinem Weltbestseller „Die vier Versprechen“ führt Autor Don Miguel Ruiz als eines der Versprechen auf, keine voreiligen Schlüsse zu ziehen und ich möchte, weil es so wichtig und hier so passend ist, daraus zitieren:

„Wir haben die Neigung, über alles voreilige Schlüsse zu ziehen. Das Problem ist, dass wir glauben, diese voreilig getroffenen Schlüsse seien die Wahrheit. Wir könnten schwören, dass sie wahr sind. Wir ziehen Schlüsse über das, was andere tun oder denken – indem wir es persönlich nehmen –, woraufhin wir den Betreffenden die Schuld geben und reagieren, indem wir ihnen mit unseren Worten emotionales Gift senden. Das ist der Grund, warum wir Probleme heraufbeschwören, sobald wir voreilige Schlüsse ziehen. Wir gehen von einer Annahme aus, wir missverstehen die Situation, wir nehmen die Worte oder Taten eines anderen persönlich, und am Ende kreieren wir ein Riesendrama für nichts und wieder nichts.

Alle Traurigkeit und viele Dramen, die Sie in Ihrem Leben erlitten haben, wurzeln in der Tatsache, dass Sie voreilige Schlüsse gezogen und Dinge persönlich genommen haben. Nehmen Sie sich einen Moment Zeit und denken Sie über die Wahrheit dieser Bemerkung nach. Die ganze Welt der Kontrolle zwischen den Menschen dreht sich um Annahmen und darum, Dinge immer persönlich zu nehmen beziehungsweise auf sich zu beziehen. …

Wir kreieren eine Menge emotionalen Giftes durch das bloße Ziehen voreiliger Schlüsse und durch das persönlich nehmen, weil wir in der Regel jeden Klatsch mit nichts als vagen Annahmen beginnen. Über andere zu reden und Tratschen ist die Art, wie wir miteinander im Traum von der Hölle kommunizieren und Gift von einer Person zur anderen verbreiten. Da wir Angst haben, um Klärung zu bitten, stellen wir Annahmen auf und glauben, dass wir mit diesen Annahmen Recht haben. Dann verteidigen wir unsere Annahmen und versuchen, jemand anderen in ein schlechtes Licht zu setzen. Es ist immer besser, Fragen zu stellen als einen voreiligen Schluss zu ziehen, da diese voreiligen Schlüsse uns nur Leid bringen. …

Gönnen Sie sich das Vergnügen und stellen Sie sich den Tag vor, an dem Sie aufhören, irgendwelche Annahmen über Ihren Partner aufzustellen und früher oder später mit jedem, der in Ihr Leben tritt. Ihre Art der Kommunikation wird sich von Grund auf verändern. Ihre Beziehungen werden nicht mehr länger unter den aus voreilig gezogenen Schlüssen resultierenden Konflikten leiden. Die Art, wie Sie sich am besten von diesen Dingen fern halten können, besteht darin, Fragen zu stellen.

Sorgen Sie dafür, dass die Kommunikation klar ist. Mit klarer Kommunikation werden sich alle Ihre Beziehungen verändern, nicht nur mit Ihrem Partner, sondern mit allen Menschen.“[23]

Es ist, wie es ist: Annahme

→ ***„Es ist, wie es ist. Aber es wird, was du daraus machst.“***
unbekannt

Eröffnen wir eine Annahmestelle – eine Annahmestelle für das Leben, eine Annahmestelle für jeden Moment, der ist, wie er ist.

Einer meiner stärksten Glaubenssätze ist: Es ist, wie es ist. Warum? Wenn wir annehmen können, was gerade passiert, kommen wir in unseren Nullpunkt. Wir sind im KI, im Grundtonus (dazu auch in Abschnitt 7.1 noch mehr). In diesem Zustand sind wir entspannt, im Nichts, leer und rein zugleich, ohne voreilige Schlüsse, ohne Etiketten, ohne Bewertungen, ohne Wollen, ohne Müssen, ohne Erwartungen. Wir sind einfach. Und genauso, wie wir einfach sind, können wir die Situation so lassen, wie sie ist. Wenn wir in unserem Grundtonus sind, können wir von dort aus immer wieder neu agieren. Wir reagieren nicht, sondern wir agieren – ganz bewusst.

Die meisten, eigentlich fast alle Probleme und Konflikte in unserem Leben entstehen deshalb, weil wir Dinge, Situationen und Menschen anders haben wollen, als sie sind. Wenn der andere so und so wäre, könnte ich ihn lieben. Wenn meine Angestellten besser oder so und so wären, wäre alles viel einfacher. Es ist das ewige „WENN … DANN“. Wenn ich mal reich bin, dann mache ich das. Wenn ich zehn Kilo abgenommen habe, dann bin ich endlich glücklich.

Anzunehmen, was ist, ist genau die Bedingungslosigkeit, die wir uns im letzten Kapitel angeschaut haben. Wir stellen keine Bedingungen. Kein „wenn … dann“. Kein „um … zu“. Wir stellen keine Bedingungen. An nichts und niemanden. Auch nicht an den Moment, der ist. Nicht bedingungslos zu sein, heißt, dass ich nicht akzeptieren kann, wie die Dinge im Außen gerade sind. Wir wollen so oft alles steuern und kontrollieren. Wir wollen die Kontrolle haben über das, was ist. Aber wir können keine Kontrolle haben. Wir können fast gar nichts in unserem Leben kontrollieren.

Schon die Stoiker[24] wussten: Es ist nur relevant, was wir kontrollieren können. THE BIG THREE, die großen drei essentiellen Aspekte der stoischen Philosophie, sind:

- → Steuere deine Wahrnehmung. Was IST wirklich? Was interpretiere ich nur in eine Sache hinein? Meistens ziehen wir nämlich nur voreilige Schlüsse und interpretieren Dinge in Dinge.
- → Führe deine Handlungen angemessen aus.
- → Akzeptiere bereitwillig, was außerhalb deiner Macht, also außerhalb deiner Kontrolle, liegt.

Was steht nun aber in unserer Macht? Was haben wir unter Kontrolle? Epiktet[25] schrieb in seinem „Handbüchlein der Moral" – ca. im Jahr 70 nach Chr.:

„Einige Dinge haben wir in unserer Macht – andere nicht. Wir beherrschen unser Denken, unsere Entscheidungen, unsere Wünsche unsere Abneigungen, kurzum, alles, was sich aus uns selbst heraus entwickelt. Wir beherrschen NICHT unseren Körper, unseren Besitz, unser Ansehen, unsere Stellung, … die anderen MENSCHEN um uns, … kurzum, alles, was sich nicht aus uns selbst heraus entwickelt."

Heißt: Wir haben keinen Einfluss, auf gar nichts, was von außen kommt – auf Geschehnisse, auf Dinge, auf Menschen, auf Situationen. Es passiert, was passiert. Es ist, wie es ist.

Macht das Angst? Ja. Vielleicht. Ein bisschen. Aber nur solange, bis uns klar ist, dass wir Einfluss haben, wie wir damit umgehen. Welche Meinung wir über etwas haben, welche Bedeutung wir etwas geben, darauf haben wir sehr großen Einfluss. Das können wir kontrollieren. Ich allein entscheide, ob etwas gut oder schlecht ist. Und am besten wäre sogar, ich entscheide mich einfach dafür, dass es einfach ist. Nicht gut, nicht schlecht. Denn das ist wieder eine Bewertung, ein Etikett, von dem wir uns ja gänzlich lösen wollen. Ich beherrsche keine Situation, keinen Menschen. Aber ich beherrsche, wie ich damit umgehe. Darüber bestimmen wir selbst. Und das gibt uns Gestaltungsspielraum – und MACHT.

Wir haben keine Kontrolle über den Stau, über die verspätete Bahn, das Wetter, die anderen Menschen in unserem Leben, unser Ansehen (also das, was andere von uns denken), fast so gut wie gar nicht auch über unseren eigenen Körper. Konzentrieren wir uns also auf die Dinge, die veränderbar sind, über die wir Kontrolle haben. Und das ist einzig und allein unser eigenes Denken und Handeln. Alle Dinge, die außerhalb unserer eigenen Kontrolle liegen, dürfen wir hinnehmen und annehmen, wir sie sind, anstatt uns von ihnen ablenken oder beunruhigen zu lassen.

→ ***„Es sind nicht die Dinge, die uns beunruhigen, sondern die Meinungen, die wir von den Dingen haben.“***
Epiktet // Philosoph der Antike

Wer seine Meinung von den Dingen trennt, hat die Chance, glücklich zu werden, so Epiktet. Schon Epiktet wusste also, wie wichtig es ist, die Etiketten – unsere Meinungen, Anhaftungen, Urteile – von den Dingen zu lösen.

Besonders viel Stress erzeugen wir uns oft auch mit der Angst, was andere von uns denken oder halten. Und jetzt verrate ich dir was: Es ist auch deshalb völlig egal, was andere denken, sagen, machen, tun, weil wir es nicht kontrollieren können. Und deshalb haben wir nur eine einzige Aufgabe: uns nicht darum zu kümmern. Aber uns um uns selbst zu kümmern. Schon Goethe wusste: *„Wenn jeder sich um sich kümmert, wie schön wäre die Welt!“* Der berühmte Besen vor der eigenen Tür. Echte Freiheit erlangen wir nur durch innere Freiheit. Das ist unsere größte Fessel. Und dafür sind wir selbst verantwortlich. Es geht immer um hundertprozentige Eigenverantwortung.

Wenn ich Kontrolle über etwas haben will, bin ich in Überspannung. Es gibt genau drei Spannungszustände (Überspannung, Unterspannung, Grundtonus), auf die ich in Abschnitt 4.9 noch ausführlicher eingehen werde. Zu starke Kontrolle, zu starke Fokussierung, zu starkes Wollen erzeugt Überspannung. Das macht unser ganzes System fest und angespannt und alles ist extrem anstrengend und macht keinen Spaß. Es kostet uns Energie, es erschöpft uns. Das Gegenteil ist die Unterspannung: Ich gebe mich ab, ich gebe auf, ich kann eh nichts ändern. Vielleicht können es andere für mich machen, ich kann es nicht, ich schaffe es nicht, ich bin Opfer und apathisch. Überspannung und Unterspannung bringen dich von deiner Kraft weg.

Es ist, wie es ist – das ist die vollkommene Annahme der Situation. Nichts ist gut oder schlecht (Bewertung!), sondern alles ist, wie es ist. Wenn dir Annahme gelingt, kannst du bedingungslos und wahrhaftig, in Freude und mit Liebe aus dem Herzen heraus auf alles reagieren. Du bist ganz bei dir, gibst die Verantwortung nicht ab. Wenn ich beispielsweise Seminare oder Coachings leite, lasse ich die Menschen, die zu mir kommen, genau so sein, wie sie sind. Jeder von ihnen braucht etwas anderes. Und ich lasse sie alle auf ihre eigene, individuelle Art und Weise in ihre Kraft finden und ihren Weg gehen. Und dann kann ich loslassen. Ich begleite sie dabei gerne, aber jeder darf aus allem machen, was er möchte. Jeder darf seinen Weg gehen.

Wir wollen so gern alles in Schubladen packen. Das ist doof, die ist bäh, der ist ein Idiot, das Wetter ist Kacke. Nö. Alles ist. Es ist einfach. Nicht gut, nicht schlecht. Weg mit den Etiketten, egal für was. Hundertprozentige Annahme dessen, was ist. Was nicht heißt, dass man alles hinnimmt und sich aufgibt. Im Gegenteil. Ich nehme an, dass eine Situation doof ist und statt zu jammern, zu meckern und zu motzen, handele ich. Anzunehmen, was ist, ist, das Leben anzunehmen, wie es ist, und dennoch ins Handeln zu kommen.

Mein Mantra für dich. Ein Geschenk. Bitteschön:

Es ist, wie es ist. Es ist, wie es ist.

Es ist, wie es ist. Es ist, wie es ist.

Es ist, wie es ist. Es ist, wie es ist.

Loslassen

Aber wie kommen wir nun in den Status des Annehmens? Wie kommen wir dahin, die Dinge so annehmen zu können, wie sie sind? Ich hatte es schon ganz am Anfang beschrieben: Lösen wir die Etiketten. Keine Beurteilungen, keine Bewertungen, keine voreiligen Schlüssen. Lösen ist nichts anderes als loslassen. Loslassen schenkt uns Freiheit. Loszulassen hilft uns auch dabei, innere Blockaden zu lösen, in allen möglichen Bereichen unseres Lebens: Beruf, Erfolg, Liebe, Freude, Gesundheit, Glück.

Autor und Psychiater David R. Hawkins[26] beschreibt in seinem Buch „Loslassen – der Pfad widerstandsloser Kapitulation" diesen Freiheitsprozess eindringlich. Wobei ich anmerken möchte, dass die deutsche Übersetzung des Titels sowie die im Buch häufige Verwendung des Wortes „Kapitulation" unglücklich ist. Im englischen heißt es vielmehr und passender: „Letting Go – The Pathway of Surrender". „Surrender" ist die „Hingabe". Und Hingabe ist etwas ganz anderes, viel schöneres, viel stärkeres als „Kapitulation". Kapitulation ist negativ behaftet, es ist sich aufgeben, mehr oder weniger unfreiwillig. Es ist Verlust, Frust, und die Widerwilligkeit, sich in eine Situation hinein zu ergeben. Ganz anders die Hingabe: Hier ist es die freudvolle, neugierige Hingabe an eine Situation, einen Menschen, einen Moment. Es ist das sich einlassen auf etwas oder jemandem, mit liebendem Herzen.

Worum geht es nun beim Loslassen? Viele glauben ja, loslassen bedeutet, unangenehme Gefühle und Gedanken irgendwie „wegzumachen". Sie halt irgendwie loszuwerden. Aber das komplette Gegenteil ist der Fall. Loslassen ist etwas ganz anderes: Loslassen ist Annahme. Verrückt, oder?

Es geht darum, hinzuschauen, nicht zu verdrängen. Hingabe. Wir nehmen alles zur Kenntnis, was ist. Wir sehen, wir fühlen und wir erlauben uns auch, zu fühlen. Wir nehmen unsere Gefühle wahr. Sie dürfen da sein. Wir erlauben unseren Gefühlen, da zu sein, so wie sie sind. Wir verdrängen sie nicht, ersetzen sie nicht, übertünchen sie nicht. Wir haben auch nicht die Absicht, sie zu verändern oder auch nur irgendetwas zu tun, damit sie verschwinden (Ablenkung). Wir sind absichtslos. Wir nehmen an, was ist. Wir geben uns hin. Wir erlauben allem, was ist, zu sein. Wir sind ohne Widerstand. Wir haben keine Angst.

Loslassen bedeutet auch, jedes Etikettieren sein zu lassen. Keine Bewertung, keine Beurteilungen, auch nicht uns selbst und unseren Gefühlen gegenüber. Der „Trick" ist, alle unsere Gefühle anzunehmen, und aufzugeben, sie verändern zu wollen. Solange wir im Widerstand mit unseren Gefühlen sind, werden sie stärker und bestehen weiter. Ein Gefühl, dem du keinen Widerstand gegenüber leistest, wird verschwinden, weil die Energie dahinter sich verflüchtigt.

Es geht also, entgegen der landläufigen Meinung der Coaching- und Erleuchtungsszene immer um unsere Gefühle, nicht um unsere Gedanken. Es heißt ja immer, Gedanken steuern Gefühle. Unsere Gedanken machen unsere Gefühle. Also müssen wir unsere Gedanken ändern, um bessere Gefühle zu haben. Ja und nein. Denn doofe Gedanken kann man gar nicht verdrängen. Aber sie verschwinden, wenn man das daran anhaftende Gefühl loslässt. Und das ist eigentlich ganz einfach: Einfach keinerlei Widerstand leisten. Annehmen, dass das Gefühl da ist. Ohne Bewertung. Hallo Gefühl, schön dass du da bist. Anzunehmen, was ist, befreit uns. Wir dürfen auch hinschauen und Fragen stellen: Was willst du mir denn sagen, doofes Gefühl? Damit erreichen wir nicht nur, dass es uns überwältigt und uns in niedrige Schwingungssphären zieht, sondern wir finden heraus, was unsere Wahrheit ist. Gefühle sind die Signale unseres Kompasses. Wenn wir sie verdrängen, setzen wir ihnen und uns nur Masken auf und bescheißen uns. Wir sprühen Sahne auf einen Scheißhaufen.

Freiheit ist, loszulassen von Anhaftungen. Es ist in Ordnung, wenn etwas geschieht. Und es ist in Ordnung, wenn es nicht geschieht. Wir können und dürfen uns über alles Mögliche freuen, auch über die Dinge von und aus dem Außen. Aber wir brauchen es nicht für unser Glück. Wir sind frei und unabhängig von all den Dingen aus dem Außen, Situationen und Menschen, die wir nicht kontrollieren können.

→ ***„Halte immer an der Gegenwart fest. Jeder Zustand, ja jeder Augenblick ist von unendlichem Wert, denn er ist der Repräsentant einer ganzen Ewigkeit.“***
Johann Wolfgang von Goethe // Dichter // Deutschland

FRAG DICH DOCH MAL:

→ **Wie oft bewertest und beurteilst du die Dinge jeden Tag? Beobachte dich!**
→ **Wie viele Etiketten verteilst du jeden Tag?**
→ **Allein nur durch die Vorstellung: Was würde sich ändern, wenn du das Etikettieren sein lässt?**
→ **Welche Gefühle übermannen dich regelmäßig, die du verdrängen willst? Wo leistest du Widerstand?**

3.6 Warum & Sinn

→ ***„Das wahre Geschenk besteht nicht in dem, was gegeben oder getan wird, sondern in der Absicht des Gebenden oder Handelnden."***

Lucius Annaeus Seneca // Römischer Philosoph

Warum tust du, was du tust? Was ist dein Motiv? Welche Motivation steckt hinter allem, was du tust? Und welche Motivation steckt hinter allem, was du nicht tust? Motivation ist eine Wissenschaft für sich. Unzählige Bücher und Experten setzen sich seit vielen Jahren damit auseinander. Der Klassiker ist dabei die Unterscheidung von extrinsischer Motivation (von außen) und intrinsischer Motivation (von innen). Brauchen Menschen also Zuckerbrot und Peitsche, um etwas zu tun? Oder haben sie einen eigenen, starken inneren Antrieb für ihr Handeln?

Gerade in der Verkaufspsychologie sah man lange Zeit die Rolle des Verkäufers als hauptsächlich extrinsisch motiviert an: Stichwort Provision und Incentives. Wenn du den und den Umsatz machst, bekommst du die und die Provision. Wenn, ... dann. Der Umsatz und der Verkauf steht an erster Stelle. Der Kundennutzen kommt irgendwann danach. Und vom eigenen inneren Antrieb jenseits der Belohnungen wird gar nicht erst gesprochen.

Im Wikipedia-Eintrag[27] zum Thema Verkaufspsychologie wird es auf den Punkt gebracht:

„Ist der Kundennutzen nicht die Primärmotivation des Verkäufers, sondern nur die Sekundärmotivation, so orientiert sich der Verkäufer eher an der Belohnung für den Nutzen, der eigenen Vergütung und den damit zu erzielenden Statussymbolen bzw. eigenen Bedürfnissen sowie am Machtausbau. Die Freude am Umgang mit Menschen (die „Umgänglichkeit") wird dazu genutzt, andere zu überzeugen und in Verbindung mit dem Marketing Bedarf zu wecken. Hieraus entsteht das so genannte Hardselling, bei dem starke Anlehnungen an populäre Kriegsstrategien und darwinistische Selektionsszenarien genommen werden. Erfolgreiche Verkäufer, so die landläufige Meinung dieser eher an eine Trieb-Theorie von Sigmund Freud angelehnten Werteordnung, schalten Wettbewerber aus und verdienen viel Geld (im

Sinne einer Objektwegnahme). Gestützt wird diese Beobachtung durch die Tatsache, dass Verkäufer sich hauptsächlich in der Regel mit Geld, hochwertigen Reisen, Statussymbolen und ähnlichen Gütern sekundär motivieren lassen. Auf Kooperationsbestrebungen oder den Wunsch nach gleichberechtigter Verhandlungsposition gehen sie daher nur insoweit ein, wie diese dem Wohl der eigenen Gruppe (Firma, Familie) dienen. Sehr erfolgreiche Verkäufer verlieren jedoch im Laufe ihrer Karriere durch die permanente Manipulation ihrer Umgebung privat eher an Halt und Glaubwürdigkeit und verlieren häufiger tragfähige Bindungen."[28]

Doch auch im Verkauf findet zum Glück seit vielen Jahren ein Wandel statt:

„In einigen Unternehmen wird hingegen eine Vertriebskultur propagiert, die zu einem für alle Beteiligten zufriedenstellenden, fairen und gewinnbringenden Abschluss führt. Solche Ansätze der Verhandlungstechnik basieren nicht auf Überreden-Taktik („Keiler"), sondern auf dem Ziel, zu überzeugen und dem Vertragspartner selbst nachhaltiges Wachstum zu verschaffen. In Anlehnung an die so genannte Delphinstrategie, das Harvard-Konzept oder das Win-Win-Prinzip werden hierbei die Ressourcen des Kunden und teilweise sogar des Wettbewerbes aktiv mit einbezogen. Unternehmen, die ihren Vertrieb auf diese Weise psychologisch motivieren, stellen in erster Linie Weiterbildung, soziale Aktivitäten im Team, Freizeit oder Teilzeitarbeit bei gesichertem Einkommen und hohe gestalterische Freiheiten im Arbeitsablauf (incl. der Aufforderung, Fehler zu machen und daraus zu lernen) in Aussicht. Betriebswirtschaftlich kann dieser Stil auch vorteilhaft sein, da das subjektive Wohlbefinden des Verkäufers dazu führt, dass er mit weniger Geld zufriedener ist als mit hohen Provisionsaussichten unter Druck."[29]

„Überzeugen statt überreden". „Fair". „Nachhaltiges Wachstum". „Psychologische Motivation". „Gestalterische Freiheiten". „Fehler erlaubt". „Wohlbefinden statt Druck". „Ressourcen". „Sozial". Diese im letzten Absatz enthaltenen Buzzwords zeigen, dass Provision und Umsatz nicht mehr alles in der Verkaufswelt sind. Und auch nicht die alleinige Basis für ein Unternehmen sein können. Immer mehr Unternehmen erkennen, dass allein die Zahlen nicht den Unternehmenszweck ausmachen können, sondern dass es vielmehr darum geht, welche Werte das Unternehmen lebt und letztlich auch verkauft.

Motivation ist, sich die Frage zu stellen: Was willst du? Und warum ist dir das überhaupt wichtig? Diese Fragen dürfen wir uns selbst stellen, aber auch jedes Unternehmen. Spannend ist, wenn wir hier immer weiter graben. Wenn wir uns nicht mit der ersten Antwort zufrieden geben, die meistens noch seelenloses Geplapper ist, sondern wenn wir immer weiterfragen. Machen wir uns das Motto der Sesamstraße zu eigen: Wer, wie, was, wieso, weshalb, warum? Wer nicht fragt, bleibt dumm.

Meistens reicht sogar schon eine Kette von fünf Mal „Warum?“, um auf den eigentlichen Kern einer Sache zu kommen:

- → Warum willst du viel Geld verdienen? – Damit ich mich sicher fühle und mir meine Wünsche erfüllen kann.
- → Warum willst du dich sicher fühlen und dir Wünsche erfüllen? – Damit ich mich wertgeschätzt fühle.
- → Warum willst du dich wertgeschätzt fühlen? – Weil ich unsicher bin.
- → Warum bist du unsicher? – Weil ich Angst habe, nicht gut genug zu sein.
- → Warum hast du diese Angst? – Weil ich als Kind von meinen Eltern selten oder nie gelobt wurde.

Der britisch-amerikanische Autor Simon Sinek hat die Frage „Warum“ in den Kern eines jeden Unternehmensprozesses gestellt. In seinem Bestseller „Frag immer erst: WARUM – Wie Firmen und Führungskräfte zum Erfolg inspirieren“ stellt er sehr überzeugend das Konzept der intrinsischen Motivation (warum tun wir etwas wirklich?) über das Konzept der extrinsischen Motivation, die er mit Manipulation vergleicht. Er analysierte dafür u. a. die Verhaltensmuster erfolgreicher und über ihren Tod hinaus beliebte und inspirierende Persönlichkeiten wie Martin Luther King Jr. oder Steve Jobs und stellte dabei fest, dass sie, bevor sie agierten, sich immer die Frage nach dem „Warum“ stellten. Nur so ist es möglich, wirklich großartige und bedeutende Dinge zu leisten und sowohl sich selbst als auch Mitarbeiter und Mitstreiter zu inspirieren und mitzuziehen.

Das Warum-Konzept und die Frage nach der Motivation ist ein uralter Hut. Sie geht tausende Jahre zurück bis in die griechische Mythologie. In Homers 9. Buch „Ilias“ geht es u. a. um die Auseinandersetzung zwischen dem obersten Feldherr der Griechen, Agamemnon und seinem besten und tapfersten Kämpfer Achill.[30]

Kurz gefasst: Agamemnon versucht Achill mit viel Kohle, Gold, Geld und anderen wertvollen Besitztümern sowie dem Versprechen, die schönsten und begehrtesten Ladies des Landes haben zu dürfen, wieder für sich zu gewinnen. Achill aber ist darüber empört und pfeift auf Agamemnons Incentives-Angebote. Aber warum lässt er sich damit nicht locken? Weil es Achill nie um Provisionen, Reichtum und Belohnung ging. Er ist der beste und tapferste Kämpfer vor Troja. Zehn Jahre seines Lebens hat er diesem Kampf gewidmet, konnte ihn aber nie zu Ende führen, denn interne Verstrickungen und Streitereien innerhalb des Heeres und mit Agamemnon (es ging dabei vor allem um Frauen. Herrje!) sorgten dafür, dass er sich wütend zurückzog (Was lernen wir daraus? Interne Querelen im Team hindern einen an der Zielerreichung.). So fühlte sich Achill aufgrund seines zehnjährigen Kampfes als der wahre und berufene Zerstörer und Eroberer von Troja. Für all das hat ihm Agamemnon aber nie gedankt und – viel schlimmer noch – er hat Achill auch aufgrund der vielen Streitereien und Zerwürfnisse an der Zielerreichung, Troja zu erobern, gehindert. Schlussendlich gelang dies Odysseus mit der berühmten Holzpferd-List.

Für Achill hatten also all die angebotenen Geschenke keinerlei Bedeutung. Im Gegenteil: Sie waren für ihn der wahre Hohn. Denn für ihn ging es immer um etwas ganz anderes. Für Achill war der Wunsch, der Retter der Griechen und ihr erfolgreichster Kämpfer zu sein, die Aufgabe seines Lebens. Das war sein verdammtes Warum. Dieser Aufgabe ordnete er alles andere unter. In dieser Aufgabe wollte er sich selbst verwirklichen, in ihr sah und suchte er seinen eigentlichen Sinn. Seine Wertehierarchie ist eine ganz andere als die von Agamemnon. Und letzterer kann sich seine Versprechen wohl mal in den Allerwertesten schieben, wird sich Achill gedacht haben. Achill ist sozusagen der Posterboy der intrinsischen Motivation.

Dieses Werteverhältnis gibt es auch bei weniger bombastischen Vorhaben als Troja zu erobern. Ein guter Fußballspieler hat immer Lust darauf, zu spielen. Der will spielen, statt für teuer Geld auf einer Ersatzbank zu sitzen, wie es oft der Fall ist, wenn die Vereine sich untereinander die besten Spieler abluchsen und sie dann aber nicht aufs Feld lassen. Oder besänftigt ein Strauß voller Rosen wirklich dein Schatzi, wenn du Mist gebaut hast?

Warum erzähle ich dir die Geschichte von Achill und Agamemnon? Weil sie uns etwas ganz Entscheidendes verdeutlicht: Wie wichtig hinter unserem Handeln unser WARUM ist. Welchen Sinn geben wir unserem Tun, welche Bedeutung? Welchen Sinn und welche Bedeutung schöpfen wir daraus? Wir können das ganze sogar noch etwas ausweiten: Es geht nicht nur darum, unser eigenes Warum zu kennen, sondern auch das unserer Kunden und Kollegen (Business) sowie unserer Freunde, Familie und Partner (Privatleben), wann immer wir etwas mit ihnen zu klären haben.

Der Streit zwischen Agamemnon und Achill hätte viel eher beigelegt werden können, hätte sich Agamemnon die Mühe gemacht, sich mit Achills Warum auseinanderzusetzen. Er hätte es tunlichst unterlassen, ihn mit Gold, Kohle und Weibern zu locken. Was bedeutet das für dich als Heart-Seller®? Was treibt dich an? Worum geht es dir wirklich? Und worum geht es deinen Kunden wirklich?

Dein höheres Warum

→ ***„Das Wissen um eine Lebensaufgabe hat einen eminent psychotherapeutischen und psychohygienischen Wert. Wer um einen Sinn seines Lebens weiß, dem verhilft dieses Bewußtsein mehr als alles andere dazu, äußere Schwierigkeiten und innere Beschwerden zu überwinden."***
Viktor Frankl // Neurologe und Psychiater // Österreich

Es ist also eigentlich ganz einfach. Wir müssen nur nach dem Warum fragen. Jippie! Fall erledigt. Halt, Stopp! Warums gibt es schließlich viele. Und wir würden auf jede Warum-Frage schon irgendeine Antwort finden. Aber wir wollen nicht irgendein Blabla. Ich möchte, dass du dein HÖHERES WARUM findest. Dein starkes, wirkliches, authentisches und wahrhaftiges „Herz-Warum". Wenn uns klar ist, warum wir etwas tun oder warum wir etwas nicht tun, wenn wir in all dem einen Sinn sehen, lösen wir viele Blockaden. Hindernisse werden mit einem starken Warum regelrecht aus dem Weg gesprengt.

Du kannst die Warum-Frage auch abwandeln: Welche Bedeutung hat das für mich? Welchen Sinn macht das für mich? Wenn du hier lange überlegen musst, ins Rumschwurbeln kommst, nur Blabla ablieferst, dabei aber nichts fühlst und kein Gefühl in deinem Herzen entsteht – tja, dann ist auch das eine Antwort für dich. Dann hat das, was du da gerade hinterfragst, einfach keinen großen Sinn und keine besondere Bedeutung für dich.

Warum ist das Warum so wichtig? Weil mit einem starken Warum so vieles so viel einfacher geht. Du erzeugst damit eine Sogwirkung. Du bist im KI, im Grundtonus. Mit einem starken Warum machst du das Ergebnis klar (siehe 4.4). Wenn du beispielsweise herausfindest, hey, ich habe eigentlich gar kein Warum hinter meinem Job als Verkäufer, außer damit Provisionen einzustreichen – hm, dann ist klar, warum das vielleicht nicht unbedingt dein Traumjob ist, du dich unglaublich anstrengen musst, Frust empfindest, wenn es nicht läuft, genervt und wenig motiviert bist etc.

Unserem griechischen Helden Achill ging es nie um Kohle. Er wollte die Anerkennung. Er wollte ein Held sein. Er wollte sein Land verteidigen. Nun könnte man hinterfragen, warum nun genau das sein Antrieb war, aber dafür müsste ich noch weiter in Homers alte Schinken eintauchen. Wofür ich an dieser Stelle gerade einfach kein starkes Warum empfinde. Hehe.

Die meisten Menschen setzen sich irgendwelche Ziele, aber ihnen ist gar nicht klar, warum sie zu diesem Ziel wollen. Kann klappen, muss aber nicht. Wie wäre es, wenn wir uns zuerst klarmachen, was wir wollen und warum wir es wollen, und uns dann unser Ziel setzen. Spürst du den Unterschied? Spürst du, was ich meine? Unser Warum schafft unsere Ziele. Nicht andersrum!

Wenn Warums kollidieren

Eigentlich geht es ja in deinem Leben um nichts anderes, als darum, dir dein Leben so zu gestalten, wie du es gern möchtest. Du darfst dir deine eigene Welt bauen, deine eigene Wahrheit finden. Woran will ich glauben? Wie soll meine Welt sein? Muss meine Welt so sein, wie andere sagen, dass die Welt sein muss? Wer sagt, wie die Welt sein soll? Wenn ich an den Weihnachtsmann glauben möchte, darf ich das. Ob es ihn gibt oder nicht, ist doch egal. Entscheidend ist das Gefühl, das ich dabei habe und das ich dann in die Welt hinaussende. Niemand hat das Recht zu sagen, wie dein Leben auszusehen hat, wie du leben, deinen Job, Geld verdienen, dein Kind erziehen, deine Beziehung führen sollst. Du bist dein eigenes Computerspiel, dein eigener Film und du schreibst das Drehbuch, führst Regie und bist Hauptdarsteller in einem. Ziemlich geil eigentlich, oder?

Seine eigene Wahrheit zu finden, erfordert aber, hinzuschauen auf das, was ist. Und wenn etwas nicht so ist, wie du dir es wünschst, dann darfst du dir Fragen stellen. Was willst du? Und warum? Stell die richtigen Fragen. Die richtigen Fragen bringen dir die richtigen Antworten. Und die guten Fragen fangen immer mit „Warum“ an.

Gerade bei Veränderungsprozessen geht es immer darum, wahrzunehmen und ein Bewusstsein dafür zu schaffen, was ist, warum es so ist. Das sind die ersten und so wichtigen Schritten bei gewünschten Veränderungen. Du willst glücklich(er) und erfolgreich(er) sein? Dann schau hin und frage dich, warum du zum jetzigen Zeitpunkt genau das noch nicht für dich leben kannst. Aber wir suchen nicht nur Gründen. Im Gründe-Finden sind wir schließlich Spitzenreiter und unangefochtene Champions im Ausreden-Ping-Pong. Ich kann ja nicht, weil. Das habe ich noch nicht geschafft, weil. Auch hier darfst du allen diesen Weil-Antworten schöne Warum-Fragen hinterher jagen.

Viel wichtiger ist aber die Ausgangsfrage: Was ist das Warum in deinem Leben, wenn du etwas verändern willst?

Natürlich gab und gibt es auch in meinem Leben doofe Situationen. Eine meiner größten Krisen hatte ich mit Ende zwanzig zu bewältigen. Ich habe damals als Makler gearbeitet, habe Häuser gebaut, saniert und verkauft. Und bin damit in die Vollpleite gerutscht. Ich hatte fast alles verloren. Ich stand vor einem Scherbenhaufen. Ich war am Ende zu einem Zeitpunkt, bei dem es bei jungen Menschen eigentlich so richtig losgehen sollte. Aber wie Steve Jobs in seiner berühmten Stanford-Abschluss-Rede[31] sagt, leben wir vorwärts und verstehen rückwärts, wenn wir die Punkte in unserem Leben rückwirkend verbinden. Auch wenn es mir damals wirklich beschissen ging und ich keine Ahnung hatte, wie es akut weitergehen sollte, bin ich dankbar, dass diese Krise alles in meinem Leben durcheinander gewirbelt hat. Wäre das nicht passiert, wäre ich nie gezwungen worden, darüber nachzudenken, was ich eigentlich wirklich tun wollte. Denn wenn eigentlich alles läuft, vor allem die Geschäfte, hinterfragen wir die Dinge selten. Es ist so schön bequem. Never change a running system. Wir verändern nicht einfach so aus Spaß an der Freude etwas in unserem Leben. Die meisten Menschen verändern nur dann etwas in ihrem Leben, wenn wirklich doofe Konsequenzen drohen. Wenn sie müssen. Wenn es nicht anders geht. Wenn sie mit dem Rücken zur Wand stehen. Wenn Schmerz droht. In der Motivationspsychologie ist das das Lust-Schmerz-Prinzip. Die meisten Menschen sind davon angetrieben, Schmerz zu vermeiden. Eine bequeme Situation zu verändern, kommt den wenigsten in den Sinn. Auch wenn die bequeme Situation nicht zu hundert Prozent das Ober-Mega-Glück ist. Aber es läuft halt. Lieber der Spatz in der Hand als die Taube auf dem Dach. Lieber den langweiligen 9-to-5-Job als das Risiko der Selbständigkeit eingehen. Lieber in einer pupsbequemen Beziehung versacken als sich zu trennen.

Ich hatte also meinen Schmerz. Und ich habe diesen Schmerz als sehr heilsam empfunden – die Krise als Chance. Denn ich habe die lang verdrängte Frage herausgekramt, was ich eigentlich wirklich will in meinem Leben. Häuser bauen und verkaufen war okay. Ich habe viel gelernt in der Zeit. Aber warum ich das machte, auf diese Frage hatte ich viele kluge Antworten. Aber keine, die ich wirklich fühlte. Ich wollte schon immer Trainer oder Coach werden. Schon mit 16 Jahren. Aber damals gab es diesen Job, wie es ihn heute gibt, noch gar nicht. Ich habe schon als Teenager im Rahmen meiner Kampfsportkarriere Jugendgruppen trainiert. Und dabei ging es nicht nur um das sportliche und körperliche Training, sondern auch um das Mindset dahinter. Ich fand es schon damals unglaublich spannend und erfüllend, Menschen dabei zu unterstützen, in ihre Kraft zu kommen. Und ich dachte mir, Mensch, wenn es das als Job geben würde, das wäre geil! Als ich dann einige Jahre später vor meinem Scherbenhaufen saß, erinnerte ich mich daran. Mann, Denys, du wolltest doch Trainer werden! Ich habe dann meine allerletzte Kohle zusammengekratzt und mich als Coach und Trainer ausbilden lassen. Ich musste in dieser Zeit so viele andere Abstriche machen, konnte mir kaum etwas leisten. Es fühlte sich aber für mich nicht wie ein Verzicht an. Es war mir egal. Ich hatte nämlich auf einmal ein verdammt starkes Warum – mein Warum. Ich will Trainer werden. Ich fühlte es, ich spürte es ganz deutlich und intensiv. Es wummerte regelrecht in meinem Herzen.

Manchmal kollidieren unsere Warums auch. Wenn wir gern etwas verändern wollen, aber irgendwie nicht so richtig vorankommen. Wenn etwas nicht so läuft, wie wir es uns vorgestellt haben, dann liegt das meistens daran, dass du ein starkes Warum hast. Häh?!, denkst du jetzt vielleicht. Ja, du hast ein starkes Warum. Aber ein starkes Warum für „doof". Wenn dein Warum für „doof" stärker ist als dein Warum für die angestrebte Veränderung, dann kollidieren diese beiden Warums. Alles, was du denkst, wird zu einem Gefühl. Und alles, was du fühlst, wird zu einem Verhalten. Was kannst du also tun, damit sich das, was du gern bei dir verändern möchtest, verändert? Und warum ist die Situation überhaupt so, wie sie ist? Wie bist du da hineingeschlittert? Weil dein Warum für „doof" stark ist. Und wer gewinnt? Natürlich der dickere Klops. Das Warum für „doof". Du willst z. B. mit dem Rauchen aufhören. Du hast viele schlaue Warums für das Aufhören: Du willst nicht mehr so viel Geld ausgaben. Du willst nicht mehr stinken. Du willst im Winter nicht mehr frierend draußen stehen. Und doch schaffst du es nicht. Woran liegt das? Weil dein Warum für die Kippe, also das Warum für „doof" stärker ist: Du findest es cool. Es schafft Geselligkeit und Zugehörigkeit. Du magst diesen besonderen Moment, dir die Kippe anzuzünden, fühlst dich entspannt, es ist einfach „dein Moment". Diese Warums übertrumpfen die anderen Warums in deiner Wertehierarchie (siehe 3.1). Sie erzeugen stärkere Gefühle, du kannst sie nicht loslassen, du hast keine Alternative. Also rauchst du weiter – mit schlechtem Gewissen. Aber du rauchst weiter. Auch das schlechte Gewissen und die fiesen Bilder auf der Packung halten dich nicht davon ab.

Deshalb ist es auch in Unternehmen so schwer, wenn neue Prozesse, Methoden oder Veränderungsmaßnahmen einfach so über die Teams drübergestülpt werden. Schwer ist es auch, wenn Anforderungen gestellt werden, die nicht jeden Mitarbeiter abholen. Ich habe mal in einer Firma gecoacht, dort mussten die Mitarbeiter etliche Überstunden machen, um einen bestimmten und extrem wichtigen Auftrag zu erfüllen. Die Mitarbeiter hatten wochenlang Überstunden vor sich. Der Chef hat seine Leute auch gut eingeschworen und motiviert bekommen. Jedem war die Wichtigkeit dieses Auftrags bewusst, also zogen alle an einem Strang und brachten sich ein. Nur ein junger Mann aus dem Team wirkte wie paralysiert. Er brachte nicht die geforderte Leistung, seine Stimmung wurde von Tag zu Tag mieser. Was der Chef nicht wusste und sich erst später bei einem klärenden Gespräch herausstellte: Der junge Mann war leidenschaftlicher Judokämpfer und bereitete sich gerade auf die Stadtmeisterschaft vor. Wenn er dort gut abschnitt, würde er sich für die Deutschen

Meisterschaften qualifizieren, dann Europa usw. In den Zeiten, in denen sein Chef Überstunden von ihm forderte, fanden seine so wichtigen Trainingsstunden statt. Sein „Judo-Warum“ toppte das „Unternehmens-Warum“ natürlich bei weitem. Kein Wunder also, dass er immer widerwilliger die geforderte Arbeit mehr schlecht als recht erledigte. Er sah seinen großen Traum platzen.

Warum tust du etwas, warum tust du etwas nicht? Und was gewinnst du, wenn du etwas tust oder nicht tust? Was verlierst du, wenn du etwas tust oder nicht tust? Ich nenne diese Herangehensweise der Auseinandersetzung „Öko-Check“. Es ist kein Wunder, dass der junge Mann aus dem oben genannten Beispiel so unglücklich war. Sein Ökosystem brach komplett zusammen, denn aus allen Ecken wurde Druck auf ihn ausgeübt. Wenn du dich also in Unter- oder Überspannung befindest, führe mit dir selbst einen Öko-Check durch.

Aber wie kommen wir nun aus einem doofen Warum heraus, selbst wenn es stärker ist als das vermeintlich gute Warum? Meistens steckt dahinter ein Verhaltensmuster. Das dürfen wir loslassen. Wenn du im „Doof“ verweilst, dann schau hin. Was ist dein starkes Warum für „doof“? Und wie kommen wir da nun heraus? Indem wir ein noch höheres Warum aktivieren, unser höchstes Warum, unser höheres Selbst. Dieses höhere Warum muss beide bisherigen Warums übertrumpfen. Es muss stärker sein als die beiden Warums von „doof“ und „gut“, die sich bisher gegenüber stehen. Nach dem Motto: Wenn zwei sich streiten, freut sich der Dritte. Beim Thema Rauchen könnte es die Gesundheit sein. Der Gedanke an deine Kinder. Und dein höheres Warum machst du ganz groß. Du steigst förmlich dort rein. Du fühlst es. Dazu auch gleich noch mehr. Je besser du es fühlst, desto mehr löst du die beiden anderen Warums auf und du willst nur noch hin zu deinem höheren Warum.

Ich verspreche dir: Wenn du dein höheres Warum hast, dann knallt es im System! Aber so richtig.

Gefühle bestimmen dein starkes Warum

→ ***„Wer ein ausreichend starkes Warum hat, kann fast jedes Wie ertragen.“***
Friedrich Nietzsche // Philologe und Philosoph // Deutschland

Das höhere Warum gewinnt immer. Aber: Du musst es fühlen. Sonst dient es dir nicht. Deshalb ist es so wichtig, dass wir uns selbst wahrnehmen, genau hinsehen, ins Gefühl und in unser Herz kommen. Das Herz entscheidet. Immer. Wenn du dein Warum wirklich spürst, hast du einen ganz anderen Antrieb. Alles geht von allein.

Ohne Anstrengung. Schau hin. Nimm wahr. Nimm an – weg vom Schmerz, hin zur Freude.

Die richtigen Fragen zu stellen, auf die du Antworten findest, ist das eine. Aber es geht nicht nur darum, Antworten zu finden, einfach nur Worte. Deine Antworten musst du spüren. Sie müssen ein Gefühl in dir auslösen.

Du hast es sicher schon oft gehört: Wenn du etwas in deinem Leben erreichen willst, dann habe ein großes Ziel, eine starke Vision. Und ich sage: Ja. Und nein. Ein Ziel, welches du dir einfach unhinterfragt vor die Nase setzt, dient dir nicht im Geringsten. Im Gegenteil. Es lockt dich wie die Sirenen[32] in Odysseus Irrfahrt in die Irre. Denn was viel wichtiger ist – du ahnst es schon, denn dieses Wort kommt in diesem Kapitel so oft vor, dass es dir und mir bald aus den Ohren wieder raus kommt – ist dein starkes Warum für dein Ziel. Und zwar ein gutes, freudvolles Warum, was das Licht in dir anschaltet, dich zum Strahlen bringt und dich sanft aber bestimmt auf den Weg schubst.

Wenn wir ganz ehrlich zu uns sind, stehen wir uns bei den meisten Klöpsen in unserem Leben selbst im Weg. Wir sagen zwar gern, hey, der, die, das ist daran schuld. Aber wir sind es selbst. Warum? Weil wir nicht immer bei uns sind. Wir sind so oft bei den anderen. Hast du schon mal gewollt, was andere haben? Oder hast du unhinterfragt das gewollt, was andere dir gesagt haben, was du zu wollen hast? Begehre nicht deines Nächsten …, heißt es in der Bibel. Ich bin jetzt kein Ober-Kirchen-Muckel, aber da ist was dran. Kümmere dich doch einfach um dich. Sei und bleibe in deinen eigenen Angelegenheiten.

In wessen Angelegenheit bist du?

Apropos Angelegenheiten: Die US-amerikanische Bestsellerautorin Byron Katie bringt es im Zusammenhang mit ihrer weltweit bekannten Coaching-Methode „The Work“[33] wunderbar auf den Punkt und haut uns die Sache mit den Angelegenheiten ziemlich heilsam um die Ohren. Es gibt nämlich nur drei Arten von Angelegenheiten: meine, deine und Gottes.

→ Wessen Angelegenheit ist es, ob ich mich glücklich oder traurig fühle?
  Meine Angelegenheit.
→ Wessen Angelegenheit ist es, ob du dich glücklich oder traurig fühlst?
  Deine Angelegenheit.

→ Wessen Angelegenheit ist das Wetter? Gottes Angelegenheit.
(Alles, was außerhalb meiner Kontrolle, deiner Kontrolle oder der Kontrolle von irgendjemand anderem liegt, ist Gottes Angelegenheit.)[34]

Stress haben wir vor allem immer dann, wenn wir uns nicht in unseren eigenen Angelegenheiten befinden. Wenn wir denken: Das sollte aber so und so sein! Mein Chef müsste mich doch viel mehr loben! Mein Partner müsste viel mehr Verständnis für mich haben! Ich will, dass du glücklich bist. Du solltest pünktlich sein, sonst ... Du musst dich mehr um deine Gesundheit kümmern! Wenn wir das denken, wo sind wir dann? Jedenfalls nicht bei uns. Und wenn ich mir Sorgen mache, dass die Welt immer doofer wird, schon wieder ein Tsunami und die doofe Politik oder dass ich sterben werde, dann bin ich in Gottes Angelegenheiten.

→ ***„Wenn du dein Leben lebst und ich mental dein Leben lebe, wer ist dann hier und lebt mein Leben? Wir sind beide drüben bei dir. Wenn ich mich mental in deinen Angelegenheiten befinde, hält mich das davon ab, in meinen eigenen Angelegenheiten präsent zu sein. Ich bin getrennt von mir selbst und frage mich, warum mein Leben nicht funktioniert. Niemand sonst verursacht meine Einsamkeit und dieses doofe Gefühl. Ich selbst tue das."***
Byron Katie

Wenn du dich also mies fühlst, frage dich, in wessen Angelegenheiten du dich gerade befindest. Je öfter es dir gelingt, in deinen eigenen Angelegenheiten zu bleiben, desto klarer siehst du und desto mehr Freiheit erlangst du. Das Modell der Angelegenheiten ist nichts anderes als ein Teil der stoischen Philosophie, in dem es um Kontrolle geht, welche wir uns auch schon im vorherigen Kapitel angeschaut haben.

Es geht also darum, dass du ganz bei dir bist und bleibst. Denn wenn du nicht dein EIGENES Warum findest, was du mit deinem Herzen wirklich spüren kannst, sondern das von anderen übernimmst oder über dich drüberstülpen lässt (Eltern, Gesellschaft, Partner, Chef, Unternehmen – alle, die dir sagen wollen, du musst doch, das muss so und so sein, das gehört sich so, das brauchst du; alle, die Druck und Erwartungen erzeugen etc.), kannst du niemals erfüllt, glücklich und folglich auch nicht erfolgreich sein. Irgendwas wirst du schon erreichen mit einem externen Warum. Na klar. Du gibst dir Mühe, willst niemanden enttäuschen und glaubst, was man dir sagt. Aber zu welchem Preis? Der Preis, dich selbst zu verleugnen ist verdammt hoch. Wie viele Menschen fallen dir ein, die vermeintlich ihre Ziele brav erreichen oder erreicht haben, aber die nicht wirklich glücklich auf dich wirken?

Lass das Warum zu dir kommen: Herzmeditation

Dein eigenes Warum zu finden, heißt auch nichts anders, als dir selbst deine eigene Welt zu bauen. Allem, was du tust, einen Sinn zu geben. Kannst du wirklich ein guter und damit auch erfolgreicher Verkäufer sein, wenn du darin eigentlich keinen Sinn siehst?

Dein Warum kannst du nur in dir selbst entdecken. Wenn du ganz bei dir bist und in deinen eigenen Angelegenheiten. Blöderweise gibt es dafür auch keine Methoden oder Modelle. Du kannst lesen bis zum Umfallen, dich theoretisch in dein Warum hineindenken, dir alles Mögliche selbst an Erklärungen auftischen. Aber solange du es nicht spürst, ist es, Entschuldigung, fürn Arsch. Hier kommt wieder der Punkt, an dem wir in die Wahrhaftigkeit kommen (siehe 3.2). Wir alle haben Situationen in unserem Leben, in denen wir merken, dass wir auf Teufel komm raus etwas wollen, aber wir merken, verdammt, so richtig ist das gar nicht meins. Dann sind wir unzufrieden, wollen das aber nicht wahrhaben. Wir sind mies drauf, wir schwingen auf einem niedrigen Energielevel (siehe 3.3), es kommt zu Streitereien und Diskussionen und wir ziehen noch mehr „doof" in unser Leben. Wenn wir nicht wahrhaft sind, schnürt sich unsere Kehle regelrecht zusammen. Metaphorisch gesprochen, aber oft spüren wir das sogar auch körperlich. Wenn wir wahrhaft sind, unser wahrhaftes Warum finden und leben, dann sind wir frei, kommen in die Leichtigkeit und in die Freude.

Das, was du willst – dein Warum – musst du wahrhaft fühlen. Normalerweise scheue ich mich, das Wort „muss" zu nutzen. Es übt Druck aus, klingt fremdbestimmt und irgendwie doof. Aber ich „muss" es so deutlich sagen. Du musst es spüren. Wie kommst du nun in dieses Gefühl? Zum einen kommen wir in uns selbst, wenn wir in unser Herz schauen, in das, was sich hinter und zwischen unseren Gedanken verbirgt. Dort findest du dich und kannst dich prüfen. Mit deinem Herzen. Unser Verstand nützt hier übrigens wenig. Mit dem Verstand können wir alles Mögliche auf Sachebene prüfen (deine Steuererklärung, den Einkaufszettel etc.). Auf Verstandesebene funktionieren auch Modelle und Methode wunderbar und sind dort auch hilfreich. Nur auf Herzebene (Gefühle, Warum, Lebensfreude, Energie) klappt das nicht. Dort wäre der Verstand nur trügerisch.

Hinter und zwischen unsere Gedanken zu kommen gelingt uns gut mit Meditation. Nur zehn Minuten ein paar Mal die Woche bewirken Erstaunliches: mehr Ruhe, mehr Klarheit, mehr Kraft, mehr Energie. Probiere es aus! Ich mache mit meinen Seminarteilnehmern immer wieder verschiedene Meditationen. Wenn es darum geht, das Herz zu öffnen, mache ich gerne eine Herzmeditation bzw. eine Herzöffnungsmeditation. Unser Herz hat nämlich ein eigenes Feld, das wir uns wir ein Magnetfeld vorstellen können. Dort wuseln etliche Neuronen rum,[35] und die Wissenschaft kommt immer mehr zu dem Schluss, dass unser Herz unser zweites Gehirn ist und gerade – welch Überraschung (not!) – für die Verarbeitung von Emotionen eine enorm wichtige Rolle spielt (mehr zum Thema Herz später in Abschnitt 5.3).

Wenn wir also trainieren, dieses Feld zu spüren und wahrzunehmen, sind wir immer mehr in der Lage, zu entdecken, was uns wichtig ist in unserem Leben und warum. Und dann gib das einfach mal ins Universum ab und lass das Warum zu dir kommen. Lass los. Genau das möchte ich mit meinen Teilnehmern in der Herzmeditation erreichen: loslasse und das Warum kommen lassen. Denn oft braucht das Warum eine Weile und zeigt sich in andern Momenten und Situationen. Dann aber stark, kraftvoll und unmissverständlich. Wir müssen unserem System nur erlauben, genau das zuzulassen. Dafür ist eine Meditation hilfreich.

Steig in dein WARUM ein!

Wenn du Dinge aus und mit dem Herzen machst, wirst du etwas ganz Spannendes feststellen. Dann verändert sich dein Ziel. Dein bisheriges Ziel löst sich auf, weil du entdeckst, dass es das gar nicht ist. Oder aber bekommst du die Bestätigung, dass du auf dem richtigen Weg bist und dein Ziel wird noch größer und stärker. All das darf sich übrigens ganz ohne Druck zeigen und entwickeln, in deiner ganz eigenen Zeit. Es ist das berühmte Gras, was nicht schneller wächst, wenn man dran zieht. Alles in der Natur wächst ohne Druck und in seiner Zeit. Alles geschieht in seinem eigenen Rhythmus.

Natürlich beschäftige ich mich auch in meinen Seminaren und Coachings mit den Zielen der Menschen. Wir machen Zielearbeit. Und natürlich stelle ich hier auch die Warum-Fragen. Wenn die Teilnehmer ihre Ziele formuliert haben, frage ich, warum ihnen das so wichtig ist. Dann bekomme ich meistens tolle Antworten: weil ich mehr Freude, Anerkennung, Spaß, Leichtigkeit und Gelassenheit will. Und dann sage ich: Ja geil, das ist ja mal cool! Und dann frage ich: Aber lebst du das denn auch? Schon jetzt? Und fühlst du auch dein Warum? Denn wenn du es nicht spürst, wird sich dein Warum nicht verwirklichen lassen.

Die Frage nach dem Warum ist ein alter Hut. Die habe ich auch nicht erfunden, damit arbeiten viele Kollegen. Und es ist ja auch logisch und liegt auf der Hand. Das Warum ist wichtig. Aber was meines Erachtens ganz oft dabei vergessen wird, ist die Ebene der Gefühle. Denn die wird nicht ausreichend bearbeitet, nachgearbeitet und herausgearbeitet. Denn wie fühlt sich ein Warum wirklich an? Meistens plappern wir doch nur irgendetwas Schlaues nach. Wolkenblabla. Weil MAN das eben so macht, weil das doch so und so sein soll. Wenn ich mein Ziel erreicht habe, fühle ich mich halt sicherer und besser. Und dann komme ich und frage: Aber wo und wie fühlst du das denn? Und dann gucken mich meine Teilnehmer immer an wie ein Auto. Häh?! Wie meinst'n das?

Ich meine es so, wie ich es sage. Lass uns dein Warum wirklich spüren! Wenn du dein Warum gefunden hast, dann puste es auf wie ein riesiges Pool-Badespaß-Gummitier. Zieh es auseinander, mach es riesig, dreidimensional! Und dann steig dort rein, sieh dich darin um. Wie sieht es darin aus? Ist es bunt, leuchtend, spürst du Freude, Spaß, haut es dich um, wummert dein Herz, lächelst du? Ist es wirklich richtig WOW? Wenn du in deinem Warum drin bist, muss es sich für dich wie der geilste Ort der Welt anfühlen. Ich weiß nicht, was das für dich ist. Du weißt das aber. Mach dein Warum zu deinem Disneyland, zu deinem Ponyhof, zu deinem Kindergeburtstag, zu deinem Schlaraffenland, zu Willy Wonkas Schokoladenfabrik, in der alles möglich ist und durch die du staunend und begeistert gehst. Deine Augen müssen strahlen, dein Mund lächeln und dein Herz wummern. Nur so bekommt dein Warum seine Zauberkraft. Warum Gefühle so wichtig sind, dazu auch in Abschnitt 5.6 mehr.

Spürst du all das gar nicht, wenn du in dein Warum einsteigst? Ist es grau und dunkel, leer und trüb? Naja dann weißt du aber auch, dass du aus diesem Warum die Luft lassen, es entsorgen und du ein anderes Warum finden darfst.

Ich beispielsweise mache all das, weil mir das unglaublich viel Spaß und Freude macht, Menschen in ihre Kraft zu bringen. Steige ich aber in mein fettes Warum ein, dann sehe ich, dass ich einfach total gern mit Menschen zusammen bin! Ich lache mit ihnen so gern, ich liebe ihre Geschichten, ich will sie begleiten, ich liebe den wahrhaften Kontakt zu ihnen. Wenn jemand in tiefer Traurigkeit ist, nehme ich ihn in den Arm, kann das Thema gemeinsam mit ihm heilen und auflösen, es rausnehmen. Ich spüre für genau das so viel Dankbarkeit. Vor allem wenn ich dann hinterher beobachten kann, wie die Menschen sich weiterentwickeln, ihren Weg gehen, in ihre Kraft kommen, wie sich so vieles in ihnen verändert. Wie Menschen den Mut haben, ihre Partnerschaft neu zu gestalten. Wie in Unternehmen die Menschen auf einmal aufblühen und ihren Arbeitsplatz schätzen, sich dort wohlfühlen. Ich liebe es, unterwegs zu sein, zu reisen – in Deutschland, in Europa. Ich liebe meine Freiheit, genau das machen und leben zu können. Diese Freiheit ist mir so extrem wichtig. All das spüre ich, wenn ich in meinem riesigen Warum drinstehe. Mein Warum stiftet meinen Sinn, meine Identität, meine Aufgabe hier. Wir suchen doch alle danach, warum wir hier sind und wozu, und unser Warum gibt uns die Antwort und Bestätigung, dass es Sinn macht, dass wir da sind.

Ich stelle mir z. B. auch beim Schreiben dieses Buches vor, dass wir miteinander reden, dass ich im Kontakt mit dir bin. Ich spüre Dankbarkeit, wenn ich mir vorstelle, dass dich meine Texte bewegen, berühren, inspirieren. Klar, ist das Schreiben auch anstrengend – es gibt Tage, puh, da muss ich mich echt auf den Hosenboden setzen und selbst an den Ohren an meinen Laptop ziehen. Aber dann spüre ich wieder ganz klar mein Warum und dann lege ich einfach los. Die Vorstellung, dass das hier was mit dir macht, die ist toll und beflügelt mich und mit jeder einzelnen Zelle meines Körpers will ich dir etwas von mir geben. Meine Energie, mein Wissen, meine Liebe. Und wenn du das dann hast, kannst du das weitergeben! Ein klares Warum erzeugt Freude – bei dir und anderen. Das steckt an. Freude bringt Freude. Die Welt wird besser. Hallo, das ist doch megageil! Und macht SINN. Deshalb stehe ich auf. Das macht mich happy.

Mach dir dein WARUM klar! Schau da rein! Produzier kein Laber-Rhabarber – denn nur Worte, das ist Nebel in Tüten. Das kannst du gar nicht (be)greifen. Wie sieht deine Freude aus? Wie sieht dein Spaß aus? Wie lebst du deine Freiheit? Wie deine Anerkennung? Mit wem hat das zu tun? Wenn du dein Warum klar hast, kommt deine Energie hoch, sie wird stark. Und dann gehst du ab wie ein Zäpfchen!

FRAG DICH DOCH MAL:

- → **Was ist dein Warum? Untersuche damit die verschiedenen Bereiche deines Lebens (Gesundheit, Partnerschaft, Familie, Beruf etc.)**
- → **Was ist das Warum deines Unternehmens?**
- → **Was ist das Warum der Menschen, mit denen du regelmäßig aneinandergerätst?**
- → **Wo kollidieren bei dir Warums? Wo steckst du fest? Kannst du das entlarven? Findest du hier dein höheres Warum?**
- → **Wievielmal kommt das Wort „warum“ in diesem Kapitel vor? Zähle die Warums. (Nein, Spaß!)**
- → **Was sind wirklich allein deine Angelegenheiten? Was sind Angelegenheiten, die dich beschäftigen, die gar nicht deine sind?**
- → **Kannst du deine Warums spüren?**

3.7 Beziehung, Begegnung, Kontakt

→ ***„Ich glaube daran, dass das größte Geschenk, das ich von jemandem empfangen kann, ist, gesehen, gehört, ver standen und berührt zu werden. Das größte Geschenk, das ich geben kann, ist, den anderen zu sehen, zu hören, zu verstehen und zu berühren. Wenn dies geschieht, entsteht Kontakt. Wenn das gelingt, sind wir uns wirklich begegnet."***

Virginia Satir // Psychotherapeutin und Begründerin der Familientherapie // USA

Alles ist Beziehung. Partnerschaft ist Beziehung. Freundschaft ist Beziehung. Deine Kinder haben eine Beziehung zu dir. Deine Kollegen, dein Chef, deine Angestellten – sie alle sind in Beziehung mit dir. Und natürlich auch deine Kunden. Du hast sogar eine Beziehung zu deinem Körper, zu deinem Leben. Auch zu fremden Menschen, die dir auf der Straße begegnen. Auch mit Geld hast du eine Beziehung. Wenn du keine gute und entspannte Beziehung zu Geld hast, wenn du Geld nicht magst, du also keine gute Einstellung zu Geld hast (Angst vor Mangel, Gier, Geiz), warum soll Geld dann gerne bei dir bleiben und zu dir kommen wollen? Wenn du keine gute Beziehung zu Kunden im allgemeinen hast (doof, nervig, anstrengend), warum sollen die dann Bock haben, bei dir zu kaufen? Beziehungen sind Energie. Wir be-ziehen die Dinge zueinander. Wenn unsere Beziehungen gestört sind, egal zu was und zu wem, wird dieser Energiefluss auch nicht da sein. Es fließt nicht. Es rappelt im Gebälk. Es stockt.

Nicht zu vergessen: Die allerwichtigste Beziehung hast du zu wem? Na klar, zu dir selbst.

Eine gute Beziehung zu haben, zu wem oder was auch immer, heißt nichts anderes, als in echtem und wahrhaftem Kontakt zu sein. Eines meiner ganz großen Warums, meine Mission sozusagen, ist es, die Menschen in den wahrhaften Kontakt zu bringen. Mit sich selbst, mit anderen und allem, was in ihrem Leben ist. Mein Wunsch ist es, die Menschen wieder mehr und mehr dafür zu begeistern und wieder dorthin zu bringen.

→ ***„Beziehungen bedeuten eine ständige Herausforderung. Sie rufen euch fortwährend dazu auf, immer höhere Aspekte von euch selbst zu schaffen. Tatsächlich könnt ihr dies ohne Beziehungen überhaupt nicht tun. Nur durch eure Beziehung zu anderen Menschen, Orten und Ereignissen seid ihr imstande, im Universum zu existieren. Denkt daran, ihr seid nicht, wenn alles andere abwesend ist. Was ihr seid, seid ihr nur in Relation zu anderem. Wenn ihr das erst einmal klar versteht, zutiefst begreift, werdet ihr intuitiv jede Erfahrung, jede menschliche Begegnung und ganz besonders persönliche, menschliche Begegnungen segnen, denn ihr erkennt sie als im höchsten Sinn konstruktiv an."***
Aus „Gespräche mit Gott" von Neale Donald Walsch

Ich behaupte, wir haben verlernt, in wahrhaftem Kontakt zu sein. Ich stelle mir sogar die Frage, ob wir es überhaupt je gelernt haben. Führungskräfte sind nicht im Kontakt mit ihren Mitarbeitern. Verkäufer nicht mit ihren Kunden. Eltern nicht mit ihren Kindern. Freundschaften sind oberflächlich. Auch der Kontakt zu uns selbst ist oft nicht hinreichend vorhanden. Wir gehen dem echten Kontakt mit uns aus dem Weg. Wir tragen viele ungelöste Themen mit uns rum, in die wir nicht reinschauen wollen. Wir lenken uns ab, verdrängen, verbuddeln. Und wundern uns, wenn wir einen ganzen Sack von Gefühlen von „doof" durch unser Leben tragen. Je länger diese ungelöst sind, desto mehr identifizieren wir uns damit. Haften an „Doof-Emotionen" an und verhalten uns so, wie wir eigentlich gar nicht sein wollen. Stülpen unsere ungelösten Themen anderen Menschen (die meistens auch nicht im Kontakt mit sich selbst sind) über, in der Erwartung und Hoffnung, dass diese uns erlösen und retten werden. Das ist nicht witzig. Konflikte sind vorprogrammiert. Nee, Schätzelein, so funktioniert das leider nicht.

Wenn du aber in wahrhaftem Kontakt mit dir selbst bist (wir erinnern uns: letztes Kapitel, du bist in deinen eigenen Angelegenheiten), dann machst du das nicht. Dann stülpst du niemandem etwas über. Dann lässt du los und bist frei. Du bist authentisch (wahrhaft) und weißt dabei um deinen Selbstwert.

Die Begründerin der Familientherapie, Virginia Satir,[36] schreibt in ihrem Buch „Mein Weg zu dir: Kontakt finden und Vertrauen gewinnen":

„Kontakt herzustellen ist kein Spiel, bei dem es darum geht, deinen Standpunkt einmal durchzusetzen, um dann für den Rest des Lebens damit glücklich zu sein. Es ist vielmehr eine Möglichkeit, sich ehrlich mit menschlichen Problemen und Sorgen auseinanderzusetzen und sie angemessen mitzuteilen. Dieser Weg bewahrt dir deine Integrität, fördert deine Selbstachtung und wird auf Dauer deine Beziehungen zu dir und zu anderen stärken.“

In echtem Kontakt zu sein, bedeutet auch nichts anderes als Annahme (siehe 3.5). Sich selbst anzunehmen, die Situation anzunehmen, sein Gegenüber anzunehmen, wie es ist. Das ist überhaupt nicht schwer! Das einzige, was du machen darfst, ist NICHTS zu tun – nicht bewerten, nicht verurteilen. Als kleine Kinder sind wir noch relativ offen und neugierig, wir sind einfach. Und können mit allem und jeden in Kontakt sein. Sobald aber unsere Identität Einzug hält und das Geplapper in uns selbst beginnt („ich bin gut, ich bin nicht gut“), fangen wir an, zu schwanken. Wir haben mehr und mehr Stress. Wir ziehen uns zurück und es fällt uns immer schwerer, offen und vorbehaltlos in den Kontakt mit anderen zu treten.

Da wir lernen dürfen, alles anzunehmen, wie es ist, lernen wir auch, die Individualität eines jeden Menschen anzunehmen. Jeder Mensch ist anders. Und es geht darum, im wahrhaften Kontakt jeden Menschen so zu sehen, wie er ist. Ihn anzunehmen. Dann begegnen wir uns. Dann entsteht wahrhafter Kontakt. Deshalb tue ich mich auch schwer, irgendwelche Methoden und Leitfäden zu propagieren, die man angeblich eins zu eins über alles und jeden drüberstülpen kann. Es gibt so vielen Mist-Content heutzutage, wo uns selbsternannte Life-Coaches und Erfolgsgurus weismachen wollen, man müsse nur die und die Methode, nur die und die zehn Schritte anwenden und dann bekommst du deine Traumfrau, die Millionen auf dem Konto, den Sixpack und den XXL-Penis. Hm, is klar.

Natürlich lernst du auch von mir Methoden und bekommst einen Werkzeugkoffer an die Hand. Aber die nützen dir nichts, wenn du nicht im Kontakt mit deinen Kunden oder Kollegen stehst. Wenn wir im Kontakt miteinander sind – worauf wir uns erst mal einlassen dürfen – können wir individuell aus dem Herzen heraus reagieren. Wenn die Verbindung, die Leitung sozusagen, zu deinem Gegenüber steht, spürst du, was er oder sie braucht. Die richtige Methode, das richtige Werkzeug wird in diesem Moment zu dir kommen, die zu genau diesem Menschen passt. Du spulst nicht einfach irgendwas ab, sondern adaptierst dich an die Situation und den Menschen vor dir. Echter Kontakt ist immer individuell. Stell dir das Bild eines Werkzeugautomaten vor, ähnlich wie so ein Getränke- oder Snackautomat am Bahnhof. Nur, dass du hier kein Geld einschmeißt, eine Nummer drückst und dann kommt die Cola oder der Schokoriegel zu dir. Nein, in dem Moment, in dem du im Kontakt bist mit deinem Gegenüber, löst du in deinem Werkzeugautomaten die On-Taste aus, die Greifärmchen suchen sich die richtige Methode, das richtige Werkzeug aus und legen es dir ins Ausgabefach. Du musst nichts dafür tun. Nur noch zugreifen.

Genauso gehe ich auch in meine Seminare und Coachings. Natürlich kann ich mich immer darauf verlassen, dass meine Schubladen mit Tools, Methoden, Werkzeugen und Wissen vollgepackt sind. In den letzten 20 Jahren hat sich dort ein ganzes Archiv an Erfahrungen angesammelt. Aber ich mache keinen Plan, was ich wie wo wann anwende. Hier spüre ich immer erst mal in die Gruppe oder die Situation hinein, gehe in den Kontakt, spüre, was die Teilnehmer brauchen und sich wünschen. Und ziehe dann erst die passenden Schubladen auf. Ich verlasse mich auf mein Gespür, meine Wahrnehmung, meine Intuition.

Eine Welt, in der wir nicht miteinander in Kontakt sind, uns nicht berühren, liebevoll, offen und wertschätzend miteinander umgehen, ist – sorry für den drastischen Ausdruck, aber ich muss und will es so sagen: eine Kack-Welt. Ich will nicht in einer Kack-Welt leben. Die Welt geht so nämlich kaputt. Ich möchte das nicht. Du?

Echter Kontakt heißt auch, in die Bedingungslosigkeit zu gehen (siehe 3.4) und sich folgende Frage zu stellen: „Was ist die liebevollste, wertschätzendste und hilfreichste Handlung, die ich diesem bestimmten Menschen in diesem bestimmten Moment schenken kann?“ Das gibt es nicht von der Stange. Die Antwort ist hier immer individuell. Was für den einen eine Tasse Tee, ein Gespräch und Lieblingskuchen ist, ist für den anderen eher erst mal ein „in Ruhe lassen“. Wahrhafter Kontakt ist bedingungslose Liebe. Es heißt auch, in jeder Situation eine neue Entscheidung zu treffen. Hierfür gibt es keine starren Regeln und Methoden, die du einfach nach Schema F anwenden kannst.

Fünf Freiheiten für wahrhaften Kontakt und Begegnung

Die schon in diesem Kapitel zitierte Virginia Satir definiert in ihrem Buch „Mein Weg zu dir: Kontakt finden und Vertrauen gewinnen“ fünf Freiheiten. Mit dieser Grundhaltung kommen wir zuerst in den wahrhaften Kontakt zu uns selbst und dann – automatisch und darauf aufbauend – in den wahrhaften Kontakt mit unseren Mitmenschen (Freunde, Partner, Kollegen, Kunden etc.). Diese fünf Freiheiten sind:

→ Die Freiheit zu sehen und zu hören, was im Moment wirklich da ist – anstatt das, was sein sollte, gewesen ist oder erst sein wird.

- → Die Freiheit, das auszusprechen, was ich wirklich fühle und denke – und nicht das, was von mir erwartet wird.
- → Die Freiheit, zu meinen Gefühlen zu stehen – und nicht etwas anderes vorzu täuschen.
- → Die Freiheit, um das zu bitten, was ich brauche – anstatt immer erst auf Erlaubnis zu warten.
- → Die Freiheit, in eigener Verantwortung Risiken einzugehen – anstatt immer nur auf „Nummer sicher zu gehen" und nichts Neues zu wagen.

Digitalisierung & echter Kontakt

Gerade im Zeitalter der Digitalisierung brauchen wir echten Kontakt mehr denn je. Digitalisierung hin oder her – wir sind Menschen und keine Roboter. Wir brauchen Nähe, wir brauchen Kontakt, wir brauchen eine starke und wahrhafte Connection zu anderen Menschen. Und auch im Verkauf ist echter Kontakt ein USP in der zunehmend digitalisierten Shoppingwelt. Warum?

Autor und Verkaufsexperte Lars Schäfer sieht in seinem Buch „Verkaufen in digitalen Zeiten: Einfach mal Mensch sein" viele Chancen und Möglichkeiten, den digitalen Wandel in der Sales-Branche positiv und menschlich zu gestalten, wenn Technik und Emotionen Hand in Hand gehen. Technik hin oder her – für ihn bleibt der Mensch der Erfolgsfaktor im Verkauf:

„Denn trotz allen technischen Fortschritts geht es beim Verkauf vor allem um Vertrauen und menschliche Beziehungen – in der digitalen Welt mehr denn je. Es kommt auf den Verkäufer, es kommt auf den Menschen an. Der Mensch ist der Erfolgsfaktor im Verkauf. … Wenn alles immer schneller und sofort gehen muss, wenn wir durch die fortschreitende Digitalisierung permanent online sind und ohne Pause mit unseren Smartphones und Tablets kommunizieren, wenn Lieferanten zu einem hohen Prozentsatz nur noch aus einem Online-Bestellsystem heraus bestellen, dann wird den Kunden, egal ob Endverbraucher oder Geschäftskontakte, irgendwann eine Sache fehlen: die Menschlichkeit! Und dann sind Sie gefragt, liebe Leser, liebe Verkäufer. Viele Kunden – ob Konsumenten oder Geschäftskunden – sehnen sich bereits jetzt immer häufiger nach persönlicher Nähe, nach einer Beratung durch einen richtigen Menschen, und das, obwohl der Prozess der Digitalisierung und Automatisierung gerade erst angefangen hat. Die Kunden suchen nach dem Gesicht hinter der Computer-Maske."

Drüber, Drunter, in Kontakt

→ ***„Wenn aus dem Verkauf eine Begegnung zwischen Kunde und Verkäufer wird, sind beide zufrieden."***
Alfred Rademacher // Aphoristiker // Deutschland

Was bedeutet echter und wahrhafter Kontakt noch? Ganz einfach: Stell dich nicht über oder unter deine Mitmenschen. Geh auf Augenhöhe – im wörtlichen Sinne. Nicht umsonst sind unsere Augen der Spiegel unserer Seele. Und das Tor zu ihr.

Dazu habe ich eine wirklich schöne Übung für dich, die ich dir sehr ans Herz lege. Jeder von uns sollte diese Erfahrung einmal gemacht haben. Ob du Lehrer bist, Trainer, Vater, Mutter, Mitarbeiter, Chef, Freundin, Kollege, egal, in welcher Rolle du agierst, egal wer du bist, mach diese Übung! Danach wirst du dich nämlich nie wieder über oder unter jemanden stellen.

Schnapp dir jemanden. Einen Freund, eine Kollegin, deinen Partner, wen auch immer. Setzt euch beide gegenüber und schaut euch an. Nun fordere den anderen auf, an eine schwierige Situation zu denken, eine Sorge, ein Problem. Etwas, was ihn wirklich beschäftigt. Ihr bleibt in Augenkontakt. Dann machst du Folgendes:

1. Du stellst dich „über" dein Gegenüber. Du denkst sowas wie „Ach Schätzelein, stell dich nicht so an, das wird schon. Jetzt bist du ja bei mir, ich kann dir helfen." Du schaust ihn von oben herab an. Du fühlst dich größer und besser. Du weißt Bescheid. Du weißt, was der andere braucht.
2. Dann stellst du dich „unter" dein Gegenüber. Du empfindest Mitleid, guckst ihn entsprechend mitleidig an. Du denkst sowas wie „Herrje, du Armer! Das ist wirklich schlimm!"
3. Dann gehst du in echten Kontakt. Du bist in Gedanken ganz bei deinem Gegenüber. Du hast kein Mitleid, empfindest aber dennoch Anteilnahme. Du stellst dich nicht über ihn. Du bewertest nicht. Du schaust ihn einfach an, entspannt, straight. Dann denkst du „Du bist gut, wie du bist."

Nach jedem der drei Stufen fragst du dein Gegenüber, wie sich die Person dabei gefühlt hat. Die Palette der Emotionen ist immens! Und dann tauscht ihr die Rollen, damit auch du die unterschiedlichen Zustände spüren kannst.

Sich unter jemanden zu stellen ist genauso doof wie sich über jemanden zu stellen. Unterwürfigkeit macht den anderen nur wütend und es verstärkt seine ohnehin schon vorhandene Hilflosigkeit. Du machst ihn zum Opfer. Genauso fühlt es sich ätzend an, von oben herab behandelt zu werden.

Und gerade beim Verkauf und in der Führung (und auch im Privatleben) ist der wirkliche Kontakt so wichtig! Verkaufen funktioniert nicht, wenn du dich über oder unter deinen Kunden stellst. Wie oft hast du sowas schon selbst erlebt, als Kunde, dass dich ein Verkäufer echt blöd behandelt hat?

Unser Grundtonus ist so wichtig. Und nichts anderes ist der dritte Schritt in der Übung. Schritt 1 ist die Überspannung, Schritt 2 die Unterspannung. Dazu auch mehr in Abschnitt 7.1. Das hört sich alles so banal an, es ist aber so entscheidend und wichtig, wenn wir im Kontakt mit anderen Menschen sind. Das macht dich frei. Sowas von! Du hast nicht mehr diese, um es mit Denys-Worten zu sagen, Gehirnwichserei! Bist nicht länger da oben mit deinen Gedanken zugange und am rumrubbeln. In den Grundtonus kommen wir, wenn wir mehr in die Stille gehen, wenn wir wahrnehmen, wenn wir annehmen. Das verschafft uns so viel Klarheit. Für dich selbst. Aber auch im Umgang mit anderen.

FRAG DICH DOCH MAL:

→ **Welche guten Beziehungen und welche eher nicht so guten Beziehungen hast du in deinem Leben? Untersuche alle Bereiche, Privatleben und Job.**
→ **Mit welchen Menschen kannst du ab sofort anders in Kontakt gehen? Was würde sich dadurch verändern?**
→ **Beobachte dich ab jetzt: Mit welchen Menschen bist du wirklich im Grundtonus in Kontakt? Wo bist du „drüber“, wo „drunter“? Was ändert sich, wenn du ihnen auf Augenhöhe begegnest?**

HEART-
SELLER

04

DER VERKÄUFER ALS COACH

4.1 Coachen statt verkaufen

→ ***„Verkaufen heißt, dem Kunden zu helfen, das zu bekommen, was er braucht, und ihm dabei ein gutes Gefühl zu vermitteln."***
Ron Willingham // Autor, Speaker und Unternehmer // USA

Jeder Verkäufer ist ein Coach, beziehungsweise sollte ein Coach sein. Jeder Unternehmer genauso. Ebenso wie jeder Selbständige oder jede Führungskraft. Warum? Weil es bei all diesen Aufgaben letztlich immer darum geht, Menschen zu führen, ihre Bedürfnisse zu erkennen und in der Lage zu sein, Lösungen zu finden, diese zu erfüllen. Ich bin überzeugt davon, dass – egal, ob du Unternehmer bist, Führungskraft oder Verkäufer – wenn du in den wahrhaften Kontakt mit deinen Kunden oder Mitarbeitern gehst, musst du nichts mehr verkaufen. Verkaufen hat nichts mit Überzeugen zu tun, sondern lediglich mit wahrhaftem Kontakt. Dadurch wirst du in gänzlich neue Dimensionen eintauchen. Um in den wahrhaften Kontakt mit unserem Gegenüber zu treten, helfen uns nicht nur unsere klaren und gelebten Werte (siehe Kapitel 3), sondern auch diverse Coaching-Kompetenzen.

Die Hauptkompetenz eines Coaches ist meiner Überzeugung nach, ziemlich schnell einschätzen zu können, wo deine Blockaden sind. Dann geht er mit dir liebevoll dorthin und löst das nachhaltig und gemeinsam mit dir auf. Schon allein das eröffnet dir völlig neue Perspektiven, schenkt dir (wieder) mehr Lebensfreude. Der Coach baut mit dir dein Zukunftsbild so auf, dass du das leben kannst und wirst, was du wirklich willst und dass es dir dabei richtig gut geht.

Häh?!, magst du vielleicht gerade denken, was hat das mit der Rolle des Verkäufers zu tun? Eine ganze Menge. Ein guter Verkäufer, ein Heart-Seller®, kann genau das erfassen. Ein Coach will den anderen verstehen. Und diesen Anspruch sollte ein Verkäufer, eine Führungskraft, ein Unternehmer, ein Selbständiger auch haben. Schon allein mit unseren gelebten Heart-Seller®-Werten (siehe Kapitel 3) sind wir komplett bei uns und erst dadurch in der Lage, unser Gegenüber wirklich zu sehen und zu verstehen. Zusätzlich dazu gibt es ein wunderbares Tool, mit dem wir wirklich heraus finden können, was unser Kunde möchte: Ich bin ein großer Fan des S.C.O.R.E.-Modells, welches wir uns in Abschnitt 4.3 im Detail anschauen werden. Doch was macht einen guten Coach und demnach einen guten Verkäufer aus?

Ein Coach macht dich besser

Was ist der Unterschied zwischen einem Lehrer und einem Coach? Ein Lehrer (be) lehrt, er unterrichtet seine Lektionen und gibt einfach sein Wissen weiter. Ein Coach aber holt immer da Beste aus einem Menschen heraus. Er gibt jedem Menschen das, was er braucht. Und er erkennt, was gebraucht wird. Den einen motiviert er mit individueller Aufmerksamkeit, den anderen damit, ihm das Vertrauen zu schenken, ihn in Ruhe zu lassen. Sein Anliegen ist dabei immer, die Menschen besser zu machen und sie dabei zu unterstützen, sich zu entwickeln. An wen erinnerst du dich, wenn du beispielsweise an deine Schulzeit, deine Ausbildungszeit oder dein Studium denkst? Es sind die Menschen, die uns gefordert und gefördert haben. Ein Coach sieht immer seine Aufgabe darin, andere zu begeistern, ihr Selbstwertgefühl zu steigen und sie als Menschen weiterzubringen.

Als Heart-Seller® ist es dein Interesse, den Kunden so zu beraten, dass ihn seine Verkaufsentscheidung besser macht.

Good Vibes

Ein Coach ermuntert und ermutigt dich immer – egal, wie mies du gerade selbst drauf bist oder welche unterirdische Leistung du gerade abgeliefert hast. Sie zeigen Größe, indem sie dich immer wieder fühlen lassen, dass du gut bist wie du bist – und darüber hinaus immer besser werden kannst. Sie tun das nicht mit Worten, sondern vielmehr durch ihr ganzes Sein und Wirken, durch ihren Charakter, ihre Persönlichkeit, ihre Ausstrahlung. Sie sind schon begeistert von dir, ehe du es überhaupt sein kannst. Als Heart-Seller® strahlst du Freude und Neugier aus. Du freust dich auf deine Kunden und die Arbeit mit ihnen. Jeder Kunde ist für dich ein spannendes Projekt.

Zielfindung und -erreichung

Wo geht denn die Reise hin? Und warum? Von dieser Fragestellung sind viele Menschen schlichtweg überfordert. Ein Coach unterstützt dabei, die richtigen Ziele zu erarbeiten und klar zu formulieren. Auch als Heart-Seller® tue ich genau das. Was will der Kunde denn? Was will er wirklich? Wozu soll das zu erwerbende Produkt oder die zu erwerbende Dienstleistung ihm dienen? Hier kommt die SMART(ER)-Methode ins Spiel, die wir uns in Abschnitt 4.4 im Detail anschauen.

Zuhören

→ ***„Wenn du nicht zuhörst, verkaufst du auch nichts."***
Caroline Marland // Publisher // USA

Es klingt so banal. Und ist es auch. Einfach mal Klappe halten und zuhören. Ganz bei dem anderen sein – ohne Bedingungen, ohne Absicht, ihm die volle Aufmerksamkeit widmen. Schon allein das würde in allen unseren Beziehungen so viel Veränderung hin zum Guten bewirken. Natürlich beherrscht ein Coach – und ein Heart-Seller® – genau das: Zuhören, möglichst viele Informationen sammeln, zwischen den Zeilen lesen, ehrliches Interesse zeigen.

Beobachten

Ein Coach (und der Heart-Seller®) ist nicht nur in der Lage, richtig zuzuhören. Er beobachtet auch. Er kann Verhalten, Mimik und Gestik lesen. Was steckt wirklich dahinter? Wo ist der Kunde begeistert? Wo spielt er etwas? Wo herrscht Anspannung? Auch diese Fähigkeit ist wichtig: den Bedarf und das „Was willst du wirklich?" des Kunden zu erkennen.

Glaubwürdigkeit

Kannst du deine Kunden glaubhaft überzeugen? Ein Heart-Seller® und Coach ist realistisch, offen und ehrlich zu seinen Kunden.

Sympathie, Beziehung, Kontakt

Coach und Heart-Seller® scheuen den echten und wahrhaften Kontakt nicht. Im Gegenteil – sie wissen um Wirkung und Macht einer vertrauens- und respektvollen Beziehung zu und mit ihren Kunden. Sie sind sympathisch, weil sie ihre Werte kennen. Sie handeln emphatisch, können sich in den Kunden hineinversetzen und geben ihm das Gefühl, verstanden und gesehen zu werden.

Individuell

Coach und Heart-Seller® folgen niemals einem Masterplan oder irgendeiner Routine. Sie haben ihre Werkzeuge natürlich griffbereit, aber ihnen ist bewusst, dass jeder Kunde seine eigene Ansprache und Methodik verdient.

Zeit

Coach und Heart-Seller® nehmen sich Zeit für den Kunden. Diese Zeit füllen sie mit all den hier aufgeführten Punkten, so dass weder Coach (Heart-Seller®) noch der Kunde überhaupt bemerken, wie viel Zeit eigentlich vergangen ist. Die Zeit, die miteinander verbracht wird, ist im „Flow"[37].

Neugier
Ein Coach und ein Heart-Seller® sind leidenschaftlich neugierig. Echtes, aufrichtiges und authentisches Interesse am Gegenüber, seinen Bedürfnissen und Wünschen ist selbstverständlich. Das bedeutet auch, nicht nach Schema F zu agieren und daran festzuhalten, sondern im Hier und Jetzt auf den Kunden einzugehen. Neugierig zu sein heißt auch, die richtigen Fragen zum richtigen Zeitpunkt zu stellen. Die richtigen Fragen helfen dem Kunden, sich über seine Bedürfnisse klar zu werden. So kann viel besser eine individuelle Lösung gefunden werden.

Neugierig zu sein heißt aber auch, dass du dich nicht nur auf den Verkaufsprozess konzentrierst, sondern auch für dich neugierig bist. Du hast wirklich Lust auf mehr. Mehr Erfolg, mehr Wissen. Du bildest dich fort, lernst von anderen und schaust zu, wie andere arbeiten.

Kompetenz
Von einem Coach und Heart-Seller® wird erwartet, dass er weiß, was er da tut und was er da verkauft. Du kennst dein Produkt, dein Unternehmen. Du bildest dich regelmäßig fort. All das spürt dein Kunde. Kein Kunde möchte von einem Verkäufer beraten werden, der wenig Know-how ausstrahlt.

Leidenschaft
Siehe Abschnitt 3.3: Als Kunde kaufst du gern bei dem Verkäufer, der bereit ist, alles für sein Produkt und seine Firma zu geben, dessen Freude und Begeisterung ansteckt. Genauso als Unternehmer: Deine Mitarbeiter gehen überall mit dir hin, wenn du selbst brennst für das, wofür deine Firma steht.

FRAG DICH DOCH MAL:

→ **Welche der hier aufgeführten Coaching-Kompetenzen findest du bei dir wieder?**
→ **Welche Coaching-Kompetenzen lebst du (noch) nicht? Warum nicht?**
→ **Spiel es in Gedanken durch: Was würde sich in der Beziehung zu deinen Kunden, Kollegen oder Mitarbeitern verändern, wenn du dich in deiner Rolle als Verkäufer neu bzw. Anders definierst?**

4.2 Führen statt kontrollieren

→ ***„Ein Hauptzug aller Pädagogik: unbemerkt führen."***

Christian Morgenstern // Deutscher Dichter

Was heißt Führung für dich? Und was hat Führung mit Verkaufen zu tun? Eigentlich ist Führung – oder schlimmer noch – Menschenführung für mich das falsche Wort. Ich verstehe Führung als ein Konzept, das Menschen dabei hilft, in einen besseren Zustand zu kommen. Die Aufgabe von Führungskräften beispielsweise besteht genau darin. Ihre Aufgabe ist es, das Unternehmen, die Produkte und Dienstleistungen des Unternehmens „besser" zu machen. Das funktioniert langfristig nur, wenn auch die Mitarbeiter des Unternehmens immer besser werden. Und dabei wiederum kann eine Führungskraft seine Mannschaft nur unterstützen, wenn sie auch für sich selbst dafür sorgt, in einem guten „Zustand" zu sein. Führung ist nichts anderes als „Ich mache mir und anderen Menschen gute Gefühle." Gute Gefühle haben wir, wenn wir einen Großteil der Werte aus Kapitel 3 (aus)leben.

Um nichts anderes geht es auch beim Verkaufen. Dein Kunde möchte nicht nur mit dem Kauf deines Produktes, deiner Dienstleistung in einen guten, schönen Zustand kommen. Er möchte das auch während des Kaufprozesses selbst sein. Und hier darfst du als Heart-Seller® führen. Du bist der Leader. Leader zu sein heißt, vorzugehen, damit dir andere folgen können.

Nun kannst du dich entscheiden, mit Konsequenz, Disziplin, Fleiß und Arbeit vorzugehen. Aber das ist es nicht. Vorgehen bedeutet für mich, mit dem Herzen vorzugehen: dass du an dich und den anderen glaubst, dass du schöne Räume schaffst, ihm vermittelst, dass er oder sie dir wichtig ist, dass du in den Kontakt gehst, dass du dem anderen erlaubst, sich in seiner Wahrhaftigkeit und Fülle zeigen zu können. Wenn dir das gelingt, wenn du das halten kannst, passiert alles andere von allein. Es gibt nichts mehr zu tun. Die Menschen kommen von allein in ihre Ressourcen und ihre Kraft, ganz ohne Druck, ohne Muss, ohne Spielchen. Sie kommen dann allein in die Handlungsfähigkeit, in ihre Disziplin und Konsequenz –ob es deine Familie ist, deine Mitarbeiter oder Kunden, spielt dabei fast gar keine Rolle. Das ist eine Art universelles Gesetz.

Wie in einer Familie

Einen spannenden Impuls habe ich von Horst Becker, dem Gründer und Geschäftsführer der Firma ISOTEC, bekommen, den ich hier gern teilen möchte. Während eines Seminartages hielt er einen Keynote-Vortrag zum Thema „Führung". Seine Message darin: Vergesst doch einfach die ganzen Führungsmethodiken, Führungskräfteseminare usw. Denn können wir Unternehmen nicht einfach so führen und innerhalb des Unternehmens so miteinander umgehen, als wäre unser Unternehmen eine Familie? Gut, an dieser Stelle mag vielleicht der eine oder andere denken: „Nee, Denys, dat willste nich, in meiner Familie ist nur Theater, Streit und Gedöns!" Ja, mag sein. Aber gehen wir mal von unserem Familienidealbild aus, was wünschen wir uns da von unseren Familienmitgliedern? Es sind doch Werte wie Kontakt, Ehrlichkeit, sich geborgen, aufgehoben und geliebt fühlen. Aber es sind auch Dinge wie, im richtigen Moment mal die Ohren langgezogen, respektive einen Arschtritt, zu bekommen, wenn man Mist gebaut hat. Es geht um die Aspekte der Liebe, wie Bedingungslosigkeit und Absichtslosigkeit, Wahrhaftigkeit und Freude, Nächstenliebe, Vergebung, Demut und Dankbarkeit.

Es sind all die Werte, mit denen wir uns schon im vorherigen Abschnitt beschäftigt haben. Wenn wir diese Werte leben, mit uns selbst, mit unseren Familien, innerhalb unseres Arbeitsplatzes, aber auch mit unseren Kunden, dann verspreche ich dir, wird alles einfach. Einfach verdammt einfach. Und ich frage mich immer wieder, warum wir uns oftmals das Leben so schwer machen. Wir brauchen „nur" die Werte der Liebe zu leben – auch im Job, auch im Verkauf.

Würden wir all diese Werte wirklich auch in Unternehmen umsetzen und leben, dann bräuchten wir keine Führungskräftetrainings mehr. Und genau genommen auch keine Verkaufstrainings. Ich merke gerade, ich säge an meinem eigenen Ast, auf dem ich sitze. Ups! Aber ich tue das voller Überzeugung. Genau das ist ja meine Mission: Menschen zu helfen, wieder in wahrhaften Kontakt mit sich selbst und anderen und in ihre Werte zu kommen.

Ich sehe dich

In Unternehmen ist es so wichtig, dass wir uns sehen, aber auch im Verkauf. Die Mitarbeiter wollen gesehen werden, aber auch die Führungskräfte wollen gesehen werden. Der Kunde will gesehen werden, aber der Verkäufer auch. Wir alle wollen gesehen werden. Deshalb bedeutet führen auch: Ich sehe dich! Führen bedeutet auch, das Ergebnis klar zu sehen (siehe 4.4). Natürlich macht nicht immer alles jedem nur Spaß – den Mitarbeitern nicht, den Führungskräften selbst nicht. Aber als Führungskraft darf ich meine Mannschaft mit in meine Vision und mein klar gemachtes Ergebnis mitnehmen. Wem dient es, was wir hier tun? Was werden wir alles Großartiges auf die Beine stellen? Was hast du davon? Was hat der Kunde davon? Was hat unser Unternehmen davon? Die einen werden sagen, hey, wir haben mehr Sicherheit. Die anderen sagen, wir haben sicher auch mehr Freude. Dann ist die Aufgabe der Führungskraft ihr Team um echtes Commitment zu bitten: „Ich brauche dich dazu."

In genau so einem Moment passiert etwas ganz Spannendes: Der Mitarbeiter fühlt sich gesehen und wirklich gebraucht. Vielleicht sagt der Chef oder die Chefin sogar zu ihm: Ich brauche dich, weil du genau richtig bist. Du bist genau die Person, die ich brauche.

Andere wirklich zu sehen bedeutet auch, dem anderen zu vermitteln: Du bist genau richtig. Das heißt nicht, dass alles, was der andere macht, super ist. Aber er IST super. Verstehst du den Unterschied? Führungskräfte (aber auch bei Konflikten innerhalb anderer Konstrukte wie Partnerschaften, Eltern-Kind-Beziehung, Freundschaften) machen oft den Fehler, dass sie ihre Leute auf der Identitätsebene kritisieren und nicht sachlich auf der Verhaltensebene. Angriffe auf Identitätsebene tun richtig weh. Es ist ein riesiger Unterschied, wenn du gesagt bekommst „Hey, da hast du aber Mist gebaut und einen Fehler gemacht!" (Verhaltensebene) oder ob man dir sagt „Du bist falsch, du bist echt ein Scheiß-Kerl!" (Identitätsebene).

Goldene Regel an dieser Stelle: Lob und Anerkennung wirken viel stärker, wenn wir das auf Identitätsebene tun. „Es ist toll, wie du dein Kind erziehst!" klingt zwar nett, aber so richtig ins Herz geht's nicht, oder? Aber wenn du sagst: „Du bist wirklich ein toller Vater!", wirkt das so anders, oder?

Folglich kritisieren wir natürlich nur auf Verhaltensebene. Statt zu sagen „Du bist 'ne Null und hast kein Talent!", könnten wir sagen „Hier haste grad Mist gebaut."

Wenn es uns gelingt, dieses Gefühl zu vermitteln, braucht es keine Führung mehr. Dann geht das alles von allein. Die meisten wollen ja immer kontrollieren und überprüfen. Sie denken nach. Aber nachdenken macht impotent. Es nimmt dir deine Kraft. Denn mit jedem Mal nachdenken und kontrollieren, eierst du rum, machst immer wieder ein neues Ergebnis klar, alles wird wischi-waschi. Wischi-Waschi ist das Gegenteil von Klarheit. Klarheit ist sexy, kraft- und machtvoll. Wischi-Waschi nicht.

→ ***„Feedback ist die größte Wertschätzung, die wir Menschen uns geben können."***
Eleftherios Pursanidis // Trainer // Deutschland

Warum Kontrolle im Verkauf nicht funktioniert

→ ***„Die Verantwortung für sich selbst ist die Wurzel jeder Verantwortung."***
Mengzi // Philosoph // China

Es steckt immer noch in uns drin – die alte Schule des Verkaufs, die alte Schule der Führung: Vertrauen ist gut, Kontrolle ist besser. Das Leben ist kein Ponyhof und erst recht kein Waldorfkindergarten. Wir kontrollieren. Wir machen Druck. Das lernen wir noch immer. Und bekommen es noch immer genau so beigebracht.

Meine Haltung dazu: Kontrollsysteme können nicht funktionieren. Früher oder später kollabieren sie. Kontrolle ist nichts anderes als Überspannung. Alles – ob Mensch oder System –, was sich längere Zeit in einem Zustand der Überspannung befindet, geht kaputt. Hallo DDR und Co. Hallo Burn-out! Natürlich ist auch das Gegenteil nicht hilfreich: Unterspannung und Opferhaltung. Kein Kunde möchte von einem Schluck Wasser mit so viel Begeisterungspotenzial wie von einem Waschlappen bedient werden. Auch Führung kann sich der Magie des Grundtonus' bedienen. Im Grundtonus können wir Menschen viel besser führen. Und auch viel besser verkaufen.

FRAG DICH DOCH MAL:

→ **Wo erzeugst du Druck?**
→ **Wo empfindest du Druck?**
→ **Wo fühlst du dich auf Identitätsebene manchmal angegriffen?**
→ **Könntest du Kritik auf Sachebene besser annehmen?**
→ **Wo greifst du andere auf Identitätsebene an? Was würde sich ändern, wenn du auf die Sachebene wechselst?**
→ **Fühlst du dich gesehen?**
→ **Siehst du andere?**

4.3 S.C.O.R.E.

→ ***„Einer Frage entspricht immer eine Methode des Findens. Oder man könnte sagen: Eine Frage bezeichnet eine Methode des Suchens."***

Ludwig Wittgenstein // Philosoph // Österreich

Es gibt viele verschiedene, hilfreiche und interessante Coaching-Modelle und -Methoden. Eine Methode ist gerade für den Verkauf, aber auch bei Führungsaufgaben sowie jeglicher Art von Entwicklungsthematiken innerhalb Unternehmen (aber auch auf persönlicher Ebene) perfekt geeignet. In erster Linie will ein Coach sein Gegenüber immer verstehen. Und genau darum geht es auch für dich als Heart-Seller®: Verstehst du deinen Kunden wirklich?

Ich bin großer Fan dieser Methode und möchte dir diese gern vorstellen und ans Herz legen: die von Robert Dilts[38] entwickelte S.C.O.R.E.-Methode. Diese wurde von mir für den Verkauf weiterentwickelt.

„Score" an sich heißt u. a. übersetzt: einen Treffer erzielen, Punkte erzielen, ein Tor schießen oder etwas erreichen. Es geht also um einen Zielerreichungsprozess. Die Score-Methode ist eine wunderbare Fragetechnik, um von einem unerwünschten Jetzt-Zustand in den gewünschten Ideal-Zustand zu gelangen. Und sie hilft dir dabei – ob als Verkäufer, Führungskraft oder auch für dich selbst –, ein gutes Verständnis dafür zu bekommen, wie jemand (oder du selbst) denkt. Ich bin davon überzeugt, dass S.C.O.R.E. eine der erfolgreichsten, effektivsten und einfachsten Methoden im Verkauf ist, vor allem, wenn es um die Analysephase geht (siehe 6.5).

S = Symptom (Gegenwart)

Wie ist die Ausgangssituation? Was ist das Problem? Wo ist der Bedarf? Was ist die Herausforderung? Was ist gerade – also jetzt – los? Wie geht es dir? Wo steht das Unternehmen heute? Es geht hierbei darum, den Ist-Zustand, also die Gegenwart, möglichst genau und offen zu beschreiben.

C = Cause (Vergangenheit)
Warum ist das „Jetzt“ genau so, wie im ersten Schritt beschrieben? Was ist die Ursache für das Problem? Was sind die Gründe? Hier suchen wir nach all den „Weils“. Auch hier darf der Gesprächspartner ermutigt werden, hinzuschauen und sich den Themen zu stellen. Es ist eine einmalige Chance, Licht ins Dunkel zu bringen, die allzu oft nicht genutzt wird. Man sieht die Probleme, aber kehrt sie aus den unterschiedlichsten Gründen gern unter den Teppich. Jetzt wird der Teppich gelüftet und ausgeklopft. Holen wir den Besen, am besten den Staubsauger, hervor.

O = Outcome (Zukunft)
Nachdem in den ersten beiden Schritten Ursache (Cause) und Wirkung (Symptom) betrachtet wurden – wir also in der Gegenwart waren, aber auch in die Vergangenheit gereist sind –, schauen wir jetzt in die entgegengesetzte Richtung: Nach vorne, in die Zukunft. Wie soll die Zukunft aussehen? Was ist das Ziel? Was willst du? Was soll anders sein? Was darf, soll und muss sich verändern? Was ist sozusagen der Ideal-Zustand? Der Super Zustand?

R = Ressource (Gegenwart, Zukunft)
Im vierten Schritt überlegen wir uns, wie wir vom gegenwärtigen Zustand zum gewünschten Zustand, also von S nach O, kommen. Welche Unterstützung ist gewünscht? Was kann helfen? Welche Ressourcen brauchen wir, also mit was können wir den Veränderungsprozess in die Wege leiten und unseren Ideal-Zustand erreichen?

E = Effect (Zukunft)
Der letzte Schritt der Methode ist noch einmal ein Blick in die Zukunft. Und ich finde diesen Blick nach vorn wirklich entscheidend und unglaublich wichtig. Denn hier stellen wir die Frage, wie es sein wird, wenn wir unseren erwünschten Zustand erreicht haben. Was wird sich verändert haben? Warum? Was wird sich durch die Veränderung noch alles verändern? Denn hier geht es wirklich darum, sich die Zukunft und die Veränderung wirklich auszumalen und wirklich zu fühlen und zu spüren, genau reinzuhorchen. Ist es das wirklich, worum es geht? Spüre ich das? Zaubert mir diese Vision ein Lächeln und ein Leuchten ins Herz, erzeugt es Freude, Erleichterung, ein gutes Gefühl in mir? Oder spüre ich nichts, zucke vielleicht nur mit den Schultern? Hier können wir unser Ziel noch einmal überprüfen und hier kommt auch wieder unser so wichtiges „Warum“ (siehe 3.6) ins Spiel. Warum ist es dir so wichtig, diesen erwünschten Zustand zu erreichen?

Dein Universal-Werkzeug

S.C.O.R.E. kann so vieles, ist vielfältig einsetzbar und zeigt seine Wirkung auf verschiedenen Ebenen. Mit dieser Methode kommen wir mit unserem Gegenüber in den Kontakt (siehe 3.7). Wir stellen Fragen. Fragen an sich sind so ein simples, aber effektives Zauber-Tool. In dem Moment, in dem ich frage, bin ich ganz bei meinem Gegenüber. Und mein Gegenüber fühlt sich gesehen und wahrgenommen.

Die Methode kannst du bei allen Veränderungs-, Entwicklungs- und Wachstumsprozessen anwenden – bei Konflikten, in Mitarbeitergesprächen, in Coachings, mit anderen, aber auch für dich selbst. Mithilfe des S.C.O.R.E.-Modells kannst du sogar eine Rede, ein Gespräch oder eine Präsentation strukturieren. S.C.O.R.E. ist dein Universal-Werkzeug, sozusagen das Schweizer Multifunktionstaschenmesser unter den Methoden.

Schon allein die Befragung an sich mithilfe der S.C.O.R.E.-Struktur kann bereits eine Veränderung herbeiführen. Schon allein die Tatsache, dass sich der Befragte seiner Thematik stellen darf, hinschaut und wahrnimmt, ist ein Meilenstein. Denn wann haben wir den Mut und die Zeit, das wirklich im Alltag zu tun? Schon allein, dass die Diskrepanz zwischen Soll- und Ist-Zustand sowie die Ursachen, aber auch mögliche Lösungen dafür ins Bewusstsein rücken, ist oft die Initialzündung.

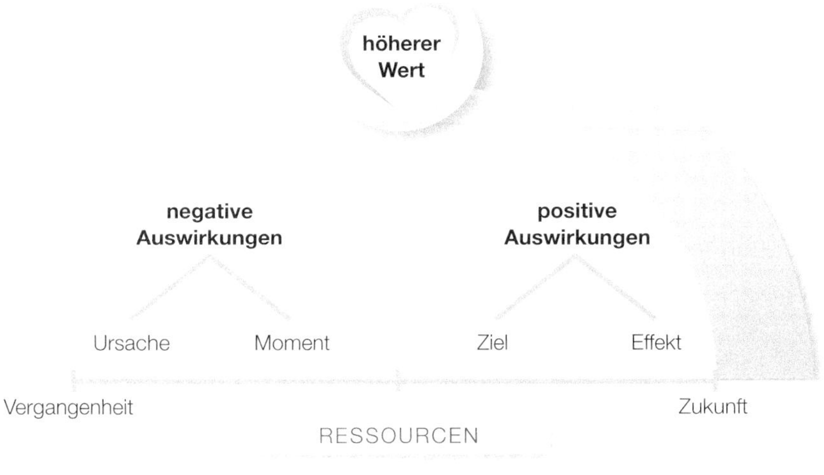

S.C.O.R.E. im Verkauf

S.C.O.R.E. eignet sich auch hervorragend für Verkaufsprozesse. Selbsterklärend, dass die S.C.O.R.E.-Methode beim Verkauf von sogenannten Low-Involvement-Produkten[39] (z. B. Klopapier, Spülmittel, Milch, Socken) etwas übers Ziel hinausgeschossen ist. Aber sie ist eine hilfreiche Methode bei den High-Involvement-Kaufentscheidungen, also wenn es darum geht, hochpreisige, komplexe Produkte oder Dienstleistungen zu verkaufen (Auto, Wohnung, Versicherungen, Beratungen, Coaching).

Gerade für den Verkauf habe ich die S.C.O.R.E.-Methode weiterentwickelt. Letztlich geht es immer um die Betrachtung von Gegenwart, Vergangenheit und Zukunft.

Wenn ich beispielsweise bei Firmen bin, um mich und meine Trainings und Seminare vorzustellen (beziehungsweise zu verkaufen, denn hey, ich habe mein Ergebnis ja schon längst klar. Siehe auch nächstes Kapitel.), lege ich nicht unmittelbar mit meiner Präsentation los und haue den Verantwortlichen, meistens den Geschäftsführern, meine geilen Produkte mit all ihren Vorzügen und Vorteilen um die Ohren. Ich lass den Gorilla-King-Kong-Modus (mit Fäusten auf die stolz geschwollene Brust trommeln) also erst mal schön ausgeschaltet. Denn worum geht es am Anfang zuerst? Natürlich erst einmal um den (potentiellen) Kunden, seinen Standpunkt, seinen Bedarf und seine Probleme. Es geht hier überhaupt nicht um mich und mein Produkt. Es geht hier erst einmal darum, den Kunden wirklich zu sehen. Es geht um wahrhaften Kontakt. Also frage ich erst mal in die Runde, ob ich denn erst mal einige Fragen stellen darf. Schon allein das wird viele Kunden überraschen, denn leider machen noch immer viel zu viele Verkäufer den Fehler, gleich mit der Tür ins Haus zu fallen und den Kunden mit ihrem coolen Produkt zu überrumpeln, ohne zu wissen, was der Kunde eigentlich will und braucht. Dabei ist es so einfach. Allein, dass du fragst, gibt dem Kunden das Gefühl: „Wow, den interessiert unser oder mein Problem wirklich!“

Natürlich bekommst du auf die Frage „Darf ich erst einmal einige Fragen stellen“ immer ein „Ja.“ Es ist dein erstes „Ja“ – die erste entscheidende Tür ist geöffnet. Denn wie oft sitzt der Kunde erst mal mit verschränkten Armen und einem innerlichen Widerstand vor dir, hört dir skeptisch zu? Der Verkaufsprozess schlägt einen ganz anderen Weg ein, wenn du von Anfang an dieses erste „Ja“ bekommst und alles dadurch auch ganz andere Energien und Vibes bekommt. Aus Widerstand wird Interesse wird Kontakt.

Damit ich meinen Kunden wirklich das Beste geben und anbieten kann, muss und möchte ich wissen, was wirklich im Unternehmen los ist. Und dann geht es mit meiner weiterentwickelten S.C.O.R.E.-Fragetechnik los, bei der ich die Elemente des ursprünglichen S.C.O.R.E. etwas durcheinander wirbele, aber im Kern geht es um genau dasselbe.

1. **Ziele, Erwartungen, Wünsche (Output):**
   Was wollen Sie? Wo soll die Reise hingehen? Was sind Ihre Ziele, Erwartungen, Wünsche? Manchmal tun sich Menschen mit der Formulierung ihrer Ziele schwer (siehe auch 4.4). Du kennst das sicher auch, wenn ein Kunde eigentlich so gar nicht weiß, was er will, und nur rumgeeiert wird. Dann gehe ich auf den Kunden ein und nehme auch darauf Rücksicht. Ich frage dann einfach: Angenommen, wir könnten zaubern, was dürften wir Ihnen alles herzaubern? Wenn du Schwierigkeiten hast, Ziele zu erreichen, hilft dir sicher auch das S.M.A.R.T.E.R.-Modell im nächsten Kapitel.

2. **Fluss halten (Output):**
   Welche Ziele und Erwartungen gibt es noch? Nebenschauplätze? Welche Dinge sind für Sie noch wichtig?

3. **Landkarte, Welt erfragen (Symptom):**
   Nachfragen, was genau der Kunde damit meint. Auf welche Art und Weise möchte er etwas erleben? Wie soll es sich anfühlen, aussehen etc.? An dieser Stelle hinterfrage ich die Punkte 1 und 2. Denn meistens geben mir die Menschen als Antwort nur Blabla, sagen Dinge, die sich irgendwie gut anhören, aber wo ich schon spüren kann, nee, das isses nich. Ich nenne das „Wolkenwörter“ oder „Nebel in Tüten“. Rendite, mehr Freude, mehr Spaß, mehr Leichtigkeit. Das klingt alles nett, aber das ist unspezifisch, nicht wirklich greifbar. Sie trauen sich noch nicht so ganz aus der Deckung, verstecken sich im Nebel. Wichtig ist hier, dem Kunden zu vermitteln, dass man ja genau dafür da ist, um den Nebel zu lichten, dass das aber nur geht, wenn er mitmacht: Stichwort Masken runter und Vertrauen. Mein Anspruch ist, in der Tiefe zu verstehen, was jemand wirklich will. Sonst können wir uns den ganzen Spaß echt sparen. Beispielfragen: Was verstehen Sie unter „mehr Liquidität“? Was meinen Sie mit „Verfügbarkeit“? Wie viel Rendite genau?

4. **Priorität erfragen (Symptom):**
   Hierarchie von den Wünschen und Zielen festlegen, die der Kunde genannt hat: Welcher Punkt ist ihm im Moment der Wichtigste?

5. **Warum erfragen, Motiv (Effect/Cause):**
   Warum ist denn dieser Punkt der wichtigste? Damit finden wir das Motiv des Kunden heraus, seinen wahren Beweggrund, also das „Warum" dahinter. Warum möchten Sie in Ihrem Unternehmen dieses Training installieren? Warum sollen Ihre Verkäufer bessere Verkäufer werden? Warum ist es Ihnen wichtig, 169.303 % mehr Rendite im Monat zu machen? Dann kommen spannende Antworten: Weil wir dadurch eine Absicherung bekommen, wir verschaffen uns mehr Liquidität, wir haben mehr Freiheit etc. Wir bekommen also hier die Information, auf welchen Wegen der Kunde hin zur Freude und weg vom Schmerz möchte. Und wir können erahnen, was wirklich dahinter steckt: Das Unternehmen will vielleicht wachsen, investieren, ausbauen, sich weiterentwickeln usw.

6. **Positive Auswirkungen (Effect):**
   Welche positiven Auswirkungen wird es haben, wenn die Wünsche, Ziele und Erwartungen erfüllt sind? An dieser Stelle bringe ich mich und meine Firma schon ins Spiel: Mal angenommen, wir könnten das alles gemeinsam mit Ihnen umsetzen, welche positiven Auswirkungen hätte das für Sie? Ich mache damit das Bild richtig groß und schaue mit dem Kunden gemeinsam in die Glaskugel. Damit mache ich ihm richtig Bock und Lust auf diese Veränderung. Er will hin zur Freude und weg vom Schmerz. Wir kreieren damit einen Sog („Ich will dahin, das ist toll!") statt belastenden Druck und Widerstand („Wir müssen was verändern, aber ich hab keinen Bock"). Dann lasse ich die Kunden ihre großen Bilder bauen und richtig sehen und fühlen. An dieser Stelle ist es unglaublich wichtig, wirklich die Gefühle wahrzunehmen. Spürst du beim Kunden wirklich Freude und Begeisterung bei seiner Zukunftsvision? Wenn nicht, sprich das an und hinterfrage das. Der Kunde muss Bock haben, seinen Hintern zu bewegen und gemeinsam mit dir auf diese Reise zu gehen. Wir dürfen hier auch wirklich in das Bild eintauchen. Wenn der Kunde beschreibt, was er sieht und fühlt, ruhig hinterfragen: Wie sieht es denn aus, wenn Sie sich wohler, entspannter, sicherer fühlen? Meistens finden wir an dieser Stelle noch viel mehr positive Auswirkungen, die die Folgen der positiven Auswirkung der Veränderung sind. Es ist sozusagen ein positiver Domino-Effekt. Und allein das müsste dem Kunden nun endgültig den Marsch blasen, loszumarschieren. Hier entdecken wir die Motivation des Kunden.

7. **Moment: Was hat Sie abgehalten? (Symptom/Cause):**
   Hier erfragen wir den gegenwärtigen Zustand. „Können Sie mir den Grund sagen, warum Sie den erwünschten Zustand noch nicht erreicht haben?" Wie ist es denn im Moment? Wie geht es dem Unternehmen? Wie geht es Ihnen damit? Wir suchen die Blase am Fuß. Plakatives Klischee-Beispiel: Wenn eine

Frau in einem Schuhladen den High-Heel ihrer Träume sieht, will sie den natürlich unbedingt haben. Sie geht in den Laden, sie liebt den Schuh schon jetzt, ohne ihn auch nur anprobiert zu haben. Der Verkäufer bringt ihr den Schuh, sie schlüpft rein, hält die Luft an, ihr Gesicht ist schmerzverzerrt, denn der Schuh ist viel zu klein und zu eng. Aber sie lächelt tapfer. „Doch Schatz, passt super!"

8. **Ursache: Warum haben Sie sich das nicht erlaubt? (Cause):**
   Warum haben Sie es sich bis jetzt noch nicht erlaubt, das zu ändern? Was steckt wirklich hinter den Gründen aus Punkt 7? Was hat Sie davon abgehalten, Ihr großartiges Ziel mit den so wunderbaren vielen positiven Auswirkungen zu erreichen? Die Frage nach der fehlenden Erlaubnis ist sehr stark und setzt voraus, dass wir spüren, dass uns der Kunde in diesem Moment vertraut. Wir suchen also den Grund für die Blase am Fuß. Die Frau nimmt den Schuh, auch wenn er zu eng ist und Blasen verursacht. Mach ich halt ein Pflaster drüber. Und sie nimmt ihn trotzdem. Und genau das passiert so oft in unserem Leben, dass wir uns in äußere Umstände reinquetschen, uns einreden, im wahrsten Sinne wie das so herrlich im Bayern-Sprech heißt: „Jo. Passt scho!". Dabei verursachen die Umstände uns Schmerzen. Aber einfach den Schuh nicht zu nehmen oder einen anderen, respektive die Umstände zu ändern, kommt uns nicht in den Sinn.

   Und jetzt können wir noch VOR die Ursache gehen. Denn für die Ursache gibt es immer einen Auslöser. Was war denn der Auslöser, dass Sie die Liquidität nicht haben? Was war der Auslöser, dass es dir so wichtig war, dass du unbedingt diesen Schuh haben wolltest und dass es dir vollkommen egal ist, dass dir der Schuh zu klein ist und dir Schmerzen verursacht? Und dann kommen wir wirklich hinter die Fassade der Menschen, hinter ihre Masken. Beim Schuh-Beispiel: Ich fühle mich schöner, anerkannter (hier die Frage: Warum ist dir das wichtig? Wir merken, wir tauchen immer tiefer ein). Im Unternehmen fallen dann vielleicht Antworten wie: Es gab keine andere Lösung. Wir dachten, wir schaffen das.

9. **Negative Auswirkungen (Effect):**
   Welche unangenehmen Auswirkungen wird es auf Ihr Leben oder Ihr Unternehmen haben, wenn Sie Ihr Ziel nicht erreichen? Was passiert, wenn alles so bleibt, wie es jetzt ist? An dieser Stelle ist mir wichtig, dass nicht allzu sehr auszuwalzen. Es darf uns schon bewusst sein. Aber mein Anspruch ist, mit dem Sog der Freude und Liebe zu arbeiten. Es gibt einige Verkaufsexperten am Markt, die das Verkaufen über Schmerzen propagieren. Mach dem Kunden einfach genug Angst, was alles passieren kann, wenn er nicht kauft. Zeichne

ein regelrechtes Schreckensszenario, am besten mehrere. Meine klare Haltung dazu: Schmerzverkauf ist 80er-Jahre-Verkauf und regelrecht asozial. Menschen Angst zu machen, sie kaputt machen, damit sie ein Produkt kaufen, sorry, da bin ich raus.

Dennoch spreche ich die negativen Folgen an. Es geht mir dabei aber nicht darum, den Menschen Angst einzujagen, sondern sie zu ermutigen, unter den Teppich zu schauen, die Masken abzulegen und ganz bewusst wirklich hinzusehen. Mir geht es darum, den Menschen die negativen Folgen aufzuzeigen, damit sie aufhören, sich zu bescheißen. Es geht also hier auch wieder um Wahrhaftigkeit.

An dieser Stelle können wir dem Kunden auch ein Commitment für die Veränderung entlocken. Er weiß jetzt, wohin es gehen soll, er weiß jetzt, woran es liegt, dass er noch nicht da ist, er hat sich ausgemalt wie cool es wäre, dort angekommen zu sein und er hat genauso hingeschaut, wie doof es wäre, würde alles beim Alten bleiben. Dann fragst du den Kunden, wohin die Reise gehen soll. Und natürlich will er nicht beim Schmerz bleiben, sondern hin in die Freude und in die Veränderung.

Es kann aber auch passieren, dass Menschen dennoch im alten Zustand verharren wollen. Nämlich immer dann, wenn ihre Werte kollidieren, wenn der Wert für „doof" genauso oder sogar stärker ist als der Wert für „gut" oder „besser". Hier darf dann auch im Kundengespräch das „höhere Warum" gefunden werden (siehe 3.6): Was ist denn wichtiger für Sie, was noch größer und stärker ist? Spüren Sie diesen Wert wirklich? Was hat Sie denn auch da gehindert, diesen Wert zu leben? Dann kommen meistens Antworten wie: kein Vertrauen, Ratlosigkeit, Hilflosigkeit, Überforderung. Dann gebe ich dem Kunden, der sich an dieser Stelle vor mir echt nackig gemacht hat, mein Wort: Ich werde für Sie da sein. Wir werden das gemeinsam lösen. Wir werden das gemeinsam so gut hinbekommen, dass Sie ihre Ziele und die positiven Auswirkungen erreichen werden. Was halten Sie davon?

Und dann muss man das natürlich auch einhalten. Das ist wirklich wichtig. Kein Blabla, kein Nach-mir-die-Sintflut. Nein. Als Heart-Seller® willst du wirklich all das gemeinsam mit deinem Kunden erreichen.

10. Zusammenfassung:

An dieser Stelle fassen wir alles, was uns der Kunde erzählt, bzw. wir können sogar fast sagen, regelrecht offenbart hat, noch einmal zusammen. Der Effekt der Zusammenfassung ist nicht zu unterschätzen: Denn hier zeigen wir dem

Kunden, wie sehr wir sein Vertrauen, dass er uns all das erzählt hat, schätzen, wie sehr wir bei ihm waren, manifestieren unser Interesse und Verständnis. Und haben an dieser Stelle auch die Chance, klarzustellen, dass wir alles richtig verstanden haben.
Ich fasse also zusammen: Das und das sind Ihre Ziele und Wünsche. Ziel xy hat Ihre höchste Priorität. Wenn sich nichts ändert, befürchten Sie xy. Die gewünschten positiven Effekte sind x, y und z. Ihr „Warum" ist xy und ihr Hinderungsgrund, das bisher umzusetzen und zu erreichen, ist xy.

11. Testabschluss:
Mal angenommen, wir könnten Sie dabei unterstützen, Ihre Ziele zu erreichen, könnten Sie sich vorstellen, mit uns auf diese Reise zu gehen? Hier bevorzuge ich einfach eine „weiche" Frage statt knallhart rumzupoltern. In den meisten Fällen bekommen wir auch hier schon unser zweites „Ja". Die nächste Tür ist geöffnet.

12. Ressourcenfragen:
Was brauchen Sie? Was benötigen Sie? Wie können wir Ihnen helfen? Welche Wünsche haben Sie? (Ressourcen) Sollte bei Punkt 11 noch kein eindeutiges JA kommen, können wir nachhaken, was denn noch fehlt.

13. Das höhere Warum erfragen – Worum geht es wirklich? (Effect):
Manchmal hat man das Gefühl, dass trotz des ganzen Frageprozesses nicht so wirklich alles auf den Tisch gepackt wurde. Das kann an vielen Dingen liegen, für die wir als Verkäufer gar nichts können. Wie ist die Beziehung der Anwesenden untereinander? Gibt es Interessenskonflikte oder sogenannte „Hidden Agendas"? Verlass dich hier auf dein Gefühl, dein Bauchgefühl und deine Intuition. Du spürst, wenn dir dein Gegenüber etwas vormacht. Dann kannst du ruhig fragen, worum es denn eigentlich wirklich geht.

Ich verspreche dir, wenn du nur eine einzige Sache aus diesem Buch umsetzt und zwar diese Methode anwendest, wirst du dein blaues Wunder erleben – im positiven Sinne natürlich. Allein dass du dich so intensiv mit deinem Gegenüber beschäftigst, wird eine enorme Veränderung bewirken: im Verkaufsprozess, in deinen Beziehungen aber auch, wie du dich dabei fühlst. Probiere es aus. Und lass dich überraschen. Du kannst dich darauf freuen.

FRAG DICH DOCH MAL:
→ **Wann legst du los? Wann scorest du?**

4.4 Ziele? Mach das Ergebnis klar!

→ ***„In dem Augenblick, in dem man sich endgültig einer Aufgabe verschreibt, bewegt sich die Vorsehung auch. Alle möglichen Dinge, die sonst nie geschehen wären, geschehen, um einem zu helfen. Ein ganzer Strom von Ereignissen wird in Gang gesetzt durch die Entscheidung, und er sorgt zu den eigenen Gunsten für zahlreiche unvorhergesehene Zufälle, Begegnungen und materielle Hilfen, die sich kein Mensch vorher je so erträumt haben könnte. Was immer Du kannst, beginne es. Kühnheit trägt Genius, Macht und Magie. Beginne jetzt."***

Johann Wolfgang von Goethe // Dichter // Deutschland

Schon Universalgenie Goethe[40] wusste, dass man keine Ziele und keine Motivation braucht, wenn man sein Ergebnis und sein Warum klar hat. Wer im Flow des klaren Ergebnisses und klaren Warums unterwegs ist, fließt seinem Ziel von ganz allein entgegen – ohne Druck, mühelos und in Freude.

Wann immer es in Coachings, Workshops und Seminaren um Themen wie Erfolg und Erfüllung geht, sind Ziele eines DER großen Themen. Ziele müssen richtig gesetzt und definiert werden. Ziele sollen möglichst groß, messbar, kontrollierbar sein und all das ganze Theorie-Blablabla. Und überhaupt brauchen wir sowas von unbedingt Ziele: Hast du kein Ziel, eierst du nur durchs Leben und kannst dir den großen Erfolg abschminken.

Ganz ehrlich, ich tue mich damit etwas schwer. Denn ja – und nein. Modelle können helfen, Modelle können aber auch blockieren und uns von dem abhalten, was wirklich relevant ist. Sie können uns in die Irre führen. Was ich immer wieder beobachte: Die meisten Menschen haben richtig Stress mit Zielen.

Natürlich gibt es viele Beispiele, bei denen Menschen durch ein erwünschtes Endergebnis motiviert werden. Doch die Erwartungen an ein Ziel können auch oft entmutigen. Anstatt den Weg zu genießen, konzentrieren wir uns nur auf die Zukunft, auf unser Ziel. Und dann? Haben wir das Ziel erreicht. Und stellen fest, dass der kurzfristige Genuss, das Ziel erreicht zu haben, in keinem Verhältnis zu einer glücklichen Reise steht.

Stressfaktor Nummer 1 ist, Ziele überhaupt erst mal zu definieren und klarzumachen. Sie eiern rum. Wissen nicht, was sie sagen sollen, denken aber, sie müssten doch etwas Schlaues sagen, denn schließlich haben doch alle tolle Ziele. Sie fühlen sich wie ein Loser, wenn sie keine großartigen Ziele haben. Schon 24-jährige selbsternannte Entrepreneure und Multi-Lifehack-Mega-Optimierer stellen dir in Gesprächen Fragen wie „Hey Dude, wo siehst du dich in zehn Jahren? Was ist dein Life-Goal?". Sie selbst haben sich das in unzähligen Life-Coaching-Seminare zig Male erarbeitet und vermeintlich beantwortet. Die Frage ist nur, ob sie diese Ziele wirklich selbst gewählt und mit klaren Werten und Warums untermauert haben. Hast du nun keine solchen Ziele klar definiert, fühlst du dich irgendwie mies. Weil man doch muss, oder? Dann kann es sein, dass du Ziele von anderen übernimmst – Ziele, die dir Eltern, Freunde, dein Chef, dein Partner, die Medien oder die Gesellschaft einreden, Ziele, von denen du denkst, ja, das macht man so, das ist gut, aber: Ziele, die von anderen abhängig sind, sind Irrlichter. Sie locken dich auf einen Weg, den du gar nicht gehen willst.

Sich Ziele setzen zu müssen, weil man das halt so macht, blockiert regelrecht. Man sieht den Wald vor lauter Bäumen nicht. Ich nenne das auch gern „Kreativitätsdemenz".

Manchmal setzen wir uns auch Ziele, um uns vom eigentlich Relevanten abzulenken. Wir rennen einen Marathon und definieren das als großes Ziel für das kommende Jahr. Wir trainieren viel. Aber eigentlich müssten wir mal unsere Jobsituation und unsere Beziehung klären, wo es ständig Streit und Konflikte gibt. Aber hey, wir haben ja keine Zeit, denn wir haben ja ein Ziel: Unter vier Stunden die knapp 43 Kilometer schaffen.
Stressfaktor Nummer 2 ist der Weg zum Ziel. Wenn Ziele so wie eben beschrieben entweder unklar sind oder von außen unhinterfragt übernommen wurden, tut der Weg dorthin einfach nur weh. Der Weg ist schleppend, anstrengend und mühsam. Denn solange das Ziel nicht mit klaren Werten und einem richtig fetten Warum (siehe 3.6) untermauert ist, kannste das Ziel, Entschuldigung, echt in die Tonne kloppen.

Der Weg zum Ziel tut nur dann weh, wenn das Warum dahinter nicht klar ist. Wenn Ziel und Warum nicht wirklich Freude und Liebe in dir erzeugen.

Meiner Meinung nach geht es nie um das Ziel. Es geht immer nur um das Warum. Warum tust du das? Warum willst du das? Wenn das Warum klar ist, wenn das Warum ein gutes und starkes Warum ist, stiefelst du einfach los. Du musst dich dafür nicht großartig motivieren. Und du brauchst noch nicht mal dieses verdammte Ziel. Du machst einfach. Und du genießt den Weg, hast Freude dabei.

Ziele machen Druck, wenn sie keinen Sinn und kein Warum für dich haben. Dann bist du gefangen und abhängig – Stichwort Hamsterrad. Wenn Ziele aber Ergebnisse sind, die mit tollen Erlebnissen gekoppelt sind (sprich das, was du auf dem Weg dorthin spürst, fühlst und empfindest), dann bist du frei, leicht und unabhängig.

Brauchen wir überhaupt Ziele? Müssen wir eigentlich Ziele haben? Was wäre, wenn du keine Ziele hättest? Wer sagt, dass du nicht einfach im Hier und Jetzt sein kannst in der Klarheit und der Entscheidung, dass das Leben schön ist? Wenn du darauf vertraust, dass du dich dem Leben hingeben kannst? Wenn du darauf vertraust, dass dich dein klares Warum und deine Werte genau dahin führen, wo du hin möchtest?

Kinder haben keine Ziele. Kinder machen einfach. Wenn ein Kind laufen lernt, fällt es hundert Mal hin, steht aber immer wieder auf. Es sagt nicht, „oh, ich muss mir jetzt aber erst mal mein Ziel erarbeiten und definieren". Nein, es hat ein ganz klares Warum: Ich will auch endlich laufen, laufen ist geil, laufen macht Spaß, laufen schenkt mir Freiheit und ganz neue Möglichkeiten, boah, hab ich Bock auf Laufen!

Oder ein Samenkorn. Das steckst du in die Erde. Und dann wächst das – von ganz allein. Die Erde gibt ihm alles. Der Regen von oben kommt. Das geht alles von allein. Du musst ihm nicht sagen, was es zu tun hat. Es wächst einfach genau so, wie es für das Samenkorn richtig ist. Und irgendwann ist daraus eine Rose oder ein Apfelbaum entstanden. Loslassen, Vertrauen, „Wu Wei" (was das ist, dazu in Abschnitt 7.1 mehr).

Wir alle kennen das: Hab eine große Vision! Lebe deine Träume! Wir brauchen Visionen! Du musst doch eine Vision haben! Aber viele wissen gar nicht, was ihre Vision sein soll. Und dann machen sie sich Druck damit und bauen Visionen auf, die vielleicht gar nicht ihre sind. Übernehmen Visionen von anderen oder übernehmen, was das Außen sagt. Visionen entstehen aber durch Freude. Wenn du eine Idee hast und diese Idee in dir Freude auslöst, dann entsteht aus dieser Freude heraus deine Vision automatisch. Finde das, was dir Freude macht! Und deine Vision entsteht automatisch und kommt von ganz allein. Ich sag ja: Es gibt nichts mehr zu tun.

Zielemodelle sind Krücken

Viele Menschen haben irgendwann etwas in ihrem Leben verloren (Vertrauen, Selbstbewusstsein, Leichtigkeit, Freude oder Liebe). Ziele sollen ihnen dann dabei helfen, wieder dorthin zu kommen. Und dann kommen die Zielemodelle ins Spiel.

Natürlich vermittele auch ich hin und wieder die das eine oder andere Zielemodell, weil ich weiß, dass manche Menschen eben noch etwas Logik brauchen, um auf ihr Herz vertrauen zu können. Sie wollen verstehen. Sie brauchen etwas Handfestes, an dem sie sich entlanghangeln können und dabei können Modelle helfen. Modelle helfen schon allein dadurch, dass du dich in dem Moment mit dir selbst beschäftigst und hinschaust. Wichtig ist mir nur hier immer das, was mithilfe der Modelle erarbeitet wurde, dann auch wirklich ins Herz zu bringen und dort zu verankern. Kannst du dein Ziel wirklich sehen, spüren und fühlen? Erfüllt es dich mit Freude? Hast du Bock auf den Weg dorthin?

Ein Klassiker der Zielemodelle ist das S.M.A.R.T.-Modell.[41] Sicher ist dir das auch schon begegnet. Ich reiße es hier nur ganz kurz an, damit auch die Logiker unter uns etwas haben, an dem sie sich ein bisschen festhalten können.

→ **S = (Sinnes)spezifisch:** Kannst du dein Ziel wirklich spüren? Ist es für dich erfahrbar? Fühlbar? Weckt es in dir gute Gefühle? Und auch der Weg dorthin? Viele Menschen geben sich Ziele, die nicht greifbar sind. Irgendwelcher Nebel in Tüten. Sowas wie „Ich will mehr Geld" oder „Ich will abnehmen" oder „Mehr Freude". Das klingt erst mal okay, aber mehr auch nicht. Je greifbarer und fühlbarer dein Ziel ist, desto mehr zündet die Rakete.

→ **M = messbar:** Was ist denn der Unterschied zwischen dem heutigen Ist-Zustand und dem erwünschten Soll-Zustand (Ziel)? Was genau soll da konkret passiert sein und sich verändert haben? Woran erkennst du, dass du dein Ziel erreicht hast?

→ **A = attraktiv:** Logo. Dein Ziel muss für dich geil und sexy sein. Du musst Bock drauf haben. Punkt. Mehr gibt es dazu nicht zu sagen.

→ **R = realistisch:** Nun hier geraten die Zieletheoretiker regelmäßig aneinander.

Die einen sagen, mach dir dein Ziel unendlich groß. If you shoot for the stars, you'll at least hit the moon – so der Autor von „Secrets of the Millionaire Mind", T. Harv Eker. Wenn du nach den Sternen zielst, landest du mindestens auf dem Mond, also schon ziemlich weit. Aber was, wenn ich gar nicht zum Mond will? Es geht hier wirklich um das, was DU willst. Was in deiner Welt und in deinem Leben relevant ist, also in deiner Realität eine Rolle spielt. Wenn du Elon Musk bist und es deine Mission ist, den Mars zu bevölkern, then go for it. Dann ist genau das für dich realistisch. Wenn du gar kein Interesse daran hast, zu den Sternen zu schießen, den Mond zu treffen und den Mars zu bevölkern, dann ist auch das völlig okay. Setz dir kein vermeintlich bombastisches Ziel, nur weil du denkst, du musst. Setz dir DEIN Ziel. Was willst du verändern? Und welches Warum steckt dahinter? Realistisch bedeutet auch, dass du es erreichen kannst. Aber so, dass du weder überfordert noch unterfordert dabei bist. Du sollst dabei nicht an Burn-out leiden, aber auch nicht an Bore-out. Du darfst in der Grundspannung dorthin gleiten – nicht in Überspannung, nicht in Unterspannung. Realistisch bedeutet aber auch, sich die Frage zu stellen: Ist es realistisch, dass mich die Erreichung des Zieles wirklich glücklich macht? Und habe ich auf dem Weg dorthin Freude?

→ **T = terminiert:** Ziele sollen im Kalender stehen, sagt man. Wenn du nicht festsetzt, bis wann du dein Ziel erreicht haben willst, ist es nicht mehr spezifisch. Das Ziel soll also sozusagen eine Deadline haben. Bis wann willst du dein Ziel erreicht haben? Dem einen kann das helfen, denn manche funktionieren einfach unter Druck. Denn nichts anderes erzeugen wir damit: Druck. Für die anderen ist genau das schwierig. Denn es kann auch für unnötig Frust sorgen. Vielleicht bin ich voller Freude auf dem Weg zu meinem Ziel unterwegs und dann fühle ich mich doof, weil es doch länger dauert. Es kommt auch immer darauf an, um welches Ziel es geht. Bei manchen Zielen macht eine Deadline Sinn, bei anderen eher weniger.

Das in aller Kürze sind die smarten Ziele. Nun habe ich die smarten Ziele allerdings noch etwas weiterentwickelt. Denn zwei ganz entscheidende Punkte fehlen meiner Meinung nach.

→ **E = Effekte:** Jedes Ziel hat Auswirkungen. Positive und negative. Und hier dürfen wir unsere Ziele hinterfragen. Was wird sich hin zum Guten verändern, wenn ich auf dem Weg zum Ziel unterwegs bin und es später dann auch erreicht habe? Was könnten aber auch negative Folgen sein? Denn oft verlieren wir etwas, wenn wir uns auf einen neuen Weg machen. Wir verlieren Ballast, Gewicht, lieb gewonnene Gewohnheiten, vielleicht auch Freunde, die uns auf einmal komisch finden, usw. Wichtig ist aber, hier genau hinzusehen. Wirklich einen Film abspielen lassen. Was sehe ich? Was löst mein Film in mir aus? Was fühle ich dabei? Ist die Angst vor Verlust, also die negative Auswirkung, größer? Kann ich hier ein höheres Warum schaffen? Am Ende ist nie das Ziel das wichtige, sondern einzig und allein das Ergebnis. Wir führen einen regelrechten Öko-Check durch, beleuchten unser Ziel von allen Seiten und vor allem aus unserem Herzen heraus. Denn nicht jedes vermeintlich attraktive Ziel hat für jeden die gleichen Effekte. Siehe auch gleich die Geschichte von Charlie aus der Schokoladenfabrik im gleich folgenden Abschnitt.

→ **R = Ressourcen:** Was brauchst du, um deine Ziele zu erreichen? Wer kann dich auf dem Weg dorthin unterstützen? Diesen Punkt finde ich deshalb so wichtig, weil du hier nicht nur bei deinem Ziel bleibst, sondern gedanklich schon deine Umsetzungsmaschine anschmeißt.

So kommen wir also von S.M.A.R.T.en zu S.M.A.R.T.E.R.en Zielen.

Modelle können helfen, um in die Klarheit zu kommen. Aber sie sind viel zu theoretisch. Und sie sind, wenn das Warum und die Werte klar sind, auch überflüssig. Wenn du wirklich weißt, wohin du willst und du in Freude dorthin marschierst, dann brauchst du keine smarten Strategien und Modelle.

Für mich fungieren Zielemodelle nur als Krücken, um wieder laufen zu lernen. Mein Anspruch ist, dass ich Menschen wieder in ihre Kraft und in ihr Vertrauen bringe, dass sie ohne Krücken laufen können, dass sie wissen, spüren und erleben, dass sie all diese Modelle nicht brauchen, dass sie niemanden brauchen – auch mich nicht –, dass sie so sehr in ihrer Kraft sind, dass sie an sich glauben, dass sie einfach losmarschieren, ganz befreit sind und klar. Und sich in dieser Klarheit auf den Weg machen und genau das anziehen, was sie wollen und brauchen. Das Ergebnis kommt von allein zu dir, wenn du vollständig in das vertieft bist, was du gerade tust, aber nicht an das Ergebnis gebunden bist. Wenn du ohne Druck im Hier und Jetzt da bist und handelst.

Zielemodelle empfehle ich immer dann zu nutzen, wenn es um die Sachebene geht (z. B. Umsetzung von Projekten). Geht es aber um Beziehungen und dein Herz, kommst du hier mit Zielemodellen nicht wirklich weiter. Tipp von mir: Auf Beziehungs- und Herzensebene wünsche dir von ganzem Herzen, dass das, was zu dir passt, zu dir kommt.

Werte & Warum vs. Ziele: Was wir von einem kleinen Jungen lernen können

Kennst du den Kinderbuchklassiker „Charlie und die Schokoladenfabrik“ von dem britischen Autor Roald Dahl? Vielleicht hast du auch die großartige Filmversion mit Johnny Depp gesehen. Der aus bitterärmlichsten (aber mit allergrößtem Familienzusammenhalt und von Liebe gesegneten) Verhältnissen kommende kleine Junge Charlie bekommt wie durch ein Wunder die Chance, mit vier weiteren Kindern (welche alles verwöhnte, reiche Gören sind) die magische Schokoladenfabrik vom völlig verschrobenen Willy Wonka zu besichtigen. Die Fabrik ist eine Art High-Tech-Schlaraffenland. Der sonst komplett zurückgezogen lebende Willy Wonka sucht auf diese Art und Weise einen Nachfolger. Natürlich stellen sich die doofen Kinder alle dämlich an und werden nacheinander aus dem Wettbewerb rausgekegelt. Einzig Charlie erobert mit seiner herzensguten Art Willy Wonkas verschlossenes Herz. Willy Wonka begleitet Charlie nach Hause und macht ihm dort im Beisein seiner Familie sein Angebot: Du kommst mit mir in die Fabrik und wirst der neue Chef! Im ersten Moment freut sich Charlie sehr, doch als Willy Wonka ihm unmissverständlich klarmacht, dass er dafür seine Familie nicht mehr wiedersehen wird, weil er ab sofort in der Fabrik leben wird, stellt sich Charlie vor seine Familie und sagt klar und bestimmt, dass er das Angebot, so verlockend und großartig es ist und er fortan ein reicher und gemachter Mann wäre, nicht annehmen wird, denn ohne seine Familie ist alles nichts. Natürlich will ihn seine Familie davon abhalten, so sieht sie doch, was für eine einmalige Chance ihr Charlie erhält. Sie will Charlies möglicher Karriere nicht im Weg stehen und sie ermutigt ihn, mit Willy Wonka mitzugehen. Doch für Charlie ist die Sache klar: auf gar keinen Fall ohne seine Eltern und ohne seine verschrobenen, aber liebenswerten Großeltern.

Charlie kennt seine Werte und sein Warum ganz genau: Es sind seine Familie, die Liebe und der Zusammenhalt seiner Familie. Er weiß, dass kein Geld der Welt, keine Karrierechance das ersetzen kann. Nicht jedes von außen vermeintlich tolle Ziel ist richtig, wenn das Warum und die Werte dahinter in eine ganz andere Richtung gehen, als dein Herz es dir vorwummert.

Schon allein das wäre ein wunderbares Happy End mit einer starken Message. Aber natürlich wird Charlies Klarheit belohnt. Willy Wonka ist im ersten Moment irritiert und dampft verwirrt ab, denn er selbst hat die letzten Jahre mit ungeklärten Familienkonflikten gelebt. Er kann das Wort „Familie“ nicht mal aussprechen, ohne einen Würgreiz zu bekommen. Doch Charlies Entscheidung bringt ihn dazu, seinen übermächtigen Vater nach vielen Jahren aufzusuchen. Und natürlich fallen sich die beiden Streithähne um den Hals und sind glücklich, sich wiederzuhaben. Und Charlie? Der wird natürlich trotzdem der neue Juniorchef von Willy Wonkas Schokoladenfabrik. Doch diesmal mit seiner Familie, die gemeinsam mit ihm in ihrem alten, heruntergekommenen Häuschen in der Fabrik lebt. Und Willy und Charlie sitzen jeden Abend nach getaner Arbeit am Tisch der Familie.

Charlie hatte von Anfang an sein höheres Warum und sein Ergebnis klar. Das Ziel, dass irgendein Kind aus dem Wettbewerb einen ganz besonderen Preis bekommt, war ihm völlig egal. Die anderen vier Kinder waren so darauf fixiert, zu gewinnen, dass sie mit allen Mitteln verbissen kämpften, Konkurrenten ausstachen, sich aufplusterten usw. Die magische Welt der Schokoladenfabrik besichtigen zu dürfen, schien ihnen dabei völlig egal zu sein. Charlie hingegen war das Ziel, zu gewinnen, völlig egal. Er wusste um die einmalige Chance, die er gerade hatte. Wie durch ein Wunder war er einer der wenigen Auserwählten, die jemals die Fabrik betreten durften. Er staunte, war neugierig, er genoss den Weg und verschwendete nicht einen Gedanken daran, dass es ja eigentlich ein Wettbewerb war. Er war frei, im Hier und Jetzt, völlig absichtslos, dankbar und demütig.

Wir haben IMMER ein Ergebnis klar

Du kannst nicht kein Ergebnis klar machen. Egal, was wir tun, wir haben immer ein Ergebnis klar – bewusst oder unbewusst. Denn das, was wir denken, ist unser Ergebnis. Unsere Vorannahmen, Meinungen, Urteile und Bewertungen machen unser Ergebnis klar. Immer!

Wenn du ein herausforderndes Projekt vor dir hast und denkst, „boah, das schaffe ich nicht und das ist anstrengend“, dann wirst du keinen Spaß dabei haben und dich abmühen müssen. Wenn du hingegen denkst und fühlst, „ach wie cool, das ist spannend, keine Ahnung, wie das alles gehen soll, aber ich leg einfach mal los“, hast du ein Ergebnis klar von „Ich mach das jetzt!“. Und auf dem Weg bist du in Leichtigkeit, Freude und Neugier.

Egal um was es geht, ob Situationen im Job, Konflikte im Privatleben, was auch immer, du machst dir selbst immer dein Ergebnis klar. Wann immer du denkst: Das geht nicht, das kann ich nicht, das ist schwer, hast du dein Ergebnis klar. Dein Ergebnis für „doof“.

Wenn du hingegen in dein Herz, in deine Liebe und in die Freude gehst, dir selbst erlaubst, dass die Dinge, so herausfordernd und unmöglich sie auch erscheinen, in Liebe und Leichtigkeit geschehen dürfen, ebnest du dir den Weg dafür, dein gewünschtes Ergebnis zu erreichen.

Ich hatte eine spannende Begegnung mit einem Manager. Wir haben uns unterhalten und ich fragte ihn, was denn so seine Ziele und Pläne für das neue Jahr wären. Wie aus der Pistole geschossen sagte er: Ich muss 300.000,00 Euro netto verdienen. Ich fragte ihn, warum er das denn „muss". Er sagte: „Damit ich mich von meiner Frau trennen kann." Ich war völlig perplex. „Wieso musst du so viel Kohle verdienen, damit du dich trennen kannst?" „Ach weißt du, Denys, du weißt doch wie das ist. Wir haben nur Stress und Streit, wir machen uns das Leben zur Hölle, ich will da raus. Wir werden uns um Unterhalt streiten müssen, die Kinder, Anwaltskram und all das, das kostet doch ein Vermögen. Das wird alles so ätzend und furchtbar! Aber wenn ich die Kohle habe, ist das alles leichter." Ich musterte ihn. Er hatte so viel Stress: das Trennungsthema, aber auch das Thema, dass er viel Geld verdienen muss. Es war so glasklar, dass das, wenn er diesen Weg einschlägt, nur in Kampf, Krieg, Stress und Burn-out ausartet. Er rennt gegen eine Wand und zieht seine Frau und seine Familie mit gegen die Wand. „Worum geht es denn wirklich?" fragte ich ihn, „geht es wirklich darum, dass du 300.000 verdienen musst?" Er schaute etwas bedröppelt. „Ach, eigentlich will ich mich nur in Ruhe und Frieden neu sortieren. Ich wünsche mir, dass wir eine gute Lösung finden, dass wir alle die Trennung irgendwie gut meistern, ohne dass wir uns dabei nur fertigmachen. Ich wünsche mir das für mich, meine Frau und vor allem für meine Kinder." Hier konnte ich wirklich spüren, dass es das ist, worum es ihm geht. Seine 300.000 habe ich ihm nicht abgenommen, ich konnte nichts spüren. Aber dann schoss er gleich hinterher: „Aber das ist unmöglich. Wie soll das gehen? Eine Trennung in Frieden und Harmonie? Sowas gibt es nicht!" Und dann sagte ich ihm folgendes: „Ja klar gibt es das für dich nicht. Du hast das Ergebnis klar für ‚das ist hart'. Wenn du dir hingegen erlaubst, dass ihr die Situation in Liebe für und miteinander klären werdet, machst du das Ergebnis für genau das klar. Wenn du das Ergebnis klar hast für ‚wir werden uns in Frieden neu sortieren', sendest du eine ganz andere Energie aus. Du bist nicht aggressiv, nicht gereizt. Und deine Frau wird entsprechend auch anders darauf reagieren."

Mach das Ergebnis klar, heißt nichts anderes als „geh vor!". Ziele sind ein Pfeil auf eine imaginäre Dartscheibe geschmissen. Das Ergebnis klar machen gestaltet aber schon den Weg dorthin. Wie soll es sich anfühlen? Wie soll es sein? Das Ergebnis klar machen ist wie eine Tankstelle, die dich mit der richtigen Energie betankt, um zu deinem Ziel zu gelangen.

Der größte Zerstörer

Der größte Zerstörer von Zielen und Ergebnissen sind Zweifel. Zweifel zerfleddern jede gute Energie. Wenn der Manager aus der Geschichte sagt: „Das geht nicht! Eine Scheidung kann nicht harmonisch erfolgen!", steuert er sich selbst in das Ergebnis von „Die Scheidung wird der Horror". Zweifel machen dich kaputt. Zweifel schicken dir immer wieder zerstörerische Gedanken. Und diese Gedanken schießen wie Waffen auf dein Unterbewusstsein. Dein Unterbewusstsein macht ja letztlich auch nur das, was du, also deine Gedanken, ihm sagen.

Wenn deine Zweifel die Oberhand bekommen, sie dafür sorgen, dass du dich rechtfertigst, du im „Ja-Aber-Modus" bist, dir und anderen erklärst, warum das nicht geht, machst du was? Genau. Du machst ein Ergebnis klar.

Ich gehe sogar noch einen Schritt weiter. Immer dann, wenn du negative Gedanken hast und diese als Worte in die Welt purzeln lässt, programmierst du dein Unterbewusstsein auf „doof". Und dabei ist es egal, ob du von dir selbst redest oder über andere. Immer dann, wenn du andere klein machst, lästerst, neidisch und eifersüchtig bist oder du jemandem anderen etwas nicht gönnst, glaubt dein Unterbewusstsein, es geht um dich. Denn dein Unterbewusstsein unterscheidet nicht, ob du von und mit dir selbst oder von und über andere redest. Jeder doofe Gedanke richtet sich immer auf dich selbst.

Es heißt nicht von ungefähr: Achte auf dein Wort. An dieser Stelle möchte ich, weil so wichtig, das bekannte Zitat aus dem Talmud[42] einfügen:

Achte auf Deine Gedanken, denn sie werden Worte.
Achte auf Deine Worte, denn sie werden Handlungen.
Achte auf Deine Handlungen, denn sie werden Gewohnheiten.
Achte auf Deine Gewohnheiten, denn sie werden Dein Charakter.
Achte auf Deinen Charakter, denn er wird Dein Schicksal.

Auch der griechische Philosoph Sokrates[43] wusste bereits um die Macht der Worte, die in der bekannten Anekdote der drei Siebe[44] veranschaulicht wird:

Eines Tages kam ein Mann zu Sokrates und war voller Aufregung.
„He, Sokrates, hast du das gehört, was dein Freund getan hat? Das muss ich dir gleich erzählen!"
„Moment mal", unterbrach ihn der Weise. „hast du das, was du mir sagen willst, durch die drei Siebe gesiebt?"

„Drei Siebe?" fragte der andere voller Verwunderung.
„Ja, mein Lieber, drei Siebe. Lass sehen, ob das, was du mir zu sagen hast, durch die drei Siebe hindurchgeht.
Das erste Sieb ist die Wahrheit. Hast du alles, was du mir erzählen willst, geprüft, ob es wahr ist?"
„Nein, ich hörte es irgendwo und ..."
„So, so! Aber sicher hast du es mit dem zweiten Sieb geprüft. Es ist das Sieb der Güte. Ist das, was du mir erzählen willst – wenn es schon nicht als wahr erwiesen ist –, wenigstens gut?"
Zögernd sagte der andere: „Nein, das nicht, im Gegenteil ..."
„Aha!" unterbrach Sokrates. „So lass uns auch das dritte Sieb noch anwenden und lass uns fragen, ob es notwendig ist, mir das zu erzählen, was dich erregt?"
„Notwendig nun gerade nicht ..."
„Also", lächelte der Weise, „wenn das, was du mir erzählen willst, weder erwiesenermaßen wahr, noch gut, noch notwendig ist, so lass es begraben sein und belaste dich und mich nicht damit!"

Ich würde sagen: Bähm! Zehn Punkte für Sokrates, oder?

Und zu guter Letzt, weil es so wichtig ist, möchte ich noch das „erste Versprechen" aus Don Miguel Ruiz' Bestseller „Die vier Versprechen" mit dir teilen. Denn dieses ist „Verwenden Sie mit Bedacht Ihre Worte und seien Sie untadelig mit Ihrem Wort". Wie ich eben schon erklärt habe, wirkt jedes Wort und jeder Gedanke auf unser Unterbewusstsein.

„Ihre Worte sind die Macht, mit der Sie etwas erschaffen können. Durch das Wort geben Sie Ihrer kreativen Kraft Ausdruck; durch das Wort manifestieren Sie alles. … Das Wort ist das machtvollste Instrument, das Ihnen als Mensch zur Verfügung steht. … Der menschliche Geist ist wie ein fruchtbarer Boden, in den unaufhörlich Samenkörner gepflanzt werden. Diese Samen sind Ansichten, Ideen und Konzepte. Sie pflanzen ein Samenkorn, einen Gedanken, und es wächst. Das Wort ist wie dieses Samenkorn, und der menschliche Geist ist überaus fruchtbar! Doch das große Problem besteht darin, dass er zu oft empfänglich ist für die Samenkörner der Angst. Es ist wichtig zu erkennen, für welche Arten von Samen unser Geist empfänglich ist und ihn darauf vorzubereiten, die Samenkörner der Liebe zu empfangen. … Tadellos und mit Bedacht mit Ihrem Wort umzugehen bedeutet, dass Sie Ihr Wort nicht gegen sich selbst richten. Wenn ich Ihnen auf der Straße begegne und Sie als dumm bezeichne, hat es den Anschein, als gebrauchte ich mein Wort gegen Sie. Doch in Wirklichkeit richte ich mein Wort gegen meine eigene Person, da Sie mich deswegen hassen werden, und Ihr Hass ist nicht gut für mich. Wenn ich

also wütend bin und das damit verbundene emotionale Gift durch meine Worte in Ihre Richtung schicke, richte ich das Wort gegen mich selbst. Wenn ich mich selbst liebe, dann bringe ich diese Liebe in meinen Interaktionen mit Ihnen zum Ausdruck und bin untadelig mit meinem Wort, da ich weiß, dass meine Aktion eine ähnliche Reaktion hervorrufen wird. Wenn ich Ihnen gegenüber Liebe empfinde, dann werden Sie mich auch lieben. Wenn ich Sie beleidige, werden Sie mich beleidigen. Wenn ich Ihnen dankbar bin, dann werden Sie mir ebenso dankbar sein. Verhalte ich mich Ihnen gegenüber egoistisch, werden Sie mir gegenüber auch egoistisch sein. Wenn ich mein Wort benutze, um Sie zu verfluchen oder in Bann zu ziehen, werden Sie das Gleiche mit mir tun.“

Ziele im Verkauf

Die Welt des Verkaufs ist voll mit Zielen: Umsatzziele, Monatsziele, Jahresziele usw. Das Einkommen der meisten Verkäufer ist an ihre Zahlenziele gekoppelt. Je mehr du verkaufst, desto mehr Provision machst du, desto mehr verdienst du. Also ist das Ziel der meisten Unternehmen und Verkäufer: Umsatz, Abschluss, Verkauf.

Aber: Du musst nicht verkaufen, wenn das Ergebnis klar ist. Wenn das Ergebnis ist, dass du Freude dabei empfindest, deine Kunden individuell und originell zu beraten. Wenn das Ergebnis ist, dass du einen überraschten und zufriedenen Kunden haben möchtest. Wenn das Ergebnis ist, dass du deinem Unternehmen dienst – oder dir selbst. Es gibt so viele Ergebnisse, die du klar machen kannst, mit denen du dich vom Druck, verkaufen zu müssen, löst. Und mit deren Hilfe du verkaufst – mühelos, in Leichtigkeit und in Freude.

Doch nicht nur für dich als Heart-Seller® ist es eine ganz neue Erfahrung, wenn du dir, statt Ziele zu setzen, dein Ergebnis klarmachst. Du kannst diese Herangehensweise auch wunderbar für deinen Kunden einsetzen. Frag ihn, worum es ihm beim Erwerb des Produktes wirklich geht. Was ist sein Ergebnis?

Wenn du das Ergebnis klar machst, achte darauf, dass du dabei bedingungslos und absichtslos bleibst. Wenn du das Ergebnis klar machst, sei frei vom Ergebnis. Wie geht das? Horche in dich hinein, sei achtsam und bewusst und finde heraus, ob da wirklich keinerlei Erwartungen oder Forderungen sind. Wenn du das gern in der Tiefe lernen möchtest, freue ich mich auf deinen Besuch auf meiner Website www.denysscharnweber.com. Dort findest du passende Seminare sowie meinen Online-Kurs „Mach dein Ergebnis klar – in vier Schritten zum geilen Leben“.

FRAG DICH DOCH MAL:

- → **Auf welchen Wegen bist du unterwegs, die du vielleicht gar nicht gehen willst?**
- → **Welche Ziele verfolgst du halbherzig, weil es nicht deine Ziele sind? Kannst du dich davon lösen?**
- → **Welche Zweifel hast du?**
- → **Welche Doof-Ergebnisse machst du dir klar?**
- → **Was hast du schon geschafft und erreicht, was dich wirklich glücklich gemacht hat? Kannst du dich daran erinnern, was du im Vorfeld dabei gespürt hast?**
- → **Was sind deine Ergebnisse?**
- → **Was könnten die Ergebnisse deiner Kunden sein?**

4.5 Drei Drittel

→ ***„Ein jeder ist soviel wert, als die Dinge wert sind, um die es ihm ernst ist."***
Marc Aurel // Römischer Kaiser und Philosoph

Hast du dir schon mal wirklich Gedanken über die Einteilung deines Tages gemacht? Stichwort Zeitmanagement. Ich teile die 24 Stunden, die wir jeden Tag haben, in drei Drittel ein:

→ Ein Drittel Schlaf
→ Ein Drittel Arbeit
→ Ein Drittel Privatleben

Von Zeitmanagementexperten lernen wir, wie wir es schaffen, unsere Zeit möglichst effizient zu nutzen und einzuteilen. Wie wir möglichst viel schaffen. Sicher kann hier die eine oder andere Methode hilfreich sein. Aber ich finde, es ist viel wichtiger, unsere Zeit statt quantitativ wirklich qualitativ gut zu nutzen. Es geht für mich nicht darum, WAS du alles in deine Zeitdrittel hineinpackst und was du alles, im sprichwörtlichen Sinne, wegschaffst. Und je mehr du schaffst, desto ein tollerer Hecht bist du. Nein. Denn je mehr du wegschaffst, desto mehr schwimmt der tolle Hecht irgendwann auf dem Trockenen, hat keine Ressourcen mehr, keine Energie, keine Kraft und keine Freude.

Deshalb meine Bitte an dich: Schau dir an, WIE du deine drei Drittel gestaltest. Nicht, was alles reinpasst, sondern wie sich deine drei Drittel anfühlen.

Schlaf

Wenn du gut schläfst, hast du schon mal gewonnen. Wenn du hingegen regelmäßig zu wenig schläfst (dauerhaft unter sechs Stunden pro Nacht) und dich nur hin und her wälzt, ist das ziemlich doof. Wenn du nicht gut schläfst, haust du dir ein Drittel deiner Lebenszeit kaputt.

Schlaf ist so extrem wichtig! Schläfst du genug (sieben bis neun Stunden jede Nacht)? Ist dein Schlaf tief und fest? Schläfst du im sprichwörtlichen Sinne wie ein Murmeltier? Vom unvergleichlichen Karl Lagerfeld stammt das Zitat: *„Wie man nachts gut schläft, hat mir meine Mutter schon als Kind beigebracht: Die ganze Welt muss einem egal sein. Dann schläft man gut."* Was er damit sicher sagen will: Kannst du gut abschalten? Kannst du den Tag sein lassen und dich in die erholsame Wiege der Nacht bewegen?

Wenn du zu wenig oder nicht gut schläfst, tue dir bitte den Gefallen, dir mehr Schlafzeit zu gönnen und an der Qualität deines Schlafes zu arbeiten (Abendrituale, Gute-Nacht-Tee, Baldrian, Handy aus dem Schlafzimmer, Meditation etc.). Allein durch guten Schlaf steigen wir unsere Energie am Tag um ein Vielfaches, sind gut gelaunt, kraftvoll und konzentriert. Es ist ein Trugschluss, zu glauben, man hätte keine Zeit für ausreichend Schlaf. Im Gegenteil: Du kannst es dir gar nicht erlauben, nicht gut und ausreichend zu schlafen.

Mir ist bewusst, dass es Phasen oder Tage gibt, wo einfach nicht mehr als sechs Stunden drin sind. Wenn das eine Ausnahme ist, ist das völlig okay, es sollte nur nicht zur Routine werden. Wenn nachts nicht genug Schlaf drin war, schenk dir tagsüber einen kurzen Mittagsschlaf oder einen Power-Nap. 20 Minuten Augen zu und Ruhe wirken wahre Wunder.

Unternehmerin, Publizistin und Autorin Ariana Huffington widmet dem Thema Schlaf ein ganzes Buch: „Die Schlaf-Revolution: So ändern Sie Nacht für Nacht Ihr Leben“:

„Unsere Gesellschaft hat ein Problem mit dem Thema Schlaf. Viel Schlaf wird assoziiert mit Faulheit. Wenig Schlaf gilt als Zeichen für Leistungsfähigkeit. Permanenter Schlafmangel ist eine Epidemie unserer Gesellschaft. Die Folgen für unsere Gesundheit, unsere Leistungsfähigkeit, unsere Beziehungen und unser Lebensglück sind dramatisch. Wir brauchen eine Schlaf-Revolution! Wir müssen unser Schlafverhalten grundsätzlich überdenken, um unser Leben wieder in den Griff zu bekommen.“

Für Ariana Huffington ist klar: Der Weg zu Glück und Erfolg geht nur über eins – mehr schlafen.[45] Gönn dir also mit gutem Gewissen mehr und guten Schlaf. Wenn du gut schläfst, ist das die Basis, dass auch die anderen zwei Drittel deines Tages sich gut anfühlen. Schlafmangel hingegen entzieht dir so viel Kraft, Energie und Freude. Du torpedierst mit Schlafmangel die restlichen zwei Drittel deines Tages. Deshalb: Schlaf, Kindchen, Schlaf!

Arbeit

Wie sieht dein zweites Drittel aus? Gehst du gern zur Arbeit? Arbeitest du gern? Egal, ob du Freiberufler, selbstständig, Angestellter oder Führungskraft bist – hast du Bock drauf? Magst du deine Aufgaben? Fühlst du dich weder über- noch unterfordert? Ein Faktor, der meines Erachtens viel zu wenig beleuchtet wird, ist hingegen die Frage, ob du dich im Umfeld deiner Arbeit wohl fühlst. Wie ist das Miteinander? Wie gehst du mit den Menschen, deinen Kollegen, um? Und wie gehen sie mit dir um? Meine Beobachtung ist: Viele Menschen haben nicht das Gefühl, bei der Arbeit Freunde zu haben.

Noch immer herrscht der Glaubenssatz: Sekt oder Selters. Arbeit ist Arbeit, Schnaps ist Schnaps. Man braucht doch keine Freu(n)de bei der Arbeit haben. Ist doch nur Arbeit. Warum soll ich mich da um meine Mitmenschen bemühen. Es sind doch nur Kollegen.

Wirklich? Nur Kollegen? Wenn wir genau hinschauen, entsteht der meiste Stress, den wir im Job empfinden, nicht auf inhaltlicher Ebene – also dem, was wir tun. Ich behaupte, zu 90 Prozent entsteht jeder Stress, jeder Konflikt, jedes doofe Gefühl durch Auseinandersetzungen oder Missverständnisse mit unseren Mitmenschen, unseren Kollegen. Wenn wir uns nicht gesehen fühlen, wenn sich niemand für uns interessiert, wenn miese Stimmung herrscht, wenn Druck herrscht, wenn wir uns nicht wertgeschätzt fühlen, wenn wir nicht einfach mal rumalbern und uns auch über das, was uns privat beschäftigt, austauschen können. Mobbing ist eine der Hauptursachen für seelische und daraus resultierende physische Krankheiten.

Bei einem Seminar, das ich in einem großen Unternehmen gegeben habe, war eine Frau durch das, was gerade im Seminar so angestoßen wurde, sehr bewegt und berührt. Sie ist dann rausgegangen. Sie wollte sich in diesem bewegten Zustand nicht im Kreis ihrer Kollegen zeigen und offenbaren. Ich habe bemerkt, dass sich niemand um sie gekümmert hat. Ich habe das direkt zum Anlass genommen, in die Runde zu fragen: „Wie geht ihr denn eigentlich damit um, wenn es jemandem nicht gut geht?“ Die Antwort, die dann kam, hat mich schockiert: „Naja, es sind halt Kollegen.“ Als wären „Kollegen“ kein normalen Mitmenschen. Die Kategorisierung in „Kollegentum“ schneidet so viel ab, man lässt sich nicht aufeinander ein, es herrscht Distanz, teilweise sogar Abneigung. Man kommt nicht in die Tiefe, nicht in den wahrhaften Kontakt. Und dabei ist dieser so extrem wichtig, wie wir uns schon in Abschnitt 3.7 angeschaut haben. Im weiteren Gespräch mit den Seminarteilnehmern stellte sich dann heraus, dass die meisten über 15, teilweise 20 Jahre schon in dem Unternehmen tätig sind und dass die meisten noch mindestens zehn bis 15 Jahre „vor sich“ haben. Mir klappte die Kinnlade runter und ich brachte vehement zum Ausdruck: „Ihr arbeitet hier 20 bis 30 Jahre – und dann habt ihr die Haltung, dass die Menschen, mit denen ihr all die Zeit hier verbringt – Jahrzehnte –, dass das nur ein Kollege ist?!“ Stille. Schweigen. Ich musste an dieser Stelle nicht viel mehr dazu sagen. Die Message war angekommen. Ich fragte noch: „Mit wieviel Freude gehst du dann zur Arbeit?“

Die Mitmenschen in deinem Arbeitsumfeld in „Kollegen“ einzuteilen, ist nichts anderes als eine Bewertung. Damit packst du deine Kollegen in eine Schublade, die dir nicht erlaubt, ein tieferes Verhältnis aufzubauen. Freundschaft unter Kollegen, das kann nichts wahres sein – das ist oftmals noch der Glaubenssatz. Dieser ist von einem anderen Glaubenssatz untermauert: Man hat nur drei echte Freunde im Leben! Ich bin der Meinung, dass man sich immer auf einer freundschaftlichen Ebene und in einer freundschaftlichen Haltung begegnen kann – egal mit wem. Natürlich heißt das nicht, dass jeder Mensch, dem du begegnest, dein bester Kumpel sein soll. Richtige, echte Freunde sind etwas Besonderes. Aber die Haltung, sich auf freundschaftlicher Ebene zu begegnen, egal mit wem, eröffnet mir einen ganz anderen Kontakt und eine ganz andere Beziehungsqualität, als wenn ich Mitmenschen abstempele mit „nur Kollege, keine weiteren Mühen erforderlich“.

Warum sortieren wir die Menschen in unserem Arbeitsumfeld als „nur Kollegen“ ein? Das schafft meiner Meinung nach eine völlig unnötige Distanz, die wiederum dafür sorgt, dass wir uns den ganzen Tag unwohl fühlen. Kannst du so dein bestes Potenzial entfalten?

Zum Glück hat die junge Generation, die generell nach Erfüllung all ihrer Bedürfnisse rund um die Uhr strebt, hier eine andere Ansicht. Man legt mehr und mehr Wert darauf, mit Kollegen auch gut auszukommen. Ein neuer Begriff ist geboren: Frollegen.[46]

Wenn du kein gutes Verhältnis zu deinen „Kollegen“ hast, haust du dir ein Drittel deiner Lebenszeit kaputt. Wenn du nicht gern zur Arbeit gehst, wenn du Stress dort hast, schläfst du auch nicht gut. Andersrum genauso: Wenn du nicht gut schläfst, bist du reizbar, unausgeglichen, ätzend und motzig drauf, natürlich auch im Job. Schon zwei Drittel deines Lebens, die, sorry, im Arsch sind.

Privatleben

Und jetzt nimmst du deinen ganzen Arbeitsstress mit nach Hause. Wie soll das funktionieren, dass du dann ein tolles, befreites, schönes Privatleben hast? Eine schöne Beziehung? Du bist müde, du hast Stress mit Kollegen, du bist mies drauf. Und das wiederum wirkt sich, natürlich, auf dein Leben zu Hause aus, auf deine Beziehung mit deinen Freunden, deinem Partner, deinen Eltern, deinen Kindern.

Alles bedingt sich gegenseitig: Kannst du einen guten Job machen, wenn deine drei Drittel eher schlecht als recht funktionieren? Kannst du deinen Kunden wirklich begegnen, wenn du müde und gestresst bist? Kannst du dann gut verkaufen?

Es ist so simpel. Sorge dafür, dass deine drei Drittel, jedes für sich, sich für dich gut und erfüllend anfühlen, dass sie dir Freude, Energie und Kraft schenken.

→ ***„Halte immer an der Gegenwart fest. Jeder Zustand, ja jeder Augenblick ist von unendlichem Wert, denn er ist der Repräsentant einer ganzen Ewigkeit."***
Johann Wolfgang von Goethe // Dichter // Deutschland

FRAG DICH DOCH MAL:

→ **Wie fühlen sich deine drei Drittel an? Sind sie ausgewogen und erfüllt?**
→ **Was kannst du dafür tun, dass jedes deiner Drittel sich für dich gut anfühlt und dir dient?**
→ **Welche Stellschrauben kannst du drehen, um deine drei Drittel besser zu gestalten?**
→ **Wo beeinflussen sich deine drei Drittel gegenseitig? Welche Zusammenhänge kannst du erkennen?**

4.6 Energie!

→ ***„Wir alle sind auf energetischer Ebene verbunden, und eine höhere Schwingung (wie etwa Liebe) hat einen wirkmächtigen Effekt auf niedrige Schwingungen (wie etwa Angst).“***

David R. Hawkins // Wissenschaftler, Psychiater und Autor // USA

Eine meiner Kernprinzipen ist: Nicht der Inhalt entscheidet, sondern die Energie. Egal, um was es im Leben geht, es geht immer einzig und allein darum, welche Energie bringst du in (d)einen Raum. Welche Energie bringst du in deinen Job? Welche Energie bringst du in deine Partnerschaft? Welche Energie bringst du in dein Zuhause? Welche Energie bringst du in deine Beziehungen zu anderen Menschen? Welche Energie bringst du in die Beziehung dir selbst gegenüber? Welche Energie bringst du für deine Kunden mit?

Es geht nie wirklich darum, WAS du machst, sondern WIE du es machst. Du kannst Astronaut sein und als erster Mensch zum Mars fliegen, wenn du das wie ein miesepetriger Schlumpf tust, torpedierst du nicht nur die Mission, sondern es ist völlig egal, was du da machst. Oder kennst du diese Klofrauen in manchen einschlägigen Clubs? Es gibt Klofrauen, die sind so mit Herz dabei, die sind wahre Institutionen geworden. Sie trösten bei Liebeskummer, helfen mit Deo aus und rücken betrunkenen, pöbelnden Typen den Kopf zurecht. Du kannst deinen Kunden mit Freude und Neugier begegnen – oder mit Apathie, Widerstand, Langeweile und Desinteresse. Ich muss dir nicht erläutern, womit du mehr Erfolg hast, oder? Und dabei geht es noch nicht mal nur um den Erfolg, sondern vor allem auch um dich. Denn deine Aufgabe ist sicher auch eine Lebensaufgabe: Bringe dich jeden Tag in die höchstmögliche Schwingung.

Energie ist nichts anderes als Schwingung. Je höher du schwingst, desto positiver ist deine Energie. Laut den von David R. Hawkins definierten Bewusstseinsebenen[47] schwingt beispielsweise Mut auf einer Ebene von 200, Liebe auf 500, Freude auf 540, Frieden auf 600. Wut und Ärger hingegen auf 150, Angst auf 100, Apathie und Hass auf 50.

Jede Form der Energie ist ansteckend. Bringst du Freude und Hingabe in einen Raum, wirst du die Energie in diesem Raum erhöhen und die Menschen um dich herum damit anstecken. Bringst du hingegen Missmutigkeit, fiese Gedanken (Neid, Eifersucht, Rache) und Null-Bock mit, senkst du das Energielevel und ziehst alle mit runter. Deine Energie hat eine unglaubliche Macht. Aber auch die Energie der anderen hat Macht auf dich. Aber da du das „Spiel“ ja jetzt verstehst und durchschaust, kannst du dich wappnen. Gegen Energievampire kannst du dich abgrenzen, indem du dir ein imaginäres Schutzschild um dich herum aufbaust. Du lässt dir von niemandem deine Energie runterziehen. Du bist dein eigener Master an deinem Energiemischpult. Im Gegenteil – geh auf „Angriff“. Wenn jemand dir mit einer niedrigen Schwingung begegnet (Kollege, Chef, Kunde, Partner), dann bring dich in eine noch höhere Schwingung. Sei Freude, sei Liebe. Du wirst staunen, was das bewirkt.

Deine Energie macht den Unterschied. Immer! Wenn du magst, kannst du dir auch bei YouTube ein Video von mir zu genau dieser Thematik anschauen. Inhalt, Kontext, Energie – Was macht den Unterschied und was bedeutet das für dich? Welchen Einfluss hast du darauf und was kannst du tun, um noch mehr positive Energie in dein Leben zu ziehen? Das Video findest du unter folgendem Link: https://tinyurl.com/Energie-Inhalt

→ ***„Niemand verändert sich, so lange er nicht seine Energie verändert.“***
Joe Dispenza // Neurowissenschaftler und Autor // USA

Energie folgt der Aufmerksamkeit

Ich habe mal bei einem Autorennen auf dem Lausitz-Ring mitgemacht. Und ich war, verdammte Axt, immer der Letzte! Das hat mein Ego natürlich mächtig gekratzt. Gerade in den Kurven hatte ich zu kämpfen. Während die anderen wie Butter durch die Kurven schmierten, eierte ich wie ein Pappkarton da durch. Schließlich erbarmte sich ein Profifahrer und gab mir den entscheidenden Tipp: „Wenn du in die Kurve fährst, wo schaust du hin?“ Ich überlegte. Ich schaute einfach geradeaus in die Kurve. „Siehst du, du hast das Ergebnis nicht klar. Sei schon da.“ Ich verstand: Ich muss aus der Kurve herausschauen und zwar dahin, wo ich hin will. Und dann passierte das Wunder. In der nächsten Runde wandte ich mein neues Wissen direkt an. Und es klappte! Ich war nicht mehr Letzter! Okay, Vorletzter. Aber, hey, immerhin!

Energie folgt immer deiner Aufmerksamkeit. Richte deine Aufmerksamkeit auf das, wo du hinwillst. Wo du hinschaust, fährst du hin. Wohin schaust du? Worauf fokussierst du dich? Was siehst du? Wo willst du hin? Je klarer du dein Ergebnis gemacht hast (siehe 4.4), desto besser kann deine Energie, die sich in deinem Handeln und deinem Tun manifestiert, dorthin fließen. Logisch, oder?

Energie folgt deiner Aufmerksamkeit – auch das ist ein Satz, den du immer wieder von mir um die Ohren gehauen bekommst. Ich habe dazu eine Lieblingsübung, die ich immer wieder bei Seminaren, Coachings oder Vorträgen mit meinen Teilnehmern mache. Da sie schwer in Worte zu fassen ist, habe ich für dich ein Video aufgenommen. Schau es dir hier an: https://tinyurl.com/EnergieAufmerksamkeit Viel Spaß!

Energie ist immer da

Ganz oft höre ich von meinen Teilnehmern: „Ich will ja was in meinem Leben verändern, aber ich habe keine Energie. Meine Energie ist verloren gegangen!“ Oder: „Ich habe dieses und jenes Problem und ich will das und das erreichen, aber ich habe einfach keine Energie!“. Ich sage dazu nur eins: Bullshit! Sorry für diese vulgäre Ausdrucksweise, aber genau das ist meine Haltung dazu.

Eines der wichtigsten Gesetze der Physik ist: Energie geht nicht verloren. Hallo Energieerhaltungssatz![48] Welche Energien du in deinem Leben fließen lässt, ist auch immer deine Entscheidung und deine Verantwortung. Du bist derjenige, der sich selbst am Energie-Schlafittchen packt. Du entscheidest – immer, in jedem Moment: Schwingst du hoch oder schwingst du niedrig? Du übernimmst volle Verantwortung für deine „drei Drittel“ (siehe 4.5), deren Gestaltung maßgeblich deine Energie beeinflusst. Deine Energie kann dir niemand nehmen. Nur du selbst, indem du dich dafür entscheidest, auf welchen Ebenen du schwingst.

Alles beginnt in und mit dir. Wenn du nur 60 Prozent an dich glaubst, kann dir das Universum auch nur 60 Prozent zurückgeben. Warum soll es dir hundert Prozent geben, warum soll es dir Fülle geben, wenn du Mangel bist und aussendest? Und wenn du dann kommst und lamentierst „aber das ist für mich nicht möglich, blablabla, weil …“, dann platzt mir ehrlich gesagt der Kragen. Ja, es ist für dich nicht möglich, weil du nicht daran glaubst. Du erschaffst dir genau diese Realität und du hast dir genau diese Realität erschaffen, in der genau das nicht möglich ist.

Weißt du, was meine Realität ist, woran ich glaube? Ich bin fest angeschlossen an unendliche Energie. Ich bin mit meinen Füßen mit dem Erdboden verwurzelt, die Wurzeln geben mir Halt und versorgen mich mit unendlicher Energie in jedem

Moment. Deshalb bin ich auch immun gegen Energievampire. Mir kann niemand Energie klauen. Energie kann dir nur dann geklaut werden, wenn du Energie zur Verfügung stellst. Wenn du dich über etwas ärgerst, dann kostet dich das Nerven und ja, auch Energie. Und warum? Weil du dich ärgerst und dem ganzen Geschehen, was auch immer es ist, deine Energie zur Verfügung stellst.

Außerdem glaube ich fest daran, dass wir alle „eins" sind. Es gibt in meiner Vorstellung nicht solche und andere Menschen. Das schafft unnötige Trennung. Wir sind alle eins. Und weißt du was, sollte ich mit dieser Vorstellung nicht recht haben, sollten hundert kluge Wissenschaftler beweisen, dass das alles Quatsch ist, dann hatte ich aber 90 Jahre lang ein richtig geiles Leben! Denn was glaubst du wohl, wie lebt es sich glücklicher und erfüllter? In der Haltung, dass alles in Liebe vereint ist? Oder in der Haltung, dass alle doof sind außer Mutti? Ich glaube an das, was mich glücklich macht. Und wenn ich glücklich bin, schwinge ich in den obersten Energiesphären, bin in Fülle, Liebe, Demut, Dankbarkeit und Freude. Und ziehe all das in mein Leben.

Logisch, oder?

Weißt du, wir denken auch alle viel zu viel nach. NACH-denken richtet sich immer die Vergangenheit. Wenn du dein Leben verändern möchtest (eine Weltreise machen, in deine Traumwohnung einziehen, den Top-Kunden ergattern) ist alles getan, wenn du dich dafür entscheidest. Wenn du JA sagst. Dann musst du nicht mehr tun, hast dein Ergebnis klar (siehe Abschnitt 4.4). Du richtest deine Aufmerksamkeit genau dorthin. Und deine Energie wird folgen. So schaffst du deine Wunschrealität. Die meisten fangen aber dann an, nach-zu-denken. Und packen dort Zweifel hinein. Zweifel sind die größten Feinde deines Zieles, deines Ergebnisses. Zweifel und Unsicherheit schwingen niedrig, sie ziehen dich energetisch nach unten. Du erzeugst doofe Gedanken und doofe Gefühle, sackst noch mehr runter, fühlst dich auf einmal hilflos, machtlos, apathisch. Und Apathie schwingt noch unter Ärger oder Wut. Du gibst dich ab, bist nicht im Grundtonus, nicht in deiner Mitte, nicht in deiner Kraft. Du glaubst deiner nachgedachten Realität und erschaffst sie dadurch erst. Wenn du glaubst, keine Energie zu haben, erschaffst du genau diese Realität. Du erschaffst die Symptome dafür. Was du im Innen nicht lebst und fühlst, kann im Außen nicht entstehen oder zu dir kommen.

Bedeutung von Energie im Verkauf

→ ***„Alles im Universum sendet eine Schwingung aus. Je höher diese Schwingung, desto mehr Wirkmacht hat sie. Da Emotionen auch Energie sind, senden sie ebenfalls Schwingungen aus. Diese emotionalen Schwingungen beeinflussen das Energiefeld des Körpers und bringen Auswirkungen zu Tage, die man sehen, fühlen und messen kann."***
David R. Hawkins // Wissenschaftler, Psychiater und Autor // USA

Wenn du dir der Kraft und der Macht der Energie bewusst bist, kannst du alles in deinem Leben zum Positiven hin verändern. Ich bin der Meinung, wir brauchen im Verkauf keine Ratgeber und Methoden, Leitfäden und „How-To's". Wenn du jeden Tag deine Good Vibrations im Gepäck hast – für dich, deine Kollegen, deine Familie, deine Kunden – wirst du all das mit Freude und Leichtigkeit erreichen, was du möchtest. Wenn du hoch schwingst – und hoch schwingst du vor allem dann, wenn du die Werte aus Kapitel 3 lebst –, spürt das dein Kunde. Genauso, wie du ganz beim Kunden bist, ist der Kunde ganz bei dir.

Viel mehr muss man dazu eigentlich nicht sagen, oder? Es ist so offensichtlich einfach.

FRAG DICH DOCH MAL:

- → **Beobachte dich: Welche Energien bringst du in die Räume deines Alltags? Was bewirkt das?**
- → **Was verändert sich, wenn du deine Energie veränderst, höher oder niedriger schwingst?**
- → **Denk an eine Situation, in der es dir nicht gut ging. Denke an eine Situation, in der es dir hervorragend ging. Was passiert?**
- → **Welche Energie stellst du bis jetzt zur Verfügung? Und welche Energie möchtest du in Zukunft zur Verfügung stellen? Und was kannst du dafür tun, dass die Energie dich und andere in die Fülle bringt?**

HEART-
SELLER

05

ÜBERZEUGEN MIT HERZ

5.1 Es ist so einfach!

→ ***„Wir sollten uns das Geben und das Empfangen als einen natürlichen Austausch vorstellen, etwas, das ganz einfach geschieht."***

Chögyam Trungpa // Buddhistischer Lehrer // Tibet

Den fünften Teil meines Buches habe ich unter die Thematik „Überzeugen mit Herz" gestellt. Und weißt du was? An dieser Stelle widerspreche ich mir direkt selbst. Denn eigentlich ist „Überzeugen mit Herz" doppelt gemoppelt – ein Widerspruch in sich, ein Oxymoron.[49] Es ist paradox. Denn wenn ich mit dem Herzen dabei bin, muss nicht überzeugt werden. Ich gehe sogar noch einen Schritt weiter: Verkaufen oder Führung haben nie etwas mit Überzeugung zu tun, sondern einzig und allein mit wahrhaftem Kontakt. Es geht im Leben immer um wahrhaften Kontakt (siehe 3.7). Du kannst das perfekte Date haben auf einer Yacht, es gibt Champagner, Kaviar und das Meer plätschert sanft vor sich hin. Aber wenn der oder die andere dich langweilt, doof ist, ihr einfach nicht in den Kontakt miteinander kommt, dann verfluchst du die Umstände. Dann nützt das alles nichts. Die Umstände können noch so perfekt sein, ist der Kontakt zwischen den Menschen nicht da, sind sie, sorry, fürn Arsch. Fehlender wahrhafter Kontakt trumpft alles andere. Wenn du hingegen mit jemandem unterwegs bist, zu dem du eine Verbindung spürst, wo die Funken nur so sprühen, die Gespräche nie aufhören wollen, es einfach fließt zwischen euch, dann sind die Umstände egal. Dann könnt ihr in der abgewracktesten Eckkaschemme abhängen, es ist das perfekte Date.

Verkaufen und Führung haben nichts mit Überzeugung zu tun, sondern lediglich mit wahrhaftem Kontakt. Es ist so einfach. Aber weil es so einfach ist, ist es so schwer. Denn in den wirklichen Kontakt miteinander zu gehen, das lernen wir nicht. Beziehungsweise diese Fähigkeit ist eigentlich eine ganz natürliche Angelegenheit, aber wir ver-lernen es. Es ist unser innerstes Bestreben, mit den Menschen um uns herum in Kontakt zu sein, eine Verbindung zu spüren. Uns mit offenem Herzen zu begegnen, ohne Masken. Doch was passiert im Laufe unseres Lebens? Wir schotten uns ab, setzen immer mehr oder wechselnde Masken auf, zeigen uns nicht, sehen auch die anderen nur in ihren Masken, wissen nicht, wer wirklich drinsteckt. Und genau das sorgt doch eigentlich erst dafür, dass so vieles so wahnsinnig kompliziert erscheint. Dabei ist es so einfach.

→ ***„Einfachheit stellt sich ein, wenn der Geist nicht mehr anhaftet, wenn er nichts mehr erreichen will, wenn er akzeptiert, was ist."***
Jiddu Krishnamurti // Philosoph // Indien

Wenn wir, wie in dem eben genannten Zitat, akzeptieren können, was ist (siehe auch 3.5), brauchen wir keine Masken mehr. Wenn wir unsere Masken ablegen, kommen wir in den wahrhaften Kontakt miteinander. Wenn wir im wahrhaften Kontakt sind, verstehen wir uns gegenseitig, sehen uns, begegnen uns von Herz zu Herz. Wie du dich und andere mit Herz führst, dazu habe ich ein Interview gegeben, wenn du magst, kannst du es dir hier anschauen: https://tinyurl.com/FuehrenmitHerz

Alles, was wir aus dem Herzen heraus tun, ist ganz einfach. Sobald wir unser Herz verschließen, so tun als ob oder Dinge tun, die wir nicht aus dem Herzen heraus tun, verhageln wir uns alles. Auch Verkaufen aus dem Herzen heraus ist ganz einfach. Der „Erfolg" kommt dann von ganz allein zu dir. Aus dem Herzen heraus zu agieren und ja, auch zu verkaufen, macht doch auch dir viel mehr Spaß, oder? Warum verschließen wir uns dann alle?

Wir brauchen unser Herz. Immer. Dein Herz geht vor. Immer.

FRAG DICH DOCH MAL:

→ **Was tust du wirklich mit vollem Herzen, ohne Maske?**
→ **In welchen Bereichen deines Lebens trägst du Masken und verkomplizierst dadurch alles?**

5.2 Deine Haltung

→ ***„Ein Teil der Arbeit ernährt, und der andere formt: Die Hingabe an die Arbeit ist es, was uns formt."***

Antoine de Saint-Exupéry // Schriftsteller und Pilot // Frankreich

Alles, was du in deinem Leben hast oder haben willst, hat mit deiner Haltung zu tun. Was bedeutet Haltung eigentlich? Zig Mal gehört, aber was heißt es wirklich? Man spricht oft auch von innerer Haltung, aber das ist doppelt gemoppelt. Haltung kann nur von innen kommen. Dein Halt kann nur aus deinem Inneren heraus kommen. Deine Haltung beschreibt das, was dir Halt gibt und wie du dich ver-hältst. Deine Haltung bringt zum Ausdruck, wie du Dingen, Menschen und Situationen gegenüber eingestellt bist. Deine Haltung ist deine Einstellung zu den Dingen. Und die wiederum legst du mit deinen Werten fest. Ohne Werte eierst du herum, bist ein Fähnchen im Wind, hast keinen Halt, keine Haltung, bist Opfer der Umstände. Deshalb sind unsere Werte so wichtig. Deshalb sind insbesondere die Werte eines Heart-Sellers® so wichtig.

Haltung hat, wie so vieles in der deutschen Sprache, mehrere Bedeutungen. Haltung steht für:

→ Deine Gesinnung, die auf ein Ziel gerichtete Grundhaltung eines Menschen (Werte)
→ Haltung bewahren bzw. „Contenance" zeigen: Gelassenheit in schwierigen Situationen zeigen (Es ist, wie es ist; Annahme)
→ Haltung bzw. Einstellung wird oft auch mit der persönlichen Meinung zu einer Angelegenheit gleichgesetzt
→ Haltung bzw. Körperhaltung: die Stellung des menschlichen Körpers (in deinem Körper manifestiert sich dein Geist)

Ich bin der Meinung, dass Meinung wenig mit Haltung zu tun hat. Meinungen resultieren vielmehr aus deiner Haltung heraus. Deine Haltung ist das Fundament für deine Meinung. Haltung entsteht aus dem Innen heraus. Deine innere Haltung bestimmt deine äußere Haltung. Deine innere Haltung bestimmt, wie du dich im Außen zeigst, wie du auf Dinge, Situationen und Menschen reagierst, was du aus jedem Moment machst oder eben nicht machst. Deine innere Haltung manifestiert sich in deiner körperlichen Haltung. Wer mit klaren Werten durchs Leben geht, die Werte aus Kapitel 3 in sich trägt, geht offen und gerade durchs Leben. Seine Haltung ist im sprichwörtlichen Sinne aufrecht. Wer diese Werte nicht hat, nicht mal kennt oder sich noch nicht mal damit auseinandergesetzt hat, wer „die anderen" verantwortlich macht, wer sich als Opfer sieht, dem sieht man genau das an. Er wird weniger aufrecht und offen dem Leben begegnen. Gebückt, gebeugt und schwerfällig wird er durchs Leben schlürfen.

Der Chefredakteur von Buzzfeed Deutschland, Daniel Drepper, hat sich seine Gedanken zum Thema „Haltung" gemacht. In einem Essay,[50] in dem er sich mit „Haltung im Beruf des Journalisten" auseinandersetzt – absolut lesenswert – schreibt er:

„Was ist Haltung? Wenn wir über Haltung sprechen, dann ist Haltung nicht gleich Meinung. Der Unterschied ist gewaltig. Und entscheidend. Eine Meinung kann ich zu einzelnen Themen haben, zu Entscheidungen, zu Situationen. Eine Haltung liegt tiefer. Sie ist meine grundsätzliche Sicht auf die Welt. Mein Geländer. Haltung hat immer auch etwas mit Biographie zu tun. … Ich finde eine Haltung wichtig. Noch wichtiger finde ich für die tägliche Arbeit, dass ich auf diese Haltung, auf dieses Fundament mit journalistischen Prinzipien aufbauen kann. Dass ich meinen Job nicht nur aus dem Bauch heraus mache. Ich brauche ein Geländer, dass nicht nur auf meinen eigenen Erfahrungen fußt. Ich brauche ein Geländer, das auf den Erfahrungen von vielen Tausend Vorgängern aufbaut. Was also sind die grundlegenden Prinzipien für unseren Job, mit denen ich auf eine Haltung aufbauen kann? Darüber, finde ich, wird viel zu wenig gesprochen. Es geht nicht um technische Fertigkeiten: Wie drehe ich ein Video? Wie schreibe ich eine Reportage? Wie bringe ich eine Quelle zum Reden? Sondern es geht um die Prinzipien. Wie treten wir an unsere Arbeit heran? Warum machen wir das eigentlich alles? Und für wen?"

Die Journalistin und Autorin Husch Josten[51] hat ebenfalls über Haltung recherchiert und geschrieben und mehrere spannende Persönlichkeiten dazu interviewt. Sie befragte u. a. die Vorsitzende des Europäischen Ethikrates, Christiane Woopen, die sich wie folgt dazu äußerte:

„Eine Haltung zu haben bedeutet für mich, aus einer Grundüberzeugung heraus zu handeln, die die ganze Person umfasst, also ihren Körper, ihren Geist und ihre Gefühle. Eine Haltung besteht nicht aus einer konkreten Regel wie „Du sollst nicht töten", sie ist vielmehr eine Handlungsdisposition, die sich im Laufe des Lebens und Erlebens einer Person, also im individuellen Lebensvollzug, entwickelt. Die Grundüberzeugung lautet dann zum Beispiel, dass Leben etwas äußerst Wertvolles

ist. Und das führt dann zur Handlungsdisposition, Leben zu schützen und zu bewahren, ohne vorher darüber jetzt eigens nachzudenken."

Hat Haltung etwas mit Glaube zu tun? Auch das untersuchte die Autorin. Dazu sagte die Schauspielerin Cordula Stratmann:

„Natürlich kann man ohne Glauben eine Haltung haben. Denn Haltung ist ja nicht unbedingt eine intellektuelle Leistung, die sich beschreiben lässt in irgendeiner Glaubenszugehörigkeit. Haltung speist sich für mich, außer einer intellektuellen Auseinandersetzung mit einer Überordnung, ebenso aus Erfahrungen, die mir die Grundlage bieten für meine Gegenüberstellung mit der Welt. Glaube kann das Ergebnis einer Haltung sein, ebenso das Ergebnis von Erfahrung. Ich würde fast sagen: Zuerst ist die Haltung da, dann der Glaube. Glaube ist stets was Gelerntes und dem zuvor steht die Erfahrung, die wiederum meine Haltung prägt, wegen der ich mich dieser oder jener Idee von Glauben zuneige."

Deine Haltung steckt auch hinter der Antwort auf die Frage: „Wer entscheidet, was gut oder schlecht ist?" Wie antwortest du? Horch an dieser Stelle in dich hinein. In welchen Lebenssituationen entscheidet wer über diese Frage? Sei ehrlich. Natürlich weißt du, dass du selbst das entscheiden solltest. Immer. Aber ist genau das bereits so überall in deinem Leben installiert?

Als an dieser Stelle im Buch angekommener angehender Heart-Seller® weißt du aber auch: Ey Denys, aber ich habe doch gelernt, dass nichts gut oder schlecht ist, weil alles einfach nur ist?! (Siehe 3.5). Richtig. Da hast du recht. Und hier wären wir schon am ersten Punkt unserer Haltungslektion: Am besten ist alles weder gut noch schlecht. Dieser Betrachtungsweise liegt die Haltung zu Grunde, dass alles ist, wie es ist. Warum? So leben wir nicht nur mit dieser Haltung und dieser Einstellung, sondern wissen auch, dass es an uns selbst liegt, was wir aus dem, was ist, machen – immer, in jedem Moment. Wir haben die Zügel in der Hand, die uns mit dieser Haltung niemand nehmen kann. Wir steuern das Pferd und unsere Kutsche in genau die Richtung, in die wir wollen. Auf unserem Pferd sitzt niemand sonst. Nur wir allein.

Kleine gemeine Visualisierungsübung an dieser Stelle: Wenn du spürst, dass du nicht allein auf deinem Pferd sitzt, schau hin. Wer reitet noch mit dir durch Nacht und Wind? Der Erlkönig wird es sicher nicht sein, aber sitzen da deine Eltern mit drauf? Dein Partner? Deine Freunde? Vielleicht sogar völlig Fremde? Die „Gesellschaft"? Die Umstände? Die Kollegen? Die Chefin? Wer hat deine Zügel in der Hand? Und was macht das mit dir, deinem Leben, deinem Glück, deinem Erfolg? Welche Einstellung und welche Haltung liegt dem zugrunde?

Du hast die Zügel in der Hand. Du hältst sie. Du HÄLTST die Zügel. Haltung. Alles ist in dir und deinetwegen. Oft wollen wir erst etwas bekommen, damit etwas passiert oder sich verändert. Die Sache mit dem „um … zu", die wir uns auch schon in Abschnitt 3.4 angeschaut haben und nun wissen: Das funktioniert nicht. Nimm an, was ist. Gib dich dem hin. Und übernimm die Verantwortung dafür, was du aus dem machst, was ist.

→ ***„Du bist nur für das verantwortlich, was du ändern kannst. Und das einzige, was du ändern kannst, ist deine Einstellung. Da liegt deine Verantwortung."***
Nisargadatta Maharaj // Spiritueller Lehrer und Philosoph // Indien

Deine Haltung und Einstellung als Verkäufer

Es kommt immer auf die Haltung an: Mit der richtigen inneren und der daraus resultierenden äußeren Haltung erreichst du mehr bzw. das, was du als „mehr" definierst. Das, was du erreichen möchtest.

Ein 1955(!) erschienener Artikel in der Wochenzeitung „Zeit" bringt eigentlich alles herrlich auf den Punkt:

Titel: Verkaufspsychologie (Aus der Zeit Nr. 02/1955 – 13. Januar 1955)[52]

„Die ständig fortschreitende Entwicklung zum Käufermarkt und nicht zuletzt die mehr oder weniger stagnierende Textilkonjunktur zwingt vor allem die Textilindustrie zu einer stärkeren Kontaktpflege mit dem Einzelhandel, die sich dann (verkaufsfördernd) auf die Kundin oder den Kunden auswirken soll. Man weiß in der Industrie sehr gut, daß selbst das beste und preiswerteste Erzeugnis nichts nützt, wenn die Verkäuferin hinter dem Ladentisch versagt, also auf die vom Käufer vorgetragenen Wünsche nicht eingehen kann. Ein vorbildliches Beispiel dieser Kontaktpflege gibt in diesen Wochen in allen Teilen des Bundesgebietes und auch in Berlin die Feinstrumpfweberei Richard Wieschebrink, die sich in Wedel bei Hamburg in den letzten Jahren zu einer der führenden Perlon-Strumpffabriken entwickeln konnte und heute in modernsten Fabrikationsanlagen eine 416 Personen starke Betriebsfamilie beschäftigt. Textileinzelhändler und ihre Verkäuferinnen erhalten im Rahmen dieser Kontaktpflege von Gräfin von Bernstorff ein Referat über die Kunst des Verkaufens so charmant serviert, daß der Erfolg nicht ausbleiben kann. Mit einer wirkungsvollen Diapositv-Unterstützung wird den Verkäuferinnen deutlich gemacht, daß das Be-

herrschen der Warenkunde an der Spitze jeder Verkaufskunst stehen muß. Als nicht weniger notwendig wird die positive Einstellung zum Leben und zum Beruf und der Glaube an sich selbst und an die Berufung zur Verkäuferin bezeichnet. Wichtig ist ferner, daß die Verkäuferin Persönlichkeit sein muß (wenn sie es noch nicht ist, so sollte sie es schleunigst werden). Daß die Verkäuferin aber auch charmant, liebenswürdig, menschlich, natürlich und einfach sein soll, zählt ebenfalls zu den goldenen Verkaufsregeln, die Richard Wieschebrink für den Umgang mit seinen duftigen Erzeugnissen kreiert hat."

Schon 1955 wusste man all das, und natürlich ist all das auch einfach nur eines – gesunder Menschenverstand. Die haben meinen Heart-Seller® gelesen!

- → Das beste Produkt nützt nichts, wenn der Verkäufer keinen Kontakt zum Kun den herstellt.
- → Der Unternehmer bezeichnet sein Team als „Betriebsfamilie". Auch das haben wir unter 4.2 und 4.5 schon betrachtet. Was ändert sich im Zusammenarbeiten, wenn sich alle als Familie statt nur als Kollegen betrachten?
- → Referat über die Kunst des Verkaufens: Schon damals gab es Sales-Trainings.
- → Beherrschung der Warenkunde: Wie gut kennst du das Produkt? Interessierst du dich dafür? Identifizierst du dich damit?
- → Positive Einstellung zum Leben und zum Beruf, Glaube an sich selbst: Haltung und Einstellung!
- → Berufung zur Verkäuferin: Love what you do!
- → Der Verkäufer muss eine Persönlichkeit sein: Kenne deine Werte. Wer bist du? Bist du ganz bei dir?
- → Verkäuferin ist charmant, liebenswürdig, menschlich, natürlich: Welche Werte liebst du? Bist du im Herzen? Agierst du mit Herzqualität?

FRAG DICH DOCH MAL:

- → **Beobachte dich: In welchen Situationen liegt welche Haltung zu Grunde?**
- → **Schau dir noch mal unter Kapitel 3 die Werte eines Heart-Sellers® an. Wie verhältst du dich, wenn du diese Werte in deinem Job- und Privatleben lebst? Wie ist deine Haltung? Wie ist deine Einstellung? Was würde sich dadurch alles verändern?**

5.3 Mach dein Herz auf!

→ ***„Welch eine himmlische Empfindung ist es, seinem Herzen zu folgen!"***
Johann Wolfgang von Goethe // Dichter // Deutschland

Meine Herzensangelegenheit ist es, die Menschen (wieder zurück) in ihr Herz zu bringen. Ich wünsche mir, dass die Menschen die Kraft und die Qualitäten ihres Herzens erkennen und mit genau dieser Energie arbeiten und leben – und ja, auch als Heart-Seller® verkaufen. Herzenergie ist einer meiner drei Bausteine meiner NRS-Strategie (siehe 2.3).

Ich bin überzeugt davon: Die Liebe löst alles auf – jedes Problem, jeden Konflikt. Mit dir selbst, mit anderen, ob im Privatleben oder im Job. Egal. Wann immer du in einer herausfordernden Situation steckst, du vielleicht mit jemandem Stress hast, mit deinem Chef, mit einer Kollegin, mit deinem Partner, die Situation verworren erscheint, du nur dieses fiese, bittere Gefühl im Bauch spürst, die Wut, die Traurigkeit, die Enttäuschung und die doofen Gedanken durch deinen Kopf rasen – dann stelle dir bitte nur eine einzige Frage: Was würde die Liebe tun?

Was würde die Liebe tun? Diese Frage kannst du dir aber auch jeden Morgen stellen. Und dann beobachte, wie sich der Tag entwickelt und anfühlt, was alles passiert oder auch nicht passiert, wenn du das tust, lebst und ausstrahlst, was die Liebe tun würde.

Wissenschaftler und Autor Dr. Joe Dispenza schreibt in seinem Buch „Werde übernatürlich – Wie gewöhnliche Menschen das Ungewöhnliche erreichen":

„Jeder von uns trägt zum Feld der Erde bei, und deshalb glaube ich, dass wir gemeinsam eine neue, friedliche und blühende Zukunft auf diesem Planeten kreieren können. Der erste Schritt besteht darin, vom Herzen heraus zu führen und das zu einer Gewohnheit zu machen, unsere Energie zu erhöhen und uns auf die höheren Informationen und Frequenzen der Liebe und Ganzheit einzustimmen."

Was sind nun unsere Herzqualitäten? Unsere Herzenergien? Was ist dein Herz? Vom biologischen Pump-Aspekt mal abgesehen, ist mein Herz meine Seele. Und meine Seele ist mein Herz. Das, was hinter jedem Gedanken steckt, beziehungsweise die Leere und Stille zwischen zwei Gedanken, das bist DU. Das ist deine

Seele. Wir fühlen ständig, wir denken ständig. Wir tun Dinge, die uns gut tun, aber auch Dinge, die uns nicht gut tun. Wir fühlen und denken immer. Die meisten definieren sich genau darüber. Aber das sind wir nicht. Wir sind nicht unsere Gedanken und auch nicht unsere Gefühle. Wenn wir unsere Gedanken anhalten und nur noch wahrnehmen und spüren, sind wir immer noch da. Wir sind der Fühler, aber nicht das Gefühlte.

All die „-keiten“ aus Kapitel 3 (Bedingungslosigkeit, Wahrhaftigkeit etc.) sind keine Emotionen. Emotionen machen immer etwas mit uns, sie sind immer komprimiert. Wenn ich wütend bin, bin ich auf etwas wütend. Die Wut geht immer auf etwas. Entweder auf jemanden anderen oder auf mich selbst. So richte ich auch meine Energie gegen etwas, gegen jemanden oder gegen mich. Unser Herz hingegen ist nicht komprimiert. Es ist frei. Emotionen haben immer eine Anhaftung und eine Geschichte, sie brauchen immer ein Weil. Ich fühle mich gut, wenn… Ich fühle das, weil… Ich bin wütend, weil… Ich bin traurig, weil… Ich bin glücklich, weil… Wenn wir mit den Werten des Herzens in die Welt gehen, ist unser Herz leer. Aber im positiven Sinne. Es ist leer und frei und still, clean, sauber. Nicht umsonst heißt es „ein reines Herz haben“. Genau darum geht es. Unser Herz hat keine Geschichte. Es ist einfach. Es braucht kein „weil“. Es ist, wie es ist. Warum liebst du deine Kinder? Du musst an dieser Stelle nicht wirklich nach einer Begründung suchen, oder? Siehst du. Du liebst einfach. Egal, wie nervig oder anstrengend die lieben Kleinen manchmal auch sind.

Herzenergie ist meines Erachtens völlig unterschätzt bei Themen wie Führung, Verkauf und Erfolg. Bist du in deinem Job, bei deinen Aufgaben absichtslos, bedingungslos und wahrhaft? Oder bist du an Bedingungen verknüpft? Haftest du Emotionen an, die du nicht loslassen kannst? Und fragst dich, warum das alles nicht so funktioniert, wie du dir das vorstellst?

Bitte nicht falsch verstehen, Emotionen haben ihre Daseinsberechtigung. Sie sind weder gut noch schlecht, sie sind. Und sie sind uns ja nicht ohne Grund gegeben worden. Wir haben Gefühle, damit wir uns ausdrücken können in unserer Welt. Ohne Emotionen können wir die Dinge nicht zum Ausdruck bringen. Dann wären wir Körpergeister oder Roboter. Emotionen sind das Salz in der Suppe. Ohne Gefühle wäre alles doch auch ziemlich fad, oder? Aber: Wir dürfen lernen, mit unseren Gefühlen anders umzugehen. Wenn wir nicht lernen, Dinge, Menschen und Situationen, die uns nicht gut tun, loszulassen, lässt uns die Erfahrung nicht los. Alles dreht sich weiter nach unten. Alles wird schlimmer. In so einem Fall benutzen wir nicht mehr die Emotionen, um uns auszudrücken, sondern die Emotionen benutzen uns, damit sie sich ständig über uns ausdrücken können. Was passiert dann? Wir sind gefangen, nicht mehr frei. Wir sind nicht mehr bedingungslos und absichtslos und können die Herzqualitäten nicht mehr leben und ihre Magie walten lassen.

Ist das Herz wirklich Sitz der Seele? Zwar vermuten Experten den Sitz der Seele im zentralen Nervensystem im Gehirn, doch das Herz ist jenes Organ, das auf Emotionen automatisch am stärksten reagiert. Ein spannendes Forschungsgebiet: Der Experte für Psychokardiologie, Prof. Dr. Jochen Jordan, hat in seinem Vortrag „Sitz der Seele ist das Herz: Psychologische Aspekte von Herzerkrankungen“[53] genau diese Fragestellung untersucht. Er resümiert:

„Das Herz ist Sitz der Seele, weil es mit allen Lebensfunktionen in enger Verbindung steht: Die pränatale Prägung, Verliebtheit, Liebe Enttäuschung, Hass, Wut, Aggression, Trauer, Eifersucht, Angst, Bewegung, Stärke, Macht, Aktivität, Leben und Tod. Das sind die Bausteine, die stammesgeschichtlich und individual-geschichtlich verstehen lassen, weshalb das Herz der Sitz der Seele werden konnte.“

Die Frage nach dem Sitz der Seele hat die Menschen seit jeher beschäftigt. Die alten Ägypter haben beispielweise beim Mumifizieren (vor mehr als 4.000 Jahren) das Gehirn immer entnommen, denn das Gehirn war für sie nichts weiter als Füllmasse für den Schädel. Stattdessen stopften sie Sägemehl in den Kopf. Es wurden auch alle anderen Organe entnommen. Das einzige Organ, das im leblosen Körper bleiben durfte, war das Herz. Für die alten Ägypter war klar: Genau hier sitzen Gedanken und Gefühle – also die Seele.[54]

Der US-amerikanische Arzt Duncan MacDougall versuchte 1901, die Seele zu messen. Er wog sterbende Patienten und stellte dabei fest, dass die Gewichtsdifferenz zwischen den Lebenden und Toten durchschnittlich 21 Gramm wog. So viel musste also die Seele wiegen.[55] Heute ist das Experiment und die daraus resultierende Erkenntnis umstritten. Das Experiment zeigt aber, wie sehr die Frage nach der Seele und dem Bedürfnis, deren Existenz zu beweisen, uns immer wieder beschäftigt. Fakt ist aber, und das begründet die noch junge Disziplin der Kardiopsychologie immer mehr: Gesunde Seele bedeutet gesundes Herz.[56]

In einem bei Focus Online erschienenen Artikel heißt es hierzu:

„Unser Herz ist das erste Organ, das sich im Mutterleib bereits in der vierten Woche herausbildet und dann zu schlagen beginnt. Forscher glauben, ein kleines Zentrum im Herzen gefunden zu haben, in dem sich die Herzintelligenz befindet – der Taktgeber, die Herzrhythmusmaschine, aber eben auch ein neuronales Netzwerk, das ähnliche Gedächtnisleistungen zeigt wie das Großhirn. In religiösen Texten (z. B.

den „Upanishaden", eine Sammlung philosophischer Schriften des Hinduismus), wird dieser Ort auch „Sitz der Seele" genannt."[57]

Herzenergie

→ ***„Die wahre Liebe verausgabt sich nicht. Je mehr du gibst, um so mehr verbleibt dir."***
Antoine de Saint-Exupéry // Schriftsteller und Pilot // Frankreich

Was hat die Herzqualität mit Verkauf zu tun? Was haben die Qualitäten des Herzens mit Erfolg zu tun? Herzpräsenz im Verkauf stellt unsere Wahrnehmung (also z. B. „Ich sehe dich", den anderen wahrnehmen und annehmen, sich auf ihn einlassen) sowie die Kommunikation miteinander über den „Output", über das vermeintlich angestrebte Ergebnis. Wenn du im Herzen bist, die Werte des Heart-Sellers® lebst, hast du dein Ergebnis sowieso klar. Mithilfe deiner Herzpräsenz verkaufst und verhandelst du überzeugender, als du es jemals zuvor getan hast. Du bist voll präsent, voll da, gehst in Kontakt und Beziehung und nimmst die Resonanz darauf gezielt wahr.

Auch Unternehmen haben Herzenergie – oder eben nicht. Unternehmen haben Seele, Körper, Geist, Herz. Stellvertretend dürfen sich die Verantwortlichen des Unternehmens, also faktisch jeder, immer wieder fragen: Tut das, was wir hier tun, dem Unternehmen gut? Tut das, was das Unternehmen tut, den Menschen gut? Welche Herzqualitäten lebt es? Welche Emotionen möchte ich im Unternehmen haben? Welche Energien? Welchen Glauben? Welche Verhaltensweisen? Welche Räume der Entfaltung mache ich in meinem Unternehmen auf? Welche Orientierung bekommen und haben die Mitarbeiter? Sind die Menschen dem Unternehmen gegenüber committed? Committed sich der Chef den Angestellten gegenüber? Und andersrum? Nur so entsteht meiner Meinung nach eine wahrhafte und nachhaltige Unternehmenskultur, die Wurzeln schlägt. Viele Unternehmen haben das nicht. Man beschäftigt sich gar nicht damit. Unternehmenskultur, das ist doch nur so ein Dutzi-Dutzi-Gedöns. Nein, ist es nicht. Ohne Unternehmenskultur hat niemand im Unternehmen ein Bewusstsein. Es fehlt die Seele, es fehlt das Herz. Ohne Herz funktioniert nichts. Genau dann entstehen Probleme. Es gibt keine Gemeinsamkeiten, kein Commitment, nur Konflikte. Unternehmenskultur will vorgelebt werden. Am besten wächst sie über viele Jahre. Der Chef ist hier immer der Leader, er geht vor. Es geht dabei darum, eine Identität zu schaffen, Werte, einen Markenkern. Und das Wichtigste: Diese Kultur muss auch gelebt werden. Eine Umsetzung von der Theorie in die Praxis ist zwingend erforderlich. Da sich die Welt heute immer schneller dreht, darf und muss auch jede Kultur immer wieder hinterfragt und neu austariert und justiert werden. Es geht letztlich dabei immer wieder darum, sich stetig weiterzuentwickeln.

Herzenergie ist spürbar und messbar. Forscher haben herausgefunden und bestätigt, dass das elektromagnetische Feld des Herzens das größte des menschlichen Körpers. Das Energiefeld des Herzens ist im Umkreis von zehn Metern messbar. Die Stärke dieses Feldes ist 5.000 Mal höher als die des Gehirns. Und dann soll noch mal einer sagen: Ich denke, also bin ich. Viel zu viele Jahre haben wir uns auf unseren klugen Verstand beschränkt, auf die Ratio, auf unser Gehirn. Zeit, dass wir endlich das Herz in den Mittelpunkt unseres Daseins stellen. Mit unserem Herzenergiefeld interagieren wir permanent mit anderen Menschen, wie Forscher am Institute of HeartMath in Colorado, USA, belegten. Egal, mit wem wir also in einem Raum sitzen, auch wenn wir nicht miteinander reden, kommunizieren wir immer über unsere Herzfelder miteinander. Mit dem Chef, mit der Kollegin, mit dem Nachbar im Zug. Das weit messbare Herzenergiefeld sehen Forscher in der Evolution begründet. Es war früher überlebensnotwendig, um sofort Situationen einschätzen zu können. Herzenergie ist also spürbar. Ob bewusst oder unbewusst, wir nehmen wahr, ob wir uns in der Gegenwart eines Menschen wohlfühlen oder nicht.

Die meisten glauben noch immer, dass unser Gehirn der Boss im Haus ist. Dabei bestätigen immer mehr Forscher, dass das Herz dem Hirn absolut überlegen ist. Unser Hirn filtert alle eingehenden Informationen und kann nur einen Bruchteil aller Einzelinformationen und Sinneseindrücke wiedergeben (6.000 Bits pro Sekunde). Das Herz hingegen saugt alles auf, was es bekommen kann (mehrere Millionen Bits pro Sekunde), tausend Mal mehr als das Hirn. Unser Hirn fälscht die Realität, es filtert alles. Wie bei Instagram die Bilder noch und nöcher geschönt werden, bis das Bild aber auch gar nichts mehr mit der Realität zu tun hat, legt auch unser Hirn mit seinen Glaubenssätzen und Gedanken seine eigenen Filter auf die Realität, die am Ende eben auch, wie bei Instagram, nichts mehr mit der Realität zu tun hat. Don‘t trust your brain! Nicht umsonst heißt es: Man sieht nur mit dem Herzen gut. Das Herz hat keine Filter installiert. Das Herz zeigt uns, was wirklich ist. Das Herz möchte all unsere Werte, wie unter Kapitel 3 betrachtet, leben und ausleben. Forscher bestätigen auch, dass viel mehr Informationen vom Herzen ans Hirn gesendet werden als andersherum. Unser Herz empfängt die Informationen auch immer viel früher als das Gehirn. Unser Herz ist der Chef, nicht das Gehirn. Das Herz kann schon auf unser Umfeld reagieren, bevor unsere sensitive Wahrnehmung die Information verarbeitet hat. Man nennt das auch Bauchgefühl – oder Intuition.

→ ***„Wo dein Herz ist, da wird auch dein Schatz sein.“***
Aus der Bibel // Matthäus 6:21

Verstehst du jetzt, warum ich so sehr auf dem Herzthema herumreite? Unser Herz ist unser Boss. Und zwar ein richtig guter. Unser Herz ist eine richtig gute Führungskraft. Wir müssen uns nur wieder darauf einlassen, uns von dieser Führungskraft führen zu lassen.

Wenn du möchtest, schau mal in dein Herz. Es gibt viele schöne Herzmeditationen, die dich in dein Herz führen. Du findest viele davon bei YouTube. Oder, wenn du magst, höre dir meine Herzmediation an, die ich für dich aufgenommen habe: https://tinyurl.com/MediHerz

Hirn-Herz-Kohärenz

→ ***„Ich hätte gern eine Welt, in der das Ziel der Erziehung geistige Freiheit wäre und nicht darin bestünde, den Geist der Jugend in eine Rüstung zu zwängen, die ihn das ganze Leben lang vor den Pfeilen objektiver Beweise schützen soll. Die Welt braucht offene Herzen und geistige Aufgeschlossenheit, und das erreichen wir nicht durch starre Systeme, mögen sie nun alt oder neu sein.“***
Bertrand Russell // Philosoph und Mathematiker // England

Auch wenn ich mich hier mächtig für unser Herz ins Zeug lege, wollen wir unser Gehirn natürlich nicht vergessen oder hintanstellen. Unser Hirn ist eine ebenso wichtige und mächtige Maschine. Nur Herz (also Bauchgefühl und Intuition) funktioniert nicht, aber nur Hirn (also Ratio und Verstand) auch nicht. Wobei, doch, es funktioniert schon. Aber all unser Potenzial entfalten wir genau dann, wenn Hirn und Herz Hand in Hand arbeiten: zwei Kollegen in einem Team, die für eine übergeordnete Sache kämpfen und schlagen. Wenn Hirn und Herz übereinstimmend und sich ergänzend zusammenarbeiten, spricht man auch von Kohärenz. Und dann ist auch klar, warum so viele Menschen unglücklich sind oder nicht erfolgreich: weil Hirn und Herz nicht kohärent sind. Das Hirn sagt etwas anderes, als das Herz es will. Du zerreißt dich buchstäblich. Deine beiden wichtigsten Maschinen zerren dich in entgegengesetzte Richtungen.

Wie können wir das nun steuern? Horche in dich hinein, was du willst. Diese Antwort findest du immer in deinem Herzen. Du findest Antworten sicher auch in deinem Oberstübchen. Aber da oben kannst du dir alle möglichen Geschichten erzählen. DEINE Antwort findest du in deinem Herzen. Veränderungen geschehen immer nur übers Herz. Und dann kommt das Hirn. Unser Gehirn brauchen wir, um alles umzusetzen.

Diese Herz-Hirn-Verbindung wird seit vielen Jahren von Kardiologen und Psychologen erforscht. Mediziner und Psychiater David Servan-Schreiber schreibt in seinem Buch „Die neue Medizin der Emotionen", wie das Herz bei positiven und negativen Emotionen reagiert, und belegt die Zusammenhänge zwischen Emotionen, Nervensystem und den Funktionalitäten des Herzens. Er schreibt: *„Stress ist, was Herzkrankheiten betrifft, ein noch grösserer Risikofaktor als Rauchen. Wenn das emotionale Gehirn aus den Fugen gerät, leidet das Herz darunter und gibt schliesslich auf. Die überraschendste Erkenntnis ist jedoch, dass dieser Zusammenhang auch umkehrbar ist. Das Gleichgewicht unseres Herzens beeinflusst ständig unser Gehirn."* Und genau das ist die revolutionäre Entdeckung. Denn bisher ging man davon aus, dass allein das Hirn alles steuert und seine „Befehle" im Körper verteilt. Es gibt aber eine zweite Schaltzentrale, wenn nicht sogar noch eine viel wichtigere.

Wenn unser Herz ruhig und gleichmäßig schlägt, also alles im Lot ist, spricht man von Herzkohärenz. Je gleichmäßiger die durch den Rhythmus entstehenden Sinuswellen sind, desto kohärenter das Herz. *„Der Zustand der Kohärenz beeinflusst auch die anderen physiologischen Rhythmen, vor allem die natürlichen Schwankungen des Blutdruckes und der Atmung gleichen sich rasch der Herzkohärenz an, und alle Systeme stimmen aufeinander ab."*

Die Herzkohärenz („Kohärenz" = „Gleichklang") ist der Einklang zwischen Herz, Atmung und Blutdruck.

Was schließen wir daraus? Achte auf dein Herz. Das Herz kommt zuerst. Das Herz ist der Captain, der Leader auf deinem Boot, dem alle folgen. Herz gut, alles gut.

Man kann die Kohärenz des Herzschlages trainieren, vor allem über Meditationen und Atemtechniken. Nicht umsonst ist unser Atem unser Lebenselixier.

FRAG DICH DOCH MAL:

→ **Was würde die Liebe tun?**

→ **Welche Emotionen nehmen dich gefangen? Und welche Geschichte steckt dahinter?**

→ **In welchen Momenten spürst du, dass dein Herz nicht kohärent ist?**

5.4 Gefühle

→ ***„Wir sind keine denkenden Maschinen, die fühlen, sondern fühlende Maschinen, die denken."***

António Damásio // Neurowissenschaftler und Autor // Portugal

„Das ist Wahnsinn, du spielst mit meinen Gefühlen! – Fühle! Fühle! Fühle!" – singt unser aller Lieblingsschlagerheini Wolle Petri in seinem Smash-Hit „Wahnsinn". Hach, was wären wir ohne unsere Gefühle? Ohne Emotionen wäre unser Leben ziemlich fad. Und wir würden es noch nicht mal merken. Gefühle sind Himmel und Hölle zugleich. Gefühle können unser stärkster Antrieb (Liebe, Freude, Tatendrang, Lust) sein, aber auch die größte Mauer, die uns hindert, sabotiert und blockiert (Angst, Wut, Apathie).

Noch immer sind wir vom Glaubenssatz geprägt, dass Verstand und Gefühle zwei völlig verschiedene Baustellen sind. Dabei sind es unsere Emotionen, die all unser Denken und Handeln steuern und beeinflussen.

Der portugiesische Neurowissenschaftler António Damásio[58] schreibt in seinem Buch „Im Anfang war das Gefühl – der biologische Ursprung menschlicher Kultur": *„Emotionen sind der Motor unseres Lebens. Wir haben zuerst Emotionen und danach Gefühle, weil die Evolution zuerst Emotionen und später Gefühle hervorgebracht hat."* Damásio unterscheidet zwischen Emotionen und Gefühlen. Was ist für ihn eine Emotion? Eine Emotion ist für Damásio nichts anderes als ein Cocktail aus chemischen Reaktionen und neuronalen Signalen, die bestimmten Mustern folgen. Er sagt: *„Emotionen sind so etwas wie ein von der Natur fertig geschnürtes Reaktionsbündel".* Deshalb kann ich gut verstehen, wenn jemand sagt, er sei Opfer seiner Gefühle. Es ist nur falsch, denn die Gefühle spielen hier auf dieser körperlich-biologischen Reiz-Reaktions-Ebene noch gar keine Rolle. Wir sind Opfer unserer Emotionen, das könnte man schon eher sagen. Wenn wir einen Reiz wahrnehmen, führt das zu einer bestimmten Reaktion. Alles biochemisch.

Auch ich definiere Emotion als E-Motion – Energie in Bewegung. Es kommt in unserem Körper etwas in Gang, wenn wir einem Reiz ausgesetzt sind – permanent, ununterbrochen.

Erst danach kommen, laut Damásio, die Gefühle ins Spiel, die dann auf der geistigen Ebene andocken. Mit unseren Gefühlen prüfen wir, was der biochemische Reiz-Reaktions-Cocktail gerade in mir aus auslöst. Wie fühlt sich an (Gefühl), was gerade in mir bewegt (E-Motion) wird? Ist da Angst? Ist da Freude? Ist da Wut? Ist da Trauer? Ist da Neid? Ist da Eifersucht? Ist da gut? Ist da doof? Unsere Gefühle lenken dann unsere Emotionen auf ein bestimmtes Verhalten hin. Laut Damásio sind Emotionen der Funke des Lebens, die uns zum Handeln bringen, unsere geheimen Regisseure.

Gerade unbewusst gespeicherte Erfahrungen, Dramen und Ängste beeinflussen, welche Entscheidungen wir treffen oder eben nicht treffen, wie wir mit unseren Mitmenschen umgehen und wie wir unser Leben generell meistern – im Privatleben, aber auch im Job. Emotionen = Energie in Bewegung. Solange wir uns nicht mit unseren Gefühlen und den dahinter liegenden Emotionen auseinandersetzen, also hinschauen statt wie so oft üblich zu verdrängen, bleiben diese Energien in unserem System und verursachen einen Großteil unserer Selbstsabotagen, Konflikte und Probleme. Deshalb geht es beispielsweise auch in meinen Seminaren und Trainings ganz oft darum, diese Blockaden zu lösen. Loslassen ist das große Geheimnis. Loslassen geschieht übrigens genau dann, paradoxerweise, wenn wir in das Gefühl, in die Emotion, hineingehen. Sie wahrnehmen, annehmen, reinspüren, sie geschehen lassen. Wenn wir das, was ist, annehmen können, befreit uns das. Wenn wir uns fragen, was unsere Gefühle für uns bedeuten, was sie uns sagen wollen, sind wir ihnen nicht länger ausgeliefert und von ihnen überwältigt. Betrachten wir unsere Gefühle als Souffleusen, die uns zuflüstern, was eigentlich wirklich Sache ist. Wenn wir in der Lage sind, Gefühle anzunehmen, sind wir für jede Herausforderung gewappnet. Jede schwierige Situation, ob im Privatleben oder im Business, ist deine Übungsmatte, auf der du üben kannst, hinter deine Muster zu kommen und diese (auf-) zu lösen. Wenn du Wut, Neid, Eifersucht oder Misstrauen spürst, dann fühle das und sieh hin. Und dann sei neugierig und freue dich regelrecht darauf, was du entdeckst, was hinter diesen Gefühlen wirklich steckt. Fühle, werte nicht, akzeptiere. Diese Herangehensweise oder Methode beschreibt auch der Autor und Wissenschaftler David R. Hawkins in seinem Buch „Loslassen – Der Pfad widerstandsloser Kapitulation".

Der sehenswerte tolle Dokumentarfilm „e-motion: Lass los. Und du bekommst, was für dich bestimmt ist."[59] widmet sich genau diesem Thema: *„90 Prozent unserer Krankheiten und Schmerzen entstehen durch emotionale Altlasten, wie durch unverarbeitete Erlebnisse in der Kindheit, durch Probleme am Arbeitsplatz oder eine Scheidung. Diese Emotionen graben sich tief in unser Unterbewusstsein. Sie bilden negative Emotionsmoleküle, setzen sich in unserem Nervensystem fest und blo-*

ckieren unser gesamtes Leben. Tief sitzender, emotionaler Ballast ist die grundsätzliche Ursache von Krankheiten."

Die Dokumentation, in der viele bekannte Wissenschaftler und Experten aus den Bereichen Medizin, Quantenphysik, Kinesiologie, Biologie und Genetik zu Wort kommen, ermutigt uns, durch die Aufarbeitung von festsitzenden negativen Emotionen und Blockaden körperlich und seelisch wieder gesund und dauerhaft glücklich und erfolgreich zu werden.

→ ***„Wenn das Einzige wäre, was die Menschen lernen müssten, dass sie keine Angst vor ihren Erfahrungen haben brauchen, das allein würde die Welt ändern".***
Sid Banks // Autor und Philosoph // Schottland

Erkennen wir die Macht unserer Gefühle

→ ***„Schauen Sie sich um. Die Menschen sind unglücklich. Unser Verstand und unser Körper sind voneinander getrennt. So viele Menschen leben nur in ihrem Kopf und nicht in ihrem Gefühl."***
Marina Abramovic // Künstlerin // Serbien

Ich möchte dich dazu ermutigen, deine Gefühle ganz bewusst wahrzunehmen. Das fällt uns aber gar nicht so leicht. Denn Gefühle sind in unserer Gesellschaft scheinbar verpönt. Man spricht von Gefühlsduselei. Heul halt nicht rum. Freu dich nicht zu früh. Dabei sind unsere Gefühle so wichtig, machtvoll und kraftvoll. Sie sind unser eigentlicher Antrieb – um nichts anderes geht es doch. Alles, was wir tun, tun wir doch, um uns gut zu fühlen. Warum also nicht mit unseren Gefühlen arbeiten und sie als wunderbares Werkzeug nutzen?

Der britisch-schweizerische Autor und Philosoph Alain de Botton[60] hat es sich beispielsweise zur Mission gemacht, die Menschen mit ihren Emotionen zu versöhnen. Unternehmer Richard Reed[61] hat Alain de Botton für sein Buch „Was im Leben wichtig ist: Begegnungen mit außergewöhnlichen Menschen und ihre wertvollsten Ratschläge" interviewt. Kernessenz des Interviews:

„De Bottons Ziel ist eine emotional gebildetere, glücklichere Gesellschaft, die aber auf keinen Fall ignorieren sollte, dass das Leben an sich tragisch ist. Eine seine grundlegenden Annahmen ist, dass die meisten Menschen die großen gesellschaftlichen Probleme für politisch oder ökonomisch halten und wir die Bedeutung von

Emotionen unterschätzen, weil sie als ‚irgendwie nicht ganz seriös und was fürs Wochenende' wahrgenommen werden. De Botton sagt: ‚Dabei geht es bei den seriöser klingenden Dingen wie Wirtschaft und Politik in Wirklichkeit zum größten Teil um menschliche Emotionen und das emotionale Funktionieren von Menschen. Außerdem ist es oft unsere emotionale Seite, die Probleme wie Abhängigkeit, Trennungen, Angst, Wut, Frustration und all das andere alltägliche Elend verursacht, das die Menschen umtreibt.' Alain de Botton findet es angesichts der Größe der Probleme merkwürdig, dass es keine einzige akademische Disziplin gibt, die einen darauf vorbereitet, was es heißt, eine emotionale Kreatur zu sein, die oft etwas außer Kontrolle ist. Daher besteht seine Lebensaufgabe darin, Wege zu finden, mit denen wir uns selbst leiten und trösten können."

Ich kann de Bottons Aussagen nur unterschreiben. Emotionen sind unser größter Antrieb und unsere größte Blockade. Aber wir lernen nichts, rein gar nichts darüber. Nicht als Kinder, nicht im Kindergarten, nicht in der Schule, und schon gar nicht als Erwachsene. Wir lernen tausend andere Dinge und wundern uns dann, warum es hier und da in unserem Leben rappelt im Gebälk. Weil wir die grundlegende Basis unseres Daseins, völlig ignorieren. Wir lernen nicht, wie man Emotionen wahrnimmt, wie man mit ihnen umgeht, wie man sie katalysiert. Wie man gute Gefühle als Raketenturbo nutzt und schlechte Gefühle auflöst. Es ist Zeit, längst überfällig, die Macht der Emotionen anzuerkennen und entsprechend all unser Denken und Handeln darauf völlig neu auszurichten.

Auch der hier schon zitierte Neurowissenschaftler Damásio sieht es ähnlich. Er glaubt, dass die gesellschaftlichen Probleme wie Gewalt, Ungleichheit und Konflikte darin begründet sind, dass wir unser Mitgefühl verloren haben. *„Wir lassen uns von negativen Emotionen wie Wut und Groll zu schnell überwältigen."* Das ist, auch im Zusammenhang mit Alain de Bottons Ansicht, logisch: Wir haben keinerlei Macht und Verständnis in Bezug auf unsere Emotionen. Auch für Damásio ist klar: *„Wir müssen uns darauf konzentrieren, ein Umfeld zu schaffen, das positive Emotionen fördert. Nur dann können wir Erfolg haben, glücklich sein und nur dann können wir uns alle besser verstehen."*

„Wir müssen uns darauf konzentrieren, ein Umfeld zu schaffen, das positive Emotionen fördert." Und wie schaffen wir dieses Umfeld? Indem DU damit anfängst – jetzt, sofort, gleich. In deiner Partnerschaft, im Umgang mit deinen Kindern, mit deinen Freunden, mit deiner Familie, mit deinen Kollegen, in deinem Job. Egal wo, egal wann. It's up to you.

Weg mit den Panzern

→ ***„Männer haben auch Gefühle. … Hunger, zum Beispiel.“***
unbekannt

Mit Gefühlen und Emotionen richtig umzugehen, deren wahre Bedeutung wirklich zu erkennen – da stecken wir in unserer Gesellschaft noch in den Kinderschuhen. Hier muss meiner Meinung nach ein Paradigmenwechsel stattfinden: weg vom Verstand, hin zum Herz. Statt das Herz verschlossen zu halten, das Herz weit aufmachen – sperrangelweit. Weg mit den Masken, die unser innerstes, also unsere Emotionen, verbergen sollen. Ich frage mich immer wieder: Warum? Wozu?

Ich bin der festen Überzeugung, dass alle unsere Konflikte dadurch entstehen, dass wir uns verstecken und verbarrikadieren. Alle Konflikte im Außen resultieren aus unseren inneren Konflikten. Innere Konflikte entstehen, wenn ich Masken trage, mich nicht zeige, wer und wie ich bin, mich nicht zeigen kann. Wenn ich weiß, wer ich bin und was ich will, wenn ich weiß, was mir gut tut, wenn ich weiß, wohin ich will – und dann mein Leben genau darauf ausrichte, bin ich in allem, was ich sage und tue, kongruent. Es gibt keine inneren Konflikte. Und wo es keine inneren Konflikte gibt, werden auch die meisten äußeren Konflikte wie durch Zauberhand verschwinden. Wozu also Panzer? Wozu also sich verbarrikadieren?

Wenn du ganz bei dir bist, wenn du dir erlaubst, ganz der oder die zu sein, der/die du bist, dann bist du bei dir – im Hier und im Jetzt. So oft sind wir in Gedanken bei anderen. Wir vergleichen, wir filtern. Unser Gehirn filtert ständig. Was ist gut? Was nicht? Natürlich ist dieser Abgleich wichtig. So lange er immer wieder zu uns selbst führt. Es hilft uns zu erkennen, ob die Dinge, die du sagst und tust, deinen Werten entsprechen. Tun sie das, ist alles gut. Tun sie das nicht, entsteht Unruhe. Wenn du auf einmal andere Dinge sagst und tust, die nicht deinem Wertegerüst entsprechen, wackelt dein System.

Wir alle haben diese Sehnsucht nach guten Gefühlen, diese Sehnsucht danach, geliebt zu werden. Dabei kanalisieren wir diese Sehnsucht jedoch viel zu sehr ins Außen. Wir versuchen, unsere Bedürfnisse von anderen erfüllen zu lassen. Kann mir jemand anderes das geben, was ich brauche, was ich mir wünsche? Die meisten schauen nicht auf sich, sondern auf die anderen. Ich nenne sie gern Herr oder Frau Van Andern. Die kommen aus Holland. Aus Sehnsucht geliebt und gesehen zu werden, verstellen wir uns, tragen Masken. Und sind dennoch unglaublich verletzlich. Ein vermeintlich böses Wort, ein doofer Blick und schon fühlen wir uns nicht mehr geliebt. Fühlen uns schlecht. Wie doof ist das denn bitte schön?! Wir sind doch keine Junkies! Wenn wir immer woanders sind, können wir nie ganz bei uns selbst sein.

Das verrückte und paradoxe ist, wenn wir ohne Masken ganz bei uns selbst sind, die Liebe uns selbst schenken, sind wir zu hundert Prozent ganz. Und stark. Wenn wir ganz und komplett sind, sind wir kaum noch verletzlich. Beziehungsweise treffen uns Speerspitzen nicht mehr so tief. Niemand, dem wir es nicht erlauben, kann in unser „System". Wir sind im KI. Dazu auch später unter 7.1 noch mehr.

→ ***„Das Herz hat seine Gründe, die die Vernunft nicht kennt."***
Blaise Pascal // Mathematiker, Physiker, Literat und Philosoph // Frankreich

Das Gefühl entscheidet

→ ***„Liebe ist die ursprünglichste Form von Erkenntnis. Liebe ist schöp ferisch, aber nicht, indem sie Werte schafft, sondern indem sie Werte entdeckt und sie verwirklicht. Unser Verhältnis zur Welt gründet nicht in Projektionen, sondern in der von Liebe ermöglichten emotionalen Bejahung des Anderen als Anderem, von Lebewesen als Lebewesen, von Natur zu Natur."***
Max Scheler // Philosoph // Deutschland

Auch der Philosoph Max Scheler vertritt ähnliche Ansichten wie der schon zitierte Neurowissenschaftler Damásio. Für ihn steht das Fühlen an erster Stelle, erst danach bilden sich Urteile und Wertungen. Sprich: Zuerst fühlt das Herz. Dann erst macht der Verstand etwas aus diesen Informationen, bildet Urteile, packt es in Schubladen, bewertet, verurteilt. Für Scheler ist das Fühlen der ursprüngliche Kontakt menschlicher Existenz mit der Welt: „Alles Verhalten zur Welt ist primär ein emotionales Verhalten." Dr. Matthias Schlossberger, Heisenberg-Stipendiat an der Humboldt-Universität Berlin, setzt sich in einem Essay in dem Journal für Philosophie „der blaue reiter"[62] (Ausgabe 42, Thema „Liebe") mit Schelers Ansichten auseinander und schreibt:

„Zunächst entwickeln wir im Fühlen ein Verhältnis zur Welt und erst dann, wenn wir die Gegenstände der Welt fühlend erfasst haben, sind wir zu reinen Urteilen in der Lage. Das ‚Wertnehmen', so ein eigens von Scheler geprägter Ausdruck, geht dem ‚Wahrnehmen' voraus. Bevor der Mensch sich denkend oder wollend zur Welt verhält, muss er sich erst einmal fühlend zur Welt verhalten. Für Scheler ist klar: Die Liebe ist die Mutter des Geistes und der Vernunft.

Die Redewendung, dass Liebe blind mache, sei bloßes ,Bourgeoisie-Urteil', das in der Annahme gründe, Erkenntnis müsse von allem Emotionalen freigehalten werden – eine Annahme, die auf einer falschen Bestimmung des Emotionalen beruht.

Liebe macht nicht blind, sondern im Gegenteil, sie macht sehend, sie hat eine eigene kognitive Funktion. Liebe ist aktiv und wertschöpfend. Sie schafft die Werte nicht, aber sie entdeckt sie und verwirklicht sie so. … Liebe ist actio, nicht reactio. …

Liebe ist für Scheler das, was menschliches Leben immer schon auszeichnet. Der Mensch ist ein durch und durch soziales Wesen. Die Art und Weise, wie sich Menschen zueinander verhalten, lässt sich nicht ohne gemeinsames und wechselseitiges Lieben denken. … Der These, Liebe sei eine zufällig entstandene Idee, sozial konstruiert, widerspricht Scheler vehement. Für ihn steht ganz klar ein Paradigmenwechsel an: weg von der Idee, alle Gefühle seien sozial konstruiert, hin zu einer neuen Seins-Lehre des Lebendigen und der menschlichen Natur. … Die These, Liebe sei nur ein Konstrukt, ist für ihn nichts anderes als der Versuch, menschliche Lebensformen der Vergangenheit, der Gegenwart und anderer Kulturen zu entwerten. Vielleicht stammt sie aus dem Geist jener, die verlernt haben, zu lieben und nun den anderen zurufen: Eure Trauben sind sauer!"

Auch meine Philosophie ist: Das Gefühl entscheidet. Das Herz geht vor. Immer – auch im Job, auch im Verkauf, auf Seiten des Verkäufers, auf Seiten des Käufers, auf Seiten des Unternehmens, auf Seiten des Produktes. Das schafft eine noch bessere Bindung zu deinem Unternehmen, deinem Produkt und zum Käufer. Es geht nie um das Produkt selbst, sondern immer darum, welches Gefühl das Produkt dem Käufer vermittelt, wenn er es hat, benutzt, anwendet, trägt. Logischerweise gilt das nur für High-Involvement-Produkte, weniger für Low-Involvement-Produkte, also Produkte des täglichen Bedarfs, wie Klopapier, Spülmittel, Druckerpapier oder Mehl. Wobei – betrachtet man hier die Entwicklung genauer, versuchen die Hersteller auch bei diesen Produktkategorien die Gefühlsebene immer mehr mit einzubauen. Man muss nur mal durch einen Drogeriemarkt schlendern. Da gibt es Wellness-Klopapier mit Entspannungsduft und fröhlichen Motiven. Man soll sich schließlich besonders gut und nobel fühlen dürfen, wenn man uffm Pott sitzt. Spülmittel werben mit Slogans wie „Luxus für die Hände" und haben Kaschmiranteile intus. Das Mehl kommt von glücklichen Hühnern, äh, nein, das war was anderes. Es kommt von glücklichen Bauern mit rosigen Apfelbäckchen.

Die Sachebene im Verkauf allein reicht nicht mehr

Merkst du was? Das Gefühl entscheidet. Die Sachebene im Verkauf genügt schon lange nicht mehr. Vieles im Verkauf geschieht auf Gefühlsebene. Wir kaufen und verkaufen aus dem Gefühl heraus. Nicht wegen einer besonders ausgeklügelten Technik oder Methode. Natürlich gibt es hervorragende Methoden (dazu auch gleich in Kapitel 6 mehr), aber all diese Methoden zielen auf was ab? Genau. Auf die Gefühlsebene. Jeder Vorwand, jeder Einwand findet auf Gefühlsebene statt. Es geht beim Verkaufen also immer darum, Logik und Emotion, also Herz und Verstand, in einem Team zu vereinen und in Einklang zu bringen. Hier sind wir wieder bei der schon angesprochenen Kohärenz.

„Sigmund Freud hat hinlänglich erarbeitet, dass nicht die Tatsachen, sondern die Gefühle den Menschen lenken. Stellt man sich zudem der Tatsache, dass Wahrnehmung immer von äußeren Umständen, dem situativen Kontext, Stimmung, Intelligenz sowie persönlicher Prägung und Sozialisation abhängt, also selektiv wahrgenommen werden, dann wird deutlich, welche Rolle die Verkaufspsychologie bei der Anpassung einer so genannten Realität an das subjektive Erleben des Rezipienten zu leisten hat."[63]

Das Gefühl entscheidet. Alles muss für alle gut sein. Meine Mission ist es, die Menschen in meinen Coachings und meinen Seminaren dorthin zu bekommen, dass sie sich in all ihrer Liebe selbst zu hundert Prozent annehmen können, dass sie lernen, bei sich zu sein und ins Vertrauen zu kommen, Ängste und negative Emotionen zu lösen. Denn wer gut mit und zu sich selbst ist, ist vollgepumpt mit dem schönsten und besten Drogencocktail, den es gibt: Liebe und Lebensfreude. Wer Lebensfreude hat, bringt seine PS auf die Straße. Für sich selbst, aber auch für das Unternehmen, für das er oder sie arbeitet.

Das, was wirklich wichtig ist bei Veränderungen, ist immer das Gefühl. Dein Gefühl versteckt sich immer hinter deinem Warum oder deinem höheren Warum, welches wir uns schon in Abschnitt 3.6 angesehen haben. Modelle, Strategien und Methoden helfen dir nicht, wenn du nichts dabei fühlst. Im Gegenteil – sie sind dann sogar hochgradig gefährlich und kontraproduktiv, weil sie dich in eine völlig falsche Richtung schicken. Wenn wir Techniken und Modelle einfach nur über alles drüberstülpen, in Form pressen und Etiketten draufkleben, funktioniert das nicht. Etiketten sind für Flaschen, aber nicht für Menschen. Viele Menschen klammern sich an diese Modelle, weil sie denken, dass sie eine Abkürzung sind. Natürlich brauchen wir alle Orientierung, doch allzu oft suchen wir nicht dort, wo wir suchen sollten. Wir orientieren uns mal wieder an Herr oder Frau van Andern. Was sagen die anderen?

Ich beobachte immer wieder, wie in vielen Seminaren oder Büchern lediglich vermittelt wird, wie du zu sein hast, um erfolgreich zu sein, um glücklich zu sein, um reich zu sein. „Um … zu", „um … zu", „um … zu" – auch das hatten wir schon an anderer Stelle entlarvt. Du bekommst alles übergestülpt. Aber das ist ein Kostüm. Willst du dich wirklich für andere zum Clown machen? Oder gar zum Affen? Was entspricht dir? Wer bist du?

Mein Anspruch ist, dir all meine Kenntnisse und Erfahrungen formlos und techniklos zu zeigen. Und dann nimmst du davon das, was dir entspricht. Das entscheidest du. Wichtig ist aber dafür, dass du eine Ahnung hast, was dir – und ich reite allzu gern darauf herum – wirklich DIR entspricht. Nicht der Gesellschaft, nicht deinem Umfeld, nicht deinen Eltern, nicht deinem Chef. Du entscheidest das aus deinem Gefühl heraus: Was passt zu dir? Wenn du hier kohärent und kongruent unterwegs bist, wirst du (wenn du es nicht schon längst bist) eine noch bessere Führungskraft, ein noch besserer Mitarbeiter, ein noch besserer Verkäufer. Das katapultiert deine Lebensqualität in völlig neue Sphären.

Eine Welt ohne Gefühle?

Zum Abschluss dieses Kapitels noch ein Gedanke: In einer Welt, in der immer mehr in Sachen künstliche Intelligenz geforscht wird und sich die verschiedenen Errungenschaften sicher auch mehr und mehr am Markt durchsetzen werden (Amazons Echo und Alexa, Googles selbstfahrende Autos, Computer, Roboter etc.), stellt sich natürlich die Frage, ob Gefühle jemals auch „künstlich" sein können und ob wir sie überhaupt noch brauchen. Es funktioniert doch offensichtlich auch ziemlich wunderbar ganz ohne.

Und genau das ist der Punkt. Es funktioniert. „Funktionieren" heißt zum einen „intakt sein und durch Zusammenwirken bestimmter Vorgänge eine Funktion erfüllen", zum anderen „sich bestimmten Normen entsprechend angepasst verhalten". Es stammt vom Lateinischen „fūnctio" ab, was „Dienstverrichtung" (Substantiv) oder „verrichten, vollziehen" (Verb) bedeutet. Funktionieren beschreibt also einen reibungslosen Ablauf.

Es ist schön, wenn gewisse Dinge in unserem Alltag und Leben einfach funktionieren. Natürlich! Aber Hand aufs Herz, was willst du am Ende deines Lebens sagen: „Ich habe funktioniert." oder „Ich habe gelebt!"? Leben ist keine Funktion. Unser Leben ist doch keine Dienstverrichtung, verdammt noch mal!

Müssen wir nun Angst haben vor all den „schlauen“ Maschinen?

„Der Grund, warum Sci-Fi-Szenarien nicht eintreten werden, ist, dass die Klugheit der Künstlichen Intelligenzen, obwohl spektakulär, den Namen „künstlich“ verdient hat. Tatsächlich hat sie nur sehr geringe Ähnlichkeit mit den mentalen Prozessen des Menschen.“

Dies ist eines der Zitate von Antonio Damásio. Der Neurologe betrachtet die Entwicklungen künstlicher Intelligenz und ihrer Zukunft in unserer Gesellschaft skeptisch. *„Künstliche Intelligenz wird niemals so etwas wie das menschliche Bewusstsein besitzen. Denn anders als bei der Künstlichen Intelligenz ist unser Gehirn das Ergebnis eines ausgefeilten Evolutionsprozesses. Maschinen hingegen, mit ihren computergesteuerten Programmen, haben keine Erfahrung, keine Emotionen, keine Ängste, kein Gewissen. Das ist genau der Grund, warum sie nie Gefühle haben werden. Sie können uns auf viele Arten nützlich sein, aber sie werden niemals intelligente Wesen sein.“*

Wissenschaftler arbeiten derzeit weltweit mit Hochdruck daran, Robotern und Maschinen so etwas wie Emotionen bei zu bringen. Dass Roboter „wütend“ oder „traurig“ auf etwas reagieren, ist so gesehen keine große Kunst. Man kann sie dahingehend einfach programmieren. „Tritt Ereignis X ein, reagiere mit Y“. Das in hundertfacher Variation und schon hat ein Roboter einen Emotionskatalog parat. Egal, wie weit die Wissenschaftler hier vordringen, egal, wie viele Programme sie auch für komplexe Einsätze schreiben, ich bin der festen Überzeugung, dass Roboter und Maschinen niemals die Aspekte der Liebe, also Bedingungslosigkeit, Absichtslosigkeit, Dankbarkeit, Vergebung, Nächstenliebe und Demut, „empfinden“ werden können.

Auch wir Menschen sind in gewisser Weise programmiert. Wir lernen, auf bestimmte Ereignisse mit bestimmten Emotionen zu reagieren. Der Chef ärgert mich? Also bin ich frustriert und wütend. Meine Partnerin liebt mich nicht so wie ich das möchte, also bin ich enttäuscht. Diese programmierten Emotionen erzeugen bei uns Verhaltensmuster, die an uns anhaften. Unsere Aufgabe ist es, uns von genau diesen Anhaftungen zu lösen.

FRAG DICH DOCH MAL:

→ **Stell dir vor, du lebst in einem Umfeld positiver Gefühle: Wie sieht die Welt aus? Was verändert sich alles?**
→ **In welchen Bereichen deines Lebens verdrängst du deine Gefühle?**

5.5 Dienen, Demut, Dankbarkeit

→ ***„Die Demut des Herzens verlangt nicht, dass du dich demütigen, sondern dass du dich öffnen sollst. Das ist der Schlüssel des Austausches. Nur dann kannst du geben und empfangen."***

Antoine de Saint-Exupéry // Schriftsteller und Pilot // Frankreich

„Danke, dass ihr mich aufgenommen habt. Ich bin für euch da." – mit diesen Worten starte ich oft in Seminare oder Coachings. Und sie geben meine Haltung und Einstellung zu dem, was ich mache, wieder: Ich betrachte mich niemals als der große Zampano da vorne, der, der weiß, wie der Hase läuft, der vor den Leuten steht und von oben herab doziert. Ich bin stattdessen jedes Mal aufs Neue dankbar, von Herzen dankbar, dass mir die Menschen ihr Vertrauen geschenkt haben und ich sie ein Stück begleiten darf. Ich bin nicht nur dankbar. Wenn ich sage, ich bin für euch da, meine ich das genau so. Ich diene meinen Teilnehmern. Bei jedem Workshop, jedem Seminar, jedem Coaching bin ich für meine Teilnehmer da. Ich habe selten feste Endzeiten, sondern richte mich immer danach, ob alles im Raum für den Tag geklärt ist. Und wenn ich spüre, dass die Gruppe noch drei Stunden länger machen möchte, dann mache ich das. Ich biete auch gern an, morgens eine Stunde eher zu kommen, um offene Fragen in kleiner Runde zu besprechen oder gemeinsam eine schöne von mir geleitete Meditation zu genießen. In den Pausen ziehe ich mich selten zurück, weil ich weiß, dass es immer Teilnehmer gibt, die das Einzelgespräch suchen und ich ihnen so helfen kann. Ich bin da – voll und ganz, ohne Blick auf die Uhr und ohne, dass ich ausrechne, wie sich mein Stundensatz minimiert, wenn ich noch vier Stunden länger mache. So denke ich nicht, so arbeite ich nicht, so lebe ich nicht. Ich verschreibe mich voll und ganz meiner Aufgabe. Und die ist es, den Menschen, die zu mir kommen, mit all meiner Kraft, Energie und Liebe zu dienen.

Wenn ich den Menschen etwas anbiete, frage ich auch immer um Erlaubnis. Ist es okay, wenn wir die Mittagspause nach hinten verschieben? Ist es okay für euch, wenn wir morgen etwas eher anfangen? Ist es okay für euch, wenn ich euch kurz noch einige Angebote von mir vorstelle, von denen ich denke, dass das was für Euch wäre?

Auch um Erlaubnis zu fragen, ist eine Form des Dienens und der Demut. Denn wenn ich kein Okay bekomme, mache ich das nicht. Ich bin flexibel und passe mich stets den Bedürfnissen an.

Wenn pünktlich in die Mittagspause zu kommen, dein wichtigster Wert ist …

Umso fassungsloser bin ich – und es macht mich regelrecht richtig wütend –, wenn ich dann, selbst als Kunde unterwegs, richtige Klöpse von Verkäufern erlebe. Wie schon in Abschnitt 3.3 erzählt, schüttele ich noch immer den Kopf über die Verkäuferin eines Autohauses, bei der, während ich sie um Informationen gebeten habe, ständig ihr Telefon klingelte und die Kollegen sie drängelten, wann sie endlich in die Mittagspause kommt. Statt zu sagen: „Geht schon mal vor! Ich habe hier einen Kunden, den ich gern noch in Ruhe beraten möchte.“, gibt sie dem Drängeln nach und sagt gehetzt: „Jaaa, bin in fünf Minuten fertig, ich beeile mich, komme gleich.“ Ich meine, ich will ein Auto für ziemlich viel Geld kaufen. Und was hat die Verkäuferin im Kopf? Den Gang zur Kantine! Sie lässt mich spüren, dass sie jetzt wirklich lieber mit ihren sicher genauso wenig engagierten Kollegen in die Kantine watscheln will, statt mit Ruhe, Engagement, Neugier und Interesse einen Verkauf im oberen fünfstelligen Bereich in die Wege zu leiten. Sie hat ihren Kantinenstress auf mich übertragen. Fühlte ich mich noch gut beraten? Würde ich hier kaufen? Natürlich nicht. Das, was ich fühlte, war Wut – Wut über die Einstellung dieser Verkäuferin. Kaufe ich, wenn ich wütend bin? Wenn ich mir doof vorkomme? Natürlich nicht. Ich würde noch nicht mal eine Rolle Klopapier für 80 Cent kaufen, wenn ich so behandelt werde. Ich spürte aber auch Amüsement. Sie tat mir auch gleichzeitig leid. Das ganze Unternehmen tat mir leid. Und ich bin mir sogar sicher, dass dieses Unternehmen Unmengen an Budget für Trainings und Coachings ihrer Mitarbeiter raushaut. Aber wie ich im letzten Kapitel schon sagte: All diese Trainings, Strategien und Methoden sind fürn, sorry, Allerwertesten, wenn es an der Einstellung und der Haltung der Mitarbeiter hapert und die simpelsten, einfach nur auf Anstand und Menschenverstand beruhenden Dinge nicht gelebt werden. Der Verkäuferin ging ein Umsatz von 60.000,00 Euro durch die Lappen, dem Unternehmen auch. Rechne das mal hoch. Wenn sie jeden Tag lieber in die Mittagspause geht, statt Kunden zu beraten, wieviel Umsatzverlust sie damit generiert. Sie kann ja in die Mittagspause gehen – gar keine Frage. Aber eben nicht, wenn ein Kunde vor ihr sitzt.

Ähnliches Erlebnis letztens in der Vorweihnachtszeit: Seit Jahren macht in einem kleinen Ladengeschäft, in dem sich in den Sommermonaten eine Eisdiele befindet, während der Weihnachtszeit ein Lebkuchenladen auf. Dort werden die köstlichsten Lebkuchen und Plätzchen verkauft. Jedes Jahr decke ich mich dort mit den

Kalorienbomben ein. Jedes Jahr begrüßt mich die fröhliche, rundliche, engagierte Verkäuferin. Sie erinnert sich an mich. Sie fragt nach, wie es mir geht. Sie bietet mir die neuesten Kreationen zum Probieren an, dazu leckeren Zimt-Tee. Sie nimmt sich Zeit, plaudert mit den Kunden, sie liebt, was sie tut. Und sie liebt ihre Produkte, wie sie von den neuen Vanillekipferln mit noch mehr Bourbonvanille oder den Elisen-Lebkuchen mit noch mehr Nüssen schwärmt. Sie lebt und liebt ihren Laden. Man will am liebsten den ganzen Laden leer kaufen. Und das tue ich, jedes Mal. Für knapp hundert Euro decke ich mich mit dem unverschämt köstlichen Zeug ein und schleppe eine riesige Tasche voll bis oben hin nach Hause. Meine Hüften danken es mir, aber ich pfeife drauf, es ist schließlich Weihnachten. Würde ich so viel kaufen, würde ich mich in dem Lebkuchenladen mit der Lebkuchen-Lady nicht so wohl fühlen? Natürlich nicht. Denn natürlich kaufe ich auch so viel – die Hälfte oder nur ein Drittel von der Menge, die ich kaufe, würde es schließlich auch tun –, weil ich die Dame einfach so mag. Ich liebe ihre Hingabe, die Demut den Produkten gegenüber und mit welcher Freude sie ihren Kunden dient.

Und dann, der Schock. Dieses Jahr gleiches Ritual wie immer. Als ich sehe, dass im Dezember der Laden endlich geöffnet hat, freue ich mich nicht nur auf die köstlichen Rum-Bomben, Elisen-Lebkuchen, Dominosteine und Co. Nein, ich freue mich auch ehrlich darauf, die Lebkuchen-Lady wiederzusehen. Ich betrete voller Vorfreude das Geschäft, aber sie ist nicht da. Stattdessen steht da ein gehetzter, unsympathischer Verkäufer, dem ich schon innerhalb der ersten Sekunde ansehe, dass er sowas von keinen Bock auf die ganze Geschichte hier hat. Er redet nicht mit seinen Kunden. Bietet nichts zum Probieren an, geschweige denn Tee. Er strahlt nur „Null Bock“ aus. Als ich den Laden betrete, schaut er mich völlig genervt und mit Augenrollen an. Und dann kommt das Schärfste: Bevor er mich „bedient“, schließt er den Laden von innen ab und brummelt dabei genervt: „Seit einer Stunde will ich Mittagspause machen, aber es kommen ständig Kunden rein. Jetzt reicht es mir, hier kommt jetzt niemand mehr rein!“ Ich bin fassungslos. Wo ist die versteckte Kamera? Mit all diesen Aktionen zerstört der Typ das, was seine Vorgängerin über Jahre mit Herz und Liebe aufgebaut hat, in wenigen Augenblicken. Wie oft passiert so etwas in Unternehmen? Du hast das tollste Produkt, schulst deine Mitarbeiter, und dann torpedieren sie alles mit solchen unverständlichen Aktionen – weil sie in ihre Mittagspause wollen. Man müsste den wirtschaftlichen Schaden, der dadurch entsteht, mal hochrechnen. Ich muss sicher nicht erwähnen, dass ich mich dieses Mal mit meinem Kauf zurückgehalten habe. Ich habe genau eine Packung Lebkuchen gekauft. Für 7,80 Euro. Ein Umsatzverlust von knapp 900 Prozent. Ich bin mir sicher, es gibt viele Kunden, die sich genauso gefreut haben wie ich. Und dann genauso konsterniert in dem Laden mit dem neuen Verkäufer stehen und deutlich weniger gekauft haben. Und auch nicht mehr wiederkommen. Ich weiß nicht, warum meine geliebte Lebkuchen-Lady nicht mehr da ist. Ich könnte den „Verkäufer“ fragen, aber habe ich Lust, auch nur eine Sekunde länger in dem Laden zu stehen? Nein. Der Knaller zum Schluss: Er schließt mir die Ladentür auf, damit ich raus kann. Vor dem Laden stehen vier weitere Kunden, die gern in den Laden und etwas kaufen wollen. Der Verkäufer schaut sie nur grimmig an und sagt: „Nee, ich mach jetzt Mittagspause. Seit einer Stunde will ich schon Mittagspause machen!“, schließt den Laden ab, dreht sich wortlos um und geht. Wir schauen dem Mann nur fassungslos hinterher. Und ich wünsche mir meine Lebkuchen-Lady zurück.

Das Fatale: Das positive Image, das meine Lebkuchen-Lady über all die Jahre aufgebaut hat, ist futsch. Ich sehe die Lebkuchen zu Hause an und jedes Mal denke ich an dieses unsägliche Erlebnis mit dem Verkäufer. Was macht das? Es sorgt dafür, dass mir die Lebkuchen nicht mehr so gut schmecken wie sonst. Genauso geht es mir, wenn ich ein Auto mit Stern sehe. Ich denke jedes Mal an die Mittagspausen-Tante zurück. Und jedes Mal, wenn ich daran denke, kommen die negativen Gefühle in mir hoch, die sich nun auf das Unternehmen projizieren und ausweiten. Und nun ticken Menschen ja normalerweise auch so, dass sie von solchen Erlebnissen erzählen. Die negative Erfahrung wird geteilt und setzt sich in den Köpfen auch der Menschen fest, die diese negative Erfahrung gar nicht selbst gemacht haben. Im Zweifel wird genau das dafür sorgen, dass dann diese Menschen bei einer anstehenden Kaufentscheidung genau nicht zu diesen Unternehmen gehen werden.

Und das alles, weil die Damen und Herren Verkäufer pünktlich in die Mittagspause möchten.

Dienen diese Mitarbeiter ihren Kunden? Nein.
Dienen diese Mitarbeiter ihrem Unternehmen? Nein.
Von Demut und Dankbarkeit ganz zu schweigen.

→ ***„Wahre Hingabe hat ihre Wurzeln in einer ehrfurchtsvollen Dankbarkeit, die zugleich klar, geerdet und intelligent ist.“***
Sogyal Rinpoche // Meditationsmeister // Tibet

Die heiligen drei D's

→ ***„Jeden Tag kannst du durch dein aufrichtiges Interesse an der Freude und dem Fortschritt der Menschheit andere inspirieren."***
Sri Chinmoy // Spiritueller Lehrer // Indien

Meine heiligen drei D's sind Dienen, Demut und Dankbarkeit. Manch einer mag sich dabei irgendwie klein fühlen. Demütig und dankbar zu sein und dann auch noch dienen – das ist doch irgendwie unterwürfig, oder? Nein, ist es nicht – im Gegenteil. Es bedeutet, in der Lage zu sein, alles von Herzen wertzuschätzen, allem im Leben Respekt zu zollen, nichts für selbstverständlich zu nehmen: nicht deine Kunden, nicht deine Kollegen, nicht dein Unternehmen, nicht deinen Partner oder deine Partnerin, nicht deine Kinder, nicht deine Eltern, nicht deine Gesundheit, nicht dein Leben. Wie demütig und dankbar begegnest du all dem jeden Tag?

Mein geschätzter Kollege Veit Lindau schreibt in seinem Buch „Königin und Samurai" in seinem sehr lesenswerten „Brief an den Mann" sogar von der „Freiheit des Dienens". Und weil es ein so genialer und wachrüttelnder Text ist, möchte ich hier einen Auszug daraus zitieren:

„Du trägst etwas Einzigartiges in dir. Du hast etwas zu verschenken, was nur du geben kannst. Wenn du es zurückhältst, fehlt es der Welt, und letztendlich fehlt es dir. … Samurai bedeutet übersetzt nicht Krieger, sondern Dienender. … Ein schwacher Mann dient in einem Kontext von Unterwerfung, unter seine Frau oder seinen Chef. Ein narzisstisch veranlagter Mann geht davon aus, dass die Welt seinen Bedürfnissen zu dienen hat. Ein gieriger Mann dient dem Geld.

Bewusstes, reifes Dienen hingegen ist einer der schnellsten und gründlichsten Wege zur Freiheit und Selbsterkenntnis. … Bist du ein Mann, der die Welt dort, wo er lebt, schöner hinterlässt? Inspirierst du deine Umgebung? Schwächst du oder ermächtigst du deine Mitmenschen? Vielleicht denkst du, du wurdest einfach in ein chaotisches Universum geboren. Du holst das Beste für dich raus, und am Ende stirbst du halt. Glaubst du das wirklich?

Wir sind keine Leistungsmaschinen, keine plumpen Konsumzombies, keine Esel, die stur Mohrrüben hinterherrennen. Wir haben ein großes Herz. Dieses Herz will nicht nehmen. Es will sich verschenken. Stell dir eine Welt vor, in der alle Männer direkt am Morgen, noch bevor sie den Aktenkoffer zücken, ins Büro eilen, um Ziele und Zahlen zu bedienen, zehn Minuten inne halten, auf die Knie gehen, still werden und sich mit dem folgenden Wunsch auf ihren Tag einstimmen: ‚Bitte lass mich heute mit allem, was ich denke, sage und tue, das Gute, Wahre und Schöne in der Welt fördern'. Meinst du nicht, wir würden in einer anderen Welt leben? … Ich sehne mich nach einer Welt, in der wir Männer wissen, wer wir sind. In der wir uns so großzügig verschenken, dass wir jeden Abend erfüllt ins Bett sinken und alle Frauen und Kinder stolz und dankbar auf unser Geschlecht sind. In dem wir uns aufrichtig und aufrecht als Diener des Lebens empfinden und feiern. … Wenn sich der Aufsichtsratsvorsitzende einer Bank, ein Dachdecker und ein Arzt ruhig und nüchtern als Diener des Lebens betrachten. Wenn dies nicht mehr wie eine Floskel klingt, sondern wie eine einfache Tatsache, untermauert durch unsere täglichen Handlungen. Männer, lasst uns aufrechte Diener des Lebens sein."

Veit Lindau rüttelt die Männer damit auf. Aber ich finde, von dem Text dürfen sich alle, natürlich auch Frauen, inspiriert fühlen.

Dienen, Demut und Dankbarkeit haben nichts mit Unterwerfung zu tun. Im Gegenteil – wer diese Werte lebt, zeigt und lebt Größe. Was ist jetzt deine Aufgabe? Geh vor. Verlange nicht von anderen, dir all das entgegenzubringen. Sondern lebe, zeige und spüre wahrhaft die magischen drei D's.

FRAG DICH DOCH MAL:

→ **Dienst du deinen Kunden? Deinem Unternehmen? Dir selbst? Deinem Partner, deiner Partnerin? Deiner Familie? Deinen Kindern? Deinen Freunden? Deinen Kollegen?**
→ **Wo spürst du Dankbarkeit?**
→ **Wie demütig bist du?**
→ **Wann kannst du Größe zeigen und sein? Wann nicht? Warum nicht?**

HEART-SELLER

06

AUS DER HEART-SELLER®-STRATEGIEKISTE

6.1 Der Heart-Selling-Quadrant

→ ***„Und einen Sinn können wir dem Leben des anderen nicht geben – was wir ihm zu geben, mit auf den Weg zu geben vermöchten, ist vielmehr einzig und allein ein Beispiel: das Beispiel unseres ganzen Seins."***

Viktor Frankl // Neurologe und Psychiater // Österreich

Verkaufen ist einfach. Wirklich! Nämlich immer dann, wenn wir das Verkaufen wie einen Quadranten betrachten.

Der erste Quadrant: Dein Personal Branding

Jede Firma ist eine Marke, ein Brand. Zumindest sollte jedes Unternehmen darum bemüht sein. Was macht eine Marke aus? Ein bestimmtes Image, ein Versprechen, ein Gefühl, Lifestyle, eine Haltung. Was viele aber komplett außen vor lassen: Wer sind sie selbst? Denn auch du als Teil eines Unternehmens oder deines eigenen Unternehmens bist eine Marke. Du hast deinen ganz eigenen persönlichen Brand. Ein Verkäufer verkauft nicht nur, wenn die anderen drei Seiten erfüllt sind. Er verkauft (oder auch nicht) wegen seiner selbst, weil er ist, wie er ist, weil er im wahrhaften Kontakt mit dem Kunden steht. Es geht also um die Frage: Wer bist du? Wie siehst du dich? Was sind deine Stärken? Was kannst du? Was strahlst du aus? Das ist dein USP. Und dann kommt der Nutzen dazu: Was hast du davon im Leben, wenn du dir dessen bewusst bist? Das ist dein ESP.

Dein Brand in dir darf groß und stark werden!

Der zweite Quadrant: Die Produktstärke – USP & ESP

Was macht dein Produkt so besonders? Was macht dein Unternehmen besonders? Hier geht es zum einen um den USP, also die berühmte Unique Selling Proposition: Was hebt dein Produkt von anderen ab? Was macht es einzigartig? Zum anderen – und das finde ich tatsächlich noch viel wichtiger – geht es aber auch um den ESP, also die Emotional Selling Proposition. Was ist das Gefühl, was dein Produkt beim Käufer auslöst? Was verspricht sich der Käufer von dem Produkt über den Nutzen hinaus? Was sorgt dafür, dass der Käufer sich mit dem Produkt gut oder besser fühlt?

Der dritte Quadrant: Der Produktnutzen

USP und ESP haben nicht wirklich etwas mit dem eigentlichen Produktnutzen zu tun. Denn alle tollen Versprechen sind, sorry, fürn Arsch, wenn das Produkt nicht hält, was es in glamourösen Werbe- und Marketingkampagnen, die voll auf den USP und den ESP abzielen, verspricht. Das Produkt muss gut sein. Richtig gut! Welchen pragmatischen Nutzen hat es für den Käufer? Was kann es? Hier geht es vor allem um die Fakten. Was hat der Kunde vom Produkt?

Der vierte Quadrant: Wünsche und Bedürfnisse

Hier schließt sich das Quadrat der Heart-Selling-Philosophie: Welche Wünsche und Bedürfnisse des Kunden dienen der Liebe und dem Herz? Worum geht es ihm wirklich? Hier gilt es, genau hinzuhören, zuzuhören. Und für den Verkäufer bedeutet es nichts anderes, als sein Herz aufzumachen und in den wahrhaften Kontakt zu gehen.

Quadrant 2 und 3 sind eigentlich recht einfach zu zeichnen. USP und ESP bekommen wir meistens von der Marketingabteilung vorgegeben. Und auch der Produktnutzen sollte für dich als Teil des Unternehmens natürlich klar sein. Schwieriger wird es dann schon mit dem 4. Quadranten. Aber wie wichtig es ist, zuzuhören und in den wahrhaften Kontakt zu gehen, hast du ja nun schon gelernt (siehe 3.7). Jetzt darfst du es mit jedem Kundenkontakt üben und anwenden.

Bleibt noch Quadrant 1 übrig. Und das ist genau die Seite, die den meisten Menschen wirklich Schwierigkeiten bereitet. Sich mit sich selbst auseinanderzusetzen, davor scheuen sich viele. Ich und eine Marke? Häh?! Frage dich also, wenn du eine Marke, ein Brand wärst, wie sähe diese Marke aus? Welchen USP und welchen ESP hat deine Marke? Was macht dich einzigartig? Was macht dich besonders? Was unterscheidet dich von anderen Menschen? Was kannst du besonders gut? Welche (guten!) Eigenschaften hast du? Wie fühlt sich das an, wenn du das, was du besonders gut kannst und dir liegt, tust? Beantworte diese Fragen für dich selbst. Schreibe es auf. Du kannst dir dazu auch gern Input von Freunden, Familie und Kollegen holen. Wie würden sie dich als Brand sehen? Was sehen sie dir in dir?

Warum ist das wichtig? Wenn du dir deines Personal Brandings bewusst bist, denkst, handelst und lebst du entsprechend, dann wirst und bist du stark. Du füllst dein Branding mit den richtigen Gefühlen, mit der richtigen Haltung. Du bist mehr und mehr kohärent und kongruent, authentisch, wahrhaft. Niemand kauft gern No-Name-Produkte. Du willst sicher auch keines sein, oder? Was ist dein Warum? Und macht es Sinn? Wir müssen im Innen funktionieren, aber auch im Außen. Du musst dich innen aber auch bewegen können, flexibel sein und dich der sich immer schneller verändernden Welt im Außen anpassen können.

Wir haben also außen das Produkt und die Firma, aber innen, da bist du. Wer bist du? Alles Gute, Wahrhafte und Schöne auf dieser Welt entwickelt sich immer von innen nach außen – niemals andersherum. Wie kannst du dein Innen als Basis mit dem Außen verbinden? Finde deinen Personal Brand! Es wird sich in deinem Leben eine ganze Menge verändern.

Wenn alle vier Teile dieses Quadranten erfüllt sind, ist Verkaufen leicht. Und jetzt stell dir vor, du biegst den Quadranten in ein Herz um. Du packst den Quadraten links und rechts mit deinen Händen, schiebst ihn zusammen, so dass sich zwei Seiten zu schönen Bögen und schließlich zu einem Herz biegen. Willkommen in der Welt des Heart-Selling!

FRAG DICH DOCH MAL:

→ **Welchen „Personal Brand" hast du? Welcher „Personal Brand" bist du?**

6.2 Acht Phasen

→ ***„Verkaufen heißt: Den richtigen Mann zum richtigen Zeitpunkt zur richtigen Entscheidung nach seiner eigenen Wahl zu veranlassen."***
Unbekannt

Bis hierhin haben wir uns mit so ziemlich allem so ziemlich intensiv auseinandergesetzt – nur nicht mit Verkaufsleitfäden und Methoden. Und das hat auch seinen Grund. Auch wenn es in der Sales-Branche normalerweise üblich ist, Kundenberatern und Verkäufern dicke Leitfäden an die Hand zu geben, bin ich kein Fan davon. Denn nur mit Leitfäden funktioniert Verkaufen nicht. Es geht um so viel mehr. Worum es geht, das sollte dir nun – im letzten Drittel des Buches angekommen – bewusst sein. Du kannst einen noch so guten und ausgeklügelten Leitfaden abspulen und dich strikt daran halten, wenn du all die Themen aus den vorherigen Kapiteln nicht lebst, wirst du damit keinen Erfolg haben.

Erwarte bitte niemals von mir, dass ich dir vorgefertigte Texte gebe, die du nur auswendig lernen und im Gespräch mit den Kunden runterrattern musst. Das hat für mich nichts mehr mit wahrhaftem Kontakt zu tun, auch nichts mit Verkaufen. Jedes Unternehmen, das seine Mitarbeiter so auf seine Kunden loslässt, ob im Telefon-Sales oder im Verkaufsraum, raubt jedem Mitarbeiter Verantwortung, Potenzial und Spielraum. Der Kunde merkt das doch und fühlt sich verarscht, wenn er einen auswendig gelernten Text vorgebetet bekommt. Das ist Mist, totaler Mega-Riesen-Mist.

Die acht Phasen des Heart-Sellings

Nichtsdestotrotz sind Leitfäden völlig okay. Sie helfen uns, uns mit der Thematik auseinanderzusetzen, geben uns Struktur und Halt. Deshalb möchte ich dich nicht ohne Leitfaden losmarschieren lassen – und dir die acht Phasen des Heart-Sellings vorstellen. Wobei auch das kein in Stein gemeißelter Leitfaden ist. Es sind vielmehr die einzelnen Steps des Heart-Sellings, die nun alles zu einem großen Ganzen vereinen, was wir bisher gelernt haben. Hier schließt sich nun der Kreis, hier führen wir alle Themen aus den bisherigen Kapiteln, alle Puzzleteile, zu einem großen Bild zusammen.

Du willst Struktur, du bekommst Struktur. Aber: Wenn du das hier verinnerlicht hast, dann vergisst du das alles einfach wieder, okay? Ja, du darfst das Gelernte vergessen. Ich erlaube dir genau das. Denn sonst wirst du zu kopflastig.

Ich möchte, dass du dir und deinen Fähigkeiten vertraust und einfach machst. Das ist wie Autofahren-Lernen. Wir sind jetzt in der Fahrschule, alles erscheint noch wahnsinnig komplex und überfordernd. Oh Gott, woran man alles denken muss! Kupplung, Gas, Bremse, Schulterblick, Blinken, alles gleichzeitig! Das wirst du nie können! Doch, wirst du. Und hast du ja auch schon längst. Oder denkst du noch großartig beim Autofahren darüber nach, was du da so machst? Nö, oder? Läuft alles automatisch ab. Und genau das wünsche ich mir auch für dich als Heart-Seller®. Du darfst das hier alles lernen und üben. Leg dir Notizen oder meinetwegen auch gern dieses Buch auf deinen Schreibtisch. Schau immer mal wieder drauf und rein. Aber nach einer Weile wirst du merken, dass du das alles nicht mehr brauchst. Du kannst das. Du lebst es. Und dein (neuer oder sich besser und schöner anfühlender) Erfolg wird dich in allem bestärken.

Die acht Phasen des Heart-Selling kannst du übrigens auch wunderbar in anderen Bereichen einsetzen, z. B. bei der Mitarbeiterführung bei Führungsaufgaben, bei Verhandlungen, aber sogar auch bei Konflikten im privaten Umfeld.

Die acht Phasen sind:

1. Achtsamkeitsphase
2. Aufmerksamkeitsphase
3. Analysephase
4. Präsentationsphase
5. Einwandbehandlung
6. Abschluss
7. Cross-Selling
8. Empfehlungen

Diese acht Phasen schauen wir uns in den Abschnitten 6.5 bis 6.9 im Detail an.

Wie in einer Beziehung …

Die acht Heart-Seller®-Phasen kannst du dir auch ganz einfach merken. Das ist wie in einer Beziehung. Wenn man sich kennen lernt, zum ersten Date geht, dann ist man total achtsam. Man macht sich schön, zieht sich die tollsten Klamotten an,

Männer rasieren sich, Frauen auch. Dann geht man zu seinem Date und ist natürlich total aufmerksam, baut eine richtig gute Beziehung auf, macht sich gegenseitig richtig schön neugierig. Und wenn man dann neugierig ist, geht man voll in die Präsentation und präsentiert sich von der besten Seite. Sollten es dann irgendwelche Vor- oder Einwände geben, dann werden die behandelt. Und dann, dann kommt man zum Abschluss. Und wenn man beim Abschluss ist, geht man manchmal sogar auch noch ins Cross-Selling über. Und hinterher holt man sich noch ein paar Empfehlungen. Und der Ober-Heart-Seller®, der Master, der macht was? Der lässt die ganzen Phasen weg. Und kommt direkt zum Abschluss.

FRAG DICH DOCH MAL:

→ **Schau dir, ohne dass wir bisher die acht Phasen im Detail durchgegangen sind, die Phasen an.**

→ **Wenn du an deine eigene Praxis denkst, findest du dich in dieser Struktur wieder?**

6.3 Rahmen! Rahmen! Rahmen!

→ ***„Deine Einstellung musst du ändern, nicht deinen Aufenthaltsort.“***

Lucius Annaeus Seneca // Römischer Philosoph

Ein Tool, bevor du in den Prozess der acht Phasen startest, ist das Rahmen. Ich sage immer: Rahmen! Rahmen! Rahmen! Manchmal muss ich dabei an die berühmte japanische würzige Ramen-Suppen denken. Ramen ist Soulfood für die Japaner – die kräftige Brühe mit Nudeln, einem wachsweichen Ei, diversem Gemüse und Fleisch oder Tofu wärmt nicht nur den Körper, sondern auch die Seele. Und vielleicht kannst du dir das auch genauso merken: Beim Rahmen geht es darum, eine warme, gute Atmosphäre für dich und deine Kunden zu schaffen.

Bevor ich in ein Seminar inhaltlich starte, rahme ich den Raum ein. Ich starte damit schon lange bevor ich den Raum überhaupt betrete. Ich bringe mich in gute Stimmung, bereite mich mental auf einen supertollen Tag vor, mache das Ergebnis klar, erinnere mich an meine Werte, mache mein Herz auf und fahre mein Energielevel nach oben. Denn nichts anderes als genau diesen fokussierten, klaren, gut gelaunten Denys mit offenem Herzen und voller Energie haben meine Teilnehmer verdient. Jeden einzelnen Tag.

Hier kommen all die Dinge zusammen, die wir bisher schon in der Tiefe betrachtet haben. Es geht um meine innere Haltung und Einstellung. Der bekannte Motivations-Coach Tony Robbins praktiziert das Rahmen genauso. Er nennt es jedoch „Priming“[64], was zu seiner „Morning Routine“ gehört. In nur zehn Minuten „primt“ sich Tony Robbins mit den folgenden acht Schritten:

1. Einfach nur hinsetzen. Achtsam und bewusst sein.
2. Bewusst atmen.
3. Herzatmung spüren, Hand aufs Herz legen.
4. Dankbarkeit spüren. Wofür bist du schon jetzt, am Anfang des Tages, dankbar?
5. Visualisieren – wie soll dein Tag heute aussehen? Was wird alles schönes passieren? Wie fühlst du dich dabei?
6. Teilen. Sende all die positive und schöne Energie, die du spürst, an alle Menschen, die dir gerade in den Kopf kommen.
7. Fokussieren und Feiern: Stell dir die drei Dinge vor, die du gerade am liebsten

schaffen möchtest. Wie fühlt es sich an, wenn du es geschafft hast, genauso wie du es dir vorgestellt hast? Spüre die Erfüllung, den Erfolg, den Stolz. Feiere dich mental dafür, auch wenn du noch nicht dort angekommen bist.

8. Get ready to rock. Und jetzt: Hallo Tag, Hallo Welt, ich komme!

Das ist nur eine Möglichkeit, wie du dich „primen" oder „rahmen" kannst. Du kannst auch deine eigenen Rituale schaffen, um dich in genau den Status zu bringen, der dich gut durch den Tag fließen lässt. Ich beispielsweise bete auf meine eigene Art und Weise oder meditiere. Dann lasse ich alles los und vertraue. Mehr gibt es nicht zu tun.

Wenn ich dann mein Seminar starte, rahme ich auch hier den Raum ein. Ich „prime" sozusagen die Gruppe. Ich möchte für die Teilnehmer eine Art „zu Hause" schaffen, in dem sie sich für die Zeit, die wir miteinander verbringen, richtig wohl und sicher fühlen. Ich starte also nicht gleich mit dem Programm, sondern vereinbare mit den Teilnehmern einige Regeln und Rituale. Mir ist es beispielsweise wichtig, dass wir einander hundert Prozent Respekt zeigen, egal, was während des Trainings passiert. Mir ist auch wichtig, dass sich alle als Team betrachten. Ich mache klar, dass ich für alle da bin den ganzen Tag. Dass ich mich auf die Arbeit mit den Teilnehmern freue. Dass ich einen geilen Tag mit ihnen haben will.

→ ***„Die letzte der menschlichen Freiheiten besteht in der Wahl der Einstellung zu den Dingen."***
Viktor Frankl // Neurologe und Psychiater // Österreich

Andere Trainer vereinbaren an dieser Stelle beispielsweise auch ein Handyverbot. Hier muss jeder für sich entscheiden, welche Regeln und Rituale für ihn wichtig sind.

Wenn ich den Tag starte und rahme, hole ich mir damit eigentlich auch nur die Erlaubnis bei meinen Teilnehmern ab, dass ich mit ihnen auf meine Art und Weise arbeiten darf. Ich sage dann z. B. so Sachen wie:

→ Bevor wir heute anfangen, möchte ich gern ein paar Dinge mit euch klären …
→ Damit du wirklich in den Genuss deiner Stärke kommst, will ich ein paar Dinge mit dir klären …

Das Ganze zu visualisieren ist auch sehr hilfreich. Ich führe beispielsweise den Teilnehmern auch gern eine Dehnübung vor, sage dann: „Ihr kennt das, oder? Beim Dehnen kommt immer irgendwann der Punkt, wo es weh tut. Wenn man dann tiefer rein geht, autsch! Aber, wenn man das Ganze ein paar Mal gemacht hat, dann geht es auf einmal. Dann hast du dich wirklich gedehnt. Deshalb meine Frage an euch: Darf ich euch die nächsten Stunden (oder Tage) dehnen?" Dann sagen alle „Ja!" Und ich habe dann die offizielle Erlaubnis, meine Teilnehmer zu führen und sie auch zu dehnen, auch wenn es mal etwas schmerzhaft wird. Aber dann haben wir das vorher vereinbart. Natürlich tue ich all das nur in dem Bewusstsein und der Absicht, den Menschen zu helfen und sie zu unterstützen, nicht um sie zu manipulieren.

Einen Rahmen zu setzen, gibt den Menschen Orientierung. Menschen brauchen und lieben Orientierung.

Mit deinem Rahmen bestimmst du Folgendes: Welche Regeln und Rituale befolgst du im Innen? Welche im Außen? Welche Rahmen steckst du dir für dich? Zu Hause? In deiner Partnerschaft? Für deinen Körper? Für deinen Geist? Mit deiner Familie? In deinem Unternehmen? Mit deinen Kunden?

Wie unter 3.6 schon beschrieben, haben wir für alles ein Warum. Für die guten Sachen und für die doofen Sachen. Genauso haben wir Rituale für gute Sachen – und für doofe Sachen. Es sind nichts anderes als unsere Gewohnheiten. Wir können nicht keine Rituale und Gewohnheiten haben. Die Frage, die du dir also immer mal wieder stellen darfst, ist, sind die Gewohnheiten in deinem Leben gut für dich (gesund ernähren, Weiterbildung, Sport machen) oder eher nicht so gut (Rauchen, jeden Abend auf der Couch eine Tüte Chips). Welche Regeln, welche Rahmen und welche Rituale sind dir, deinem Kunden oder deinem Unternehmen dienlich? Machen deine Regeln und Rituale auch Sinn? Oder fühlst du dich in die Rahmen von anderen gepresst? Du darfst das gern hinterfragen.

Die Energie-Tasse

Nicht der Inhalt, sondern die Energie entscheidet, ist eine der Grundprinzipien von Blair Singer, internationaler Speaker-Star. Stell dir dein Gespräch mit einem Kunden wie eine Tasse vor, Blair Singer spricht hier von der Energie-Tasse. Der Inhalt ist das, was in der Tasse drin ist. Logisch! Aber auch die Tasse muss gut und schön sein, darf keinen Sprung haben. Wenn der Kontext gut ist, wenn der Raum gefüllt ist mit guter Energie, wenn ihr Regeln und Rituale vereinbart habt, dann entstehen Wertschätzung und Respekt. Und dann schmeckt der Inhalt der Tasse, der Tee oder eben die leckere Ra(h)men-Suppe (bestehend aus Produktnutzen, Produktstärke etc.), noch viel besser. Gute Energie schaffst du immer bevor es losgeht, indem du den Rahmen setzt und diesen Rahmen, dieses Setting, verstärkst du in den ersten beiden Phasen (Achtsamkeit und Aufmerksamkeit).

Und wenn dann eine schöne Tasse mit gutem Inhalt gefüllt ist, dann kann doch eigentlich nichts mehr schiefgehen.

Rahmen im Verkaufsgespräch

Nun habe ich dir einiges darüber erzählt, warum der Rahmen so wichtig ist und wie ich das z. B. in meinen Seminaren mache. Aber wie rahmst du nun ein Verkaufsgespräch? Du kannst ja schlecht zum Kunden gehen und erst mal alle bitten, sich gegenseitig Respekt zu zollen und die Handys auszumachen. Kannst du schon, aber es fühlt sich ulkig an, oder?

Rahmen kannst du jederzeit setzen. In einem Verkaufsgespräch, vor einer Präsentation, aber auch vor einem wichtigen Gespräch im privaten Umfeld. Wie ich weiter oben schon schrieb: Es ist wie in einer Beziehung. Kerzenschein und Rosenblätter, ein warmes Bad und lovely music, auch das ist nur ein Rahmen für einen romantischen Abend.

Natürlich geht es beim Rahmen im Rahmen (höhö) eines Verkaufsgespräches darum, sich gut vorzubereiten. Du beschäftigst dich mit dem Kunden, mit wem hast du es zu tun? Du bringst dich selbst in gute Stimmung, achtest auf deinen Energiehaushalt, richtest dich gut aus, bist einfach achtsam, präsent und da. Dafür kannst du dir große Bilder machen, gute Musik hören, alles, was deine Schwingungen erhöht und dich in einen guten Zustand bringt.

Aber beim Kunden rahmst du auch. Wenn ich beispielsweise bei einem Kunden bin, sage ich: „Bevor wir in die Tiefe gehen, würde ich Ihnen gern einige Fragen stellen. Wäre das für Sie in Ordnung? Denn nur, wenn ich die richtigen Antworten von Ihnen bekomme, weiß ich auch, ob ich Ihnen in der Tiefe wirklich helfen kann."

Wenn ich die Informationen vom Kunden bekommen habe, ist mein Anspruch natürlich, eine gute Präsentation abzuliefern. Damit schaffe ich tiefes Verständnis beim Kunden, wie ich mir das Training bei ihnen vorstelle. So nimmt mich der Kunde als offen und nachvollziehbar war. Wir erinnern uns: Menschen brauchen Orientierung. „Lost in Translation" ist zwar ein großartiger, bewegender und berührender Film, aber im echten Leben wollen wir das nicht sein. Wir wollen den Überblick haben, alles genau wissen und verstehen. Und genau das biete ich meinen Kunden.

Dann erweitere ich den Rahmen und sage z. B.: „Wichtig ist, dass wir, wenn ich Ihnen das hier alles präsentiere, ehrlich sind. Ich bin ehrlich zu Ihnen und es wäre toll, wenn Sie das auch zu mir sind. Wo drückt der Schuh? Was sind die Probleme? Nur wenn Sie ehrlich zu mir sind, kann ich Sie und Ihre Bedürfnisse verstehen und für sie die richtigen und individuellen Lösungen entwickeln." Darüber hinaus fordere ich meine Kunden auch immer auf, mir scharfe und kritische Fragen zu stellen, wenn sie etwas nicht verstehen oder Widerstand spüren. Und genauso mache ich das auch gegenüber dem Kunden. Ich hinterfrage die Dinge. Ich sage dann meistens dazu „Ich hoffe, das ist für Sie in Ordnung, auch wenn ich Ihnen Fragen stelle, die Ihnen vielleicht kein anderer stellt. Diese Fragen können auch etwas ziepen und unangenehm sein. Aber die stelle ich Ihnen nur, damit wir die beste Lösung für Sie entwickeln." Auch das kannst du unterschiedlich machen: „Bevor wir einsteigen, bevor wir in die Tiefe gehen, möchte ich Ihnen gern meine Arbeitsweise erklären: Wie gehe ich mit Ihren Mitarbeitern um, wie gehe ich mit den Kunden um, wie mache ich xy, wie arbeite ich in der Tiefe."

Mit all diesen Dingen setzt du für dich und den Kunden den Rahmen. Ich packe ziemlich viel in diesen Rahmen rein. Der Kunde bekommt somit eine Orientierung und weiß, was mit ihm im Laufe des Gesprächs passiert. Du lässt ihn also nicht in irgendwelche offenen Messer laufen, sondern er weiß, dass es eventuell herausfordernd wird, aber dass es zu seinem Besten ist.

Die Sache mit dem Rahmen kannst du machen. Musst du aber nicht. Probiere es einfach aus. Ich persönlich habe aber für mich festgestellt, dass sich die Dinge danach viel besser entwickeln, eine ganz andere, gute und produktive Energie im Raum herrscht, wenn ich meinen Kunden diese Orientierung gebe. Sie vertrauen mir dann noch mehr.

Ich betrachte meine Verkaufsgespräche niemals als weichgespültes Wischi-Waschi – für mich ist so eine Präsentation immer ein Sparring. Ich will den Kunden herausfordern und ich will, dass der Kunde mich herausfordert. Nur so werden wir beide besser. Und so weiß er auch schon, wie ich arbeite und ticke. Ich dehne hier, ganz bewusst.

So gesehen hat alles einen Rahmen. Ein Fußballspiel z. B.: Was ist hier der Rahmen? Es wird auf einem Feld gespielt, es gibt Regeln und Rituale. Der Inhalt des Feldes ist erst mal für jeden gleich. Da gibt es eine grüne Wiese, 22 Spieler, Zuschauer, ein Ball, zwei Tore – das ist der Rahmen. Aber wie jeder das Spiel wahrnimmt, ist etwas ganz anderes. Hier geht es um Energie. Die Mannschaft mit der höheren Energie auf dem Platz wird gewinnen. Immer! Auch in anderen Zusammenhängen gewinnt immer derjenige mit der höchsten Energie im Raum. Die stärkste Energie ist immer die Herzenergie.

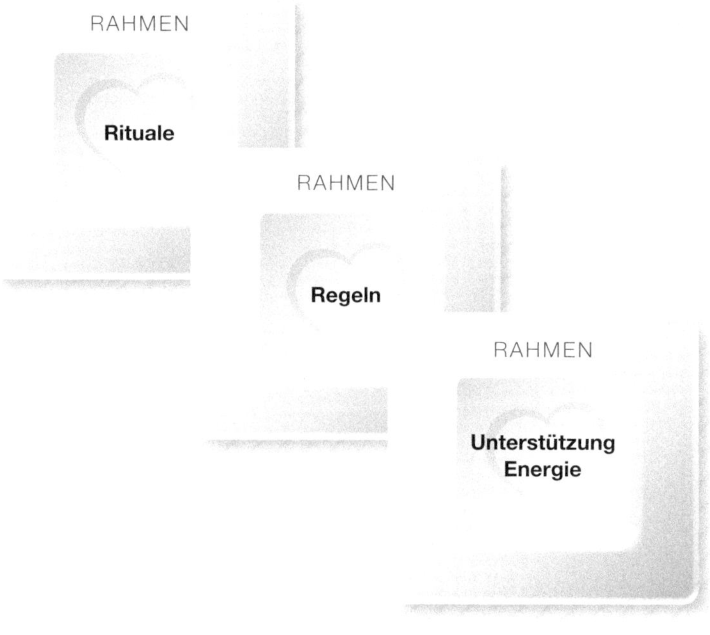

Erinnerst du dich noch an die Fußball-WM, bei der die isländische Mannschaft mit ihrem Huh-Ritual allen einheizte und so zwar nicht die WM, aber die Herzen so vieler Menschen weltweit gewann? Bei Ritualen innerhalb des Rahmens spielt auch Wertschätzung eine ganz große Rolle – allen Menschen mit Respekt zu begegnen, alle gut zu behandeln. Wertschätzt du das, was du selbst tust? Wertschätzt du das, was die anderen tun? In die hohen Schwingungen der Herzenergie kommst du, wenn du bedingungslos und absichtslos handelst. Damit du deine Energie wirken lassen kannst, erschaffe deine Räume (Sport, Verkauf, Beziehungen), indem du dort Regeln und Rituale etablierst, die dir, anderen und dem Kontext dienen. Das kann so viel sein: Beim Fußballspiel die Regel, dass mit dem Fuß gespielt wird, nicht mit der Hand, sonst wäre es ja Handball. Regeln, wie du mit deinen Kunden umgehst. Kannst du vielleicht sogar schöne Rituale mit deinen Kunden etablieren? Ein Dankbarkeitsjournal schreiben, jeden Abend ein Eintrag. Jeden Abend für dein Kind eine Gute-Nacht-Geschichte und ein Kuss. Und, und, und. Ich beispielsweise bin schon morgens für den Tag dankbar. Ich bin für all das dankbar, was kommen wird.

FRAG DICH DOCH MAL:

→ **Welche Regeln und Rituale kannst du schaffen?**
→ **Welche wendest du bereits, bewusst oder unbewusst, sogar schon an?**
→ **Wie rahmst du deine wichtigen Termine und Gespräche?**

6.4 Chunking – oder wie isst man einen Dinosaurier auf dem Mount Everest?

→ ***„Zu wissen, dass Veränderung möglich ist, und der Wunsch, Veränderungen vorzunehmen, dies sind zwei große erste Schritte."***

Virginia Satir // Psychotherapeutin & Begründerin der Familientherapie // USA

Auchinkundengesprächenodergesprächenmitdempartnermitdemkollegenmitdeinenmitarbeiternmitdeinemchefgehtesoftdarumauskomplexenthemengroßeunverdaulichebrockenkleinegutverdaulicheundgutzuhandelndestückchenzumachenundgenauhierkommtchunkinginsspiel.

Häh?! Ist hier gerade meine Tastatur durchgedreht? Waren die Leer- und Satzzeichen ausverkauft? Was ist hier los?

Dazu drei Fragen, die nichts miteinander zu tun haben, aber dieselbe Antwort haben:

→ Wie isst man einen Dinosaurier?
→ Wie besteigt man den Mount Everest?
→ Wie isst man einen Dinosaurier auf dem Mount Everest?

Ganz einfach: Stück für Stück.

Und genau darum geht es: Auch in Kundengesprächen (oder Gespräche mit dem Partner, mit dem Kollegen, mit deinen Mitarbeitern, mit deinem Chef) geht es oft darum, aus komplexen Themen („große unverdaulichen Brocken") kleine gut verdauliche und gut zu handelnde Stückchen zu machen. Und genau hier kommt „Chunking" ins Spiel.

Und das sind übrigens genau die zwei Sätze, die du als erstes in diesem Abschnitt gelesen hast. Beeindruckend, was so ein paar Satz- und Leerzeichen sowie ein bisschen Groß- und Kleinschreibung ausmachen, oder?

Das „Chunking“ ist eine wunderbare Methode, mit der du in deinen Gesprächen mit deinen Kunden (oder Mitarbeitern etc.) sozusagen den Dinosaurier (das Problem, die Herausforderung) sowie die Besteigung des unbezwingbar erscheinenden Mount Everest (das Ziel, die Lösung des Problems, der Herausforderung) in „Babyschritte“ zerlegst. Wir leben zwar in einer Gesellschaft der „Siebenmeilenstiefel“ – alles sofort und gleich und höher, schneller, weiter. Aber Siebenmeilenstiefel sind nicht immer das richtige Schuhwerk, um voranzukommen und um beispielsweise den Mount Everest zu besteigen.

„Babschritte“ kennst du vielleicht aus der 90er-Jahre-Komödie „Was ist mit Bob?“[65] mit Bill Murray und Richard Dreyfuss. Murrays Charakter „Bob“ hat etliche Neurosen. Er spinnt sozusagen total. Dann trifft er auf den erfolgreichen Psychiater Dr. Leo Marvin. Der hat allerdings so gar keine Lust auf Bob, steht doch sein Familienurlaub und ein wichtiges TV-Interview an. Er drückt Bob also einfach seinen Bestseller „Babyschritte“ in die Hand und schickt ihn weg. Ab hier beginnt der Spaß aber erst, denn Bob macht sich „Babyschritte“ zu eigen, sie werden sein Mantra und helfen ihm dabei, all seine Ängste und Neurosen zu überwinden – und nebenbei das Leben von Leo regelrecht zu kapern.

Kann ich so ein Buch am Stück schreiben? Einfach drauf los? Können irgendwie schon, einfach halt jeden Tag irgendwas in die Tasten hauen, was mir gerade so in den Sinn kommt. Die Frage ist nur, wie gut verdaulich, logisch und gut lesbar es dann für dich ist. Was mache ich also stattdessen? Eine hoffentlich gute Struktur, die aufeinander aufbaut. Ich baue zunächst ein thematisches Gerüst, ein Regal mit verschiedenen Fächern, Schubladen und Kisten und fülle diese dann Stück für Stück mit Text. Ich chunke mich hier also so durch. Und hoffe bzw. wünsche mir sehr, dass es sich für dich zu einem sinnvollen Ganzen zusammensetzt.

→ ***„Auch eine Reise über tausend Meilen beginnt mit einem Schritt.“***
Buddha

Verständnis & Kurzzeitgedächtnis

Der Begriff des Chunkings wurde 1956 vom US-amerikanischen Psychologen und Princeton-Professor George A. Miller begründet. Chunking wird frei übersetzt mit „Bündelung“, ein Chunk ist dabei ein Stück, ein Brocken, ein Klumpen, ein Teil eines Ganzen. Er untersuchte u. a. die Kapazitäten des menschlichen Kurzzeitgedächtnisses. In seinen Untersuchungen fand er heraus, dass unser Kurzzeitgedächtnis fünf bis neun Chunks verarbeiten kann (7±2, „Millersche Zahl“[66]) und in der Tat sogar genetisch bestimmt ist. Dabei geht es jedoch nicht um die reine Masse, also Quantität der Chunks, sondern auch um deren Inhalt. Der Informationsgehalt (bits) der einzelnen Chunks bestimmt ebenso, wie wir diese einzelnen Info-Brocken verarbeiten können.

Später wurde der Begriff Chunking von den NLP-Ikonen John Grinder und Richard Bandler für die NLP-Arbeit aufgegriffen.

Schauen wir uns dafür noch mal den eingangs geschriebenen Satz an, der für unser Gehirn auf den ersten Blick als ein riesiges unverdauliches Stück wahrgenommen wird:

Inkundengesprächenodergesprächemitdempartnermitdemkollegenmitdeinenmitarbeiternmitdeinemchefgehtesoftdarumauskomplexenthemengroßeunverdaulichenbrockenkleinegutverdaulicheundgutzuhandelndestückchenzumachenundgenauhierkommtchunkinginsspiel.

Erst, wenn wir es zerlegen, erschließt sich uns viel schneller und einfacher der Sinn:

Auch in Kundengesprächen (oder Gespräche mit dem Partner, mit dem Kollegen, mit deinen Mitarbeitern, mit deinem Chef) geht es oft darum, aus komplexen Themen („große unverdaulichen Brocken") kleine gut verdauliche und gut zu handelnde Stückchen zu machen. Und genau hier kommt „Chunking" ins Spiel.

Wir haben nun viele einzelne Chunks und sind so in der Lage, diesen Satz bzw. das anfängliche Wortkuddelmuddel besser zu verstehen und ihn uns auch zu merken.

Von der amerikanischen Eismarke „Ben & Jerry's" gibt es übrigens eine Sorte, die heißt „New York Super Fudge Chunk®". Wir haben als aus dem vorherigen Kapitel unsere Ra(h)men-Nudeln und jetzt das passende Dessert dazu. Ist das nicht großartig? Verdammt, ich werde hungrig.

Chunk me up, chunk me down, chunk me to the side

Was wie ein Hit von DJ Bobo oder Mr. President (Hallo 90er!) klingt, können wir in unseren Gesprächen mit Kunden prima anwenden. Wir können hochchunken, runterchunken und nach links und rechts chunken. Damit bewegen wir uns auf verschiedenen Bedeutungsebenen. Stell dir das wie in einem Quadranten vor.

Chunk-up (hochchunken):
Mit dieser Methode verallgemeinerst du einen Zusammenhang. Du zeichnest das „große Bild". Du zeichnest z. B. für einen Kunden den Weg zum Ziel oder zur Lösung. Du visualisierst mit ihm seinen Idealzustand. Es ist der Sprung in eine umfassendere, abstraktere Informationsebene.

Beispiel: Wenn wir das und das machen, was bedeutet das für Sie, Ihre Familie, Ihre Firma, Ihr Konto etc.? Durchs Hochchunken entstehen Bilder im Kopf.

Wenn du in deinen Gesprächen chunkst, ist es wichtig, dass du nicht am Kunden vorbeichunkst. Also nicht zu hoch chunkst. Ich wurde beispielsweise von einem großen Unternehmen regelmäßig als Trainer gebucht. Sie hatten auch einen anderen Trainer, allerdings wurde ich viel öfter gebucht und angefragt. Wir haben uns gefragt, woran das – abgesehen von meiner hervorragenden und außergewöhnlichen Leistung (höhö) –liegt. Dann wurde mir bewusst, dass der andere Trainer ein sehr bekannter und erfolgreicher Olympionike war. Seine Geschichten sind und waren natürlich beeindruckend. Aber er arbeitete eben mit all den Metaphern und Stories aus seiner Welt (gewinnen, Erster sein, schnell sein, rennen, Wettkampf, Olympia, Goldmedaille, Weltmeisterschaft und, und, und). Alles spannend, gar keine Frage – aber damit konnte er nicht wirklich auf die Herausforderungen von „Normalos" in einem mittelständischen Unternehmen eingehen. Er konnte die Menschen nicht wirklich abholen und erreichen. Wer kann und will sich schon mit einem Ausnahmesportler, einem Leistungssportler, der sich jahrelang mehrere Stunden am Tag für ein paar Sekunden und Meter mehr oder weniger komplett verausgabt hat, identifizieren?

Der Chunk war viel zu hoch. Wichtig beim Chunken ist, dass wir hier, hallo Babyschritte, Stück für Stück uns in die Tiefe oder Höhe oder zur Seite bewegen. Keine Siebenmeilenstiefel! Du verlierst Kunden, wenn du zu hoch chunkst.

Statt Olympia also lieber eine Geschichte erzählen, wie man bei den Bundesjugendspielen abgelost und die Mitleids-Ehren-Teilnehmer-Urkunde bekommen hat. Damit kann sich jeder identifizieren. Oder: Wenn du 160 Kilo wiegst, kannst du dir nur schwer vorstellen, wie sich ein Sixpack anfühlt.

Chunk-down (runterchunken):
Hier gehst du nach unten. Du spezifizierst, gehst ins Detail. Zerlegst etwas bekanntes (z. B. das Problem des Kunden). Dies ist der Sprung in eine spezifischere, konkretere Ebene.

Chunk-sideways (rüberchunken, zur Seite chunken):
Hier bildest du Analogien und Vergleiche (Das ist wie …). Du findest Beispiele auf derselben Informationsebene, hier darf frei assoziiert werden. Nach links und rechts chunkt man z. B., wenn Menschen etwas nicht richtig verstehen. Hier verwenden wir Metaphern, Zitate oder „Stellen Sie sich vor, dass …".

Ich war letztens bei einem Training bei einer Baufirma. Die haben innovative Methoden, um einen Trockenbau für 200 Jahre wirklich trocken zu legen. Aber wenn man das nicht erklärt, warum das 200 Jahre hält, halten die Kunden das vielleicht nur für leere Versprechungen. Also erklären wir das:

„Lieber Kunde, wir verwenden Wachs. Tatsächlich Wachs. Das musst du dir vorstellen wie bei Kerzen. Kerzen kennst du ja. Wenn du nun eine Kerze in Wasser tauchst, bräuchte es 200 Jahre, bis die sich vollständig aufgelöst hat. Und genau deshalb verwenden wir Wachs. Wachs ist ein perfektes Mittel zur Abdichtung. Es kommt einfach kein Wasser durch. Wenn dein Haus also nass ist, kommen wir und dichten alles ab – mit Wachs. Und du hast die nächsten 200 Jahre Ruhe. Cool? Cool."

Und ein guter Verkäufer sagt dann: „Dann machen wir das." Dazu in Abschnitt 6.8 zum Thema Abschluss noch mehr.

Gerade beim Storytelling (siehe 6.6 Präsentationsphase) geht es viel ums seitliche Chunken. Wichtig ist: Welche Stories sind wiedererkennbar und vertraut? Mit welchen Stories können sich Kunden wirklich identifizieren?

Fragen, Fragen, Fragen

Wie chunkt man nun? Ganz einfach. Du kennst es schon. Es ist unser Heart-Seller®-Lieblings-Tool. Wir stellen Fragen. Im Fragenstellen sind wir ja nun mittlerweile Profis, oder? (siehe 4.3 S.C.O.R.E.)

Dieses Fragen könnten z. B. sein:

→ **Chunk-up:** Wofür ist xy ein Beispiel? Was ist der Sinn oder die Idee von xy? Was bezwecken Sie damit? Was ist das große Bild? Warum ist das wichtig?
→ **Chunk-down:** Worum handelt es sich bei xy genau? Woraus besteht xy? Detailfragen stellen (was genau, wer genau, wo genau, wie genau?).
→ **Chunk-sideways:** Für was steht xy für Sie? „Das können Sie vergleichen mit xy" oder „Das ist wie xy".

Simples Beispiel für Chunking-Fragen:

- **Chunk-up:** Wofür ist „Baum" ein Beispiel? Was ist der Sinn für „Baum"?
  – Antwort: Eine Pflanze. Natur. Sauerstoff geben. Schönheit.
- **Chunk-down:** Was für ein Baum ist das?
  – Ein Kastanienbaum, braun, 25 Meter hoch, steht im Hunsrück.
- **Chunk-sideways:** Wofür steht der Baum?
  – Das ist ein Symbol für „fest verwurzelt" und „verankert". Er steht für Beständigkeit, Stabilität, wie ein Fels in der Brandung, nichts kann ihn erschüttern. Aber ich kann auch Holz aus ihm machen, z. B. für ein gemütliches Bett.

Wobei ist Chunking hilfreich?

Gerade in Seminaren oder Coachings, aber natürlich auch in Kundengesprächen hilft Chunking dabei, Ziele zu erreichen oder zumindest erst mal zu beschreiben und die Erreichung durch das Hinchunken auch so zu visualisieren, dass es nicht überfordert. Auf einmal wird das Unmögliche machbar. Wir erinnern uns: Den Dinosaurier auf dem Mount Everest essen wir wie? Richtig. Stück für Stück. Brocken für Brocken. Babyschritte (Hoch- und Runterchunken)!

Zur Seite zu chunken kitzelt unsere Kreativität. Die ist erforderlich, wenn wir eingefahrene Systeme oder Strukturen verlassen wollen und meistens auch müssen. Nur so entstehen auch Innovationen. Welche innovativen Lösungen kannst du gemeinsam mit deinen Kunden erarbeiten? Gebe dir und deinen Kunden hier die Erlaubnis, einfach auch mal „rumzuspinnen".

Indem wir in unserem Quadranten (oder sollte ich sagen „Chunkquant"? Boah ey, voll kreativ zur Seite gechunkt!) aus den verschiedenen Ebenen hoch, runter und zur Seite chunken, verändern wir die Wahrnehmung. Unsere eigene, aber auch die unseres Kunden. Das sorgt, nebenbei bemerkt, auch für einen Wow-Effekt bei deinen Kunden, denn das betrachte Problem, die Herausforderung, erscheint auf einmal größer, oberflächlicher, anders, abstrakter, kleiner, präziser usw. Du nimmst gemeinsam mit dem Kunden das Ding richtig in die Mangel. Ihr packt es mit harter Zange an. Und dafür wird dir dein Kunde sehr dankbar sein.

Chunking ist also eine Art Kreativitätstechnik, die dabei hilft, mal aus der Box rauszudenken, neue Ideen zu bekommen, bestehende Dinge zu hinterfragen. Es hilft sogar dabei, festgefahrene Glaubenssätze zu verändern oder zumindest mal in

Frage zu stellen und neue Potenziale, Wege und Möglichkeiten zu finden. Es weckt Potenziale. Es hilft dabei, Ziele zu definieren und gleichzeitig den Weg dorthin zu beschreiben, so dass das Ziel schön gemütlich in machbare Etappen aufgeteilt ist.

Chunking fordert von den Beteiligten viel ab. Umso wichtiger ist es, dass wir vorher den Rahmen gut gesetzt haben („Bitte seien Sie ehrlich.") Chunking hilft uns dabei, unsere Aufmerksamkeit zu lenken (siehe 4.6 – Energie folgt der Aufmerksamkeit). Worauf fokussieren wir uns? Auf das große Bild, das große Ganze? Oder achten wir auf die Kleinigkeiten? Beides ist notwendig, im richtigen Moment. Denn wenn man einmal richtig durchgechunkt hat, sind wir in der Lage, unsere Aufmerksamkeit zwischen Verallgemeinerung und Details flexibel auf den verschiedenen logischen Ebenen hin und her zu switchen. Manchmal brauchen wir das „Big Picture", die ganze Torte, manchmal aber auch den Blick auf die kleinen Themen, die Tortenkrümel.

Wir chunken uns eigentlich unbewusst durch unser ganzes Leben. Unser Leben, von Geburt bis Halleluja-Sensenmann ist ein großes Stück. Wenn du dich jetzt mal umdrehst und zurück schaust, erkennst du klar und deutlich die einzelnen Chunks, deine einzelnen Lebensbrocken. Apple-Gründer Steve Jobs hat es in seiner berühmten Stanford-Rede[67] auf den Punkt gebracht: Connect the dots, verbinde die Punkte.

„Wenn Sie in die Zukunft blicken, können Sie nicht erkennen, wo Zusammenhänge bestehen. Das wird erst in der Rückschau möglich. Das heißt, Sie müssen darauf vertrauen, dass sich die einzelnen Mosaiksteinchen in Ihrer Zukunft zu einem Gesamtbild zusammenfügen. Sie müssen auf etwas vertrauen – Ihr Bauchgefühl, das Schicksal, das Leben, Karma, egal was. Denn der Glaube daran, dass sich irgendwann die einzelnen Mosaiksteinchen zusammenfügen werden, gibt Ihnen die Zuversicht, dem Ruf Ihres Herzens zu folgen. Auch wenn der Sie abseits der ausgetretenen Wege führt – aber das macht den Unterschied."

FRAG DICH DOCH MAL:

→ **Beobachte dich: Wo und wie chunkst du in deinen Gesprächen?**

6.5 Achtsamkeits-, Aufmerksamkeits- und Analysephase

→ ***„Achtsamkeit ist ein aufmerksames Beobachten, ein Gewahrsein, das völlig frei von Motiven oder Wünschen ist, ein Beobachten ohne jegliche Interpretation oder Verzerrung. Aufmerksamkeit ist also gleichbedeutend mit völliger Konfliktfreiheit, einem geistigen Zustand, in dem Zielgerichtetheit und Willen keinen Platz haben."***

Jiddu Krishnamurti // Philosoph // Indien

Achtsamkeitsphase

Die erste Phase ist deine Initialzündung. Du legst nicht einfach los, sondern nimmst erst mal – achtsam – wahr, was ist. Du gibst acht auf das, was ist. Du spürst rein. Achtsamkeit hilft uns, die Stimme unseres Herzens und auf unsere Gefühle zu hören – zum Wohlergehen aller.

Wie ist mein Zustand? Wie ist der Zustand von meinem Gegenüber? Mit wem habe ich es zu tun? Hier geht es wirklich nur um die Wahrnehmung und die Annahme. Wir bewerten nicht, wir verurteilen nicht, wir packen niemanden in eine Schublade („Der hat doch eh kein Geld!" „Ich kenne diese Art von Kunden, die nerven, weil sie nur Fragen stellen!" „Mist, ich hab Hunger und will in die Pause!").

Wir machen einfach nur unser Herz auf – sehen und spüren, was ist. Es geht hier um die klare Entscheidung und Haltung: Wie gehe ich mit mir selbst um? Wie mit anderen? Auch hier gehen wir wieder von innen nach außen. Wir starten bei uns, machen unser Herz auf und lassen alles, wie es ist, ohne Etiketten, hineinfliegen. Erst dann wenden wir uns nach außen und agieren.

Wir üben uns mit dieser Phase darin, wirklich DA zu sein, präsent zu sein, in den wahrhaften Kontakt zu gehen, eine Beziehung aufzubauen und alles was ist, zu hundert Prozent anzunehmen. Damit bereiten wir uns prima auf die nächsten Steps vor und erzeugen bei uns selbst Neugier, Lust und Freude. Wir machen unser Herz auf und das Ergebnis klar.

→ ***„Es ist niemals gar nichts los. So etwas wie gewöhnliche Augenblicke gibt es nicht."***
Aus „Der Pfad des friedvollen Kriegers" von Dan Millman

Aufmerksamkeitsphase

Von der Achtsamkeitsphase gehen wir nun in die Aufmerksamkeitsphase über. Moment mal, denkst du jetzt vielleicht. Achtsamkeit? Aufmerksamkeit? Was ist da bitte schön der Unterschied? Ist das nicht dasselbe? Nicht ganz.

Achtsamkeit ist ein Bewusstseinszustand, der unsere Aufmerksamkeit, unseren Fokus und unsere Konzentration steuert. Achtsamkeit ist unsere innere Sicht auf das Wesentliche und legt den Grundstein für unsere innere Einstellung und Haltung. Diese Haltung kann sich z. B., wie schon oben beschrieben, in unseren Heart-Seller®-Werten (Kapitel 3) ausdrücken – also absichtslos zu sein, nicht zu bewerten, im Hier und Jetzt sein. Mithilfe unserer Achtsamkeit lenken wir unsere Aufmerksamkeit nach innen. Achtsamkeit ist also der Boss, der Kapitän auf unserem Schiff, das ohne Kapitän einfach überall hin schippern würde – nur nicht dahin, wohin wir wirklich wollen. Achtsamkeit bezieht sich auf das Innen.

Wenn wir hingegen im Außen etwas aufmerksam beobachten oder uns mit etwas beschäftigen, dann ist das Aufmerksamkeit. Aufmerksamkeit bezieht sich auf das Außen. Das kann bewusst, aber auch unbewusst geschehen. Wir sind all den Reizen im Außen mehr oder weniger schutzlos ausgeliefert: laute Geräusche, unangenehme Gerüche, störendes Licht. Mithilfe von Achtsamkeit wiederum können wir entscheiden, wie sehr wir uns von den Reizen einnehmen lassen, indem wir unsere Aufmerksamkeit nach innen lenken, weg vom Außen.

Bei der Aufmerksamkeit geht es also darum, eine Situation oder dein Gegenüber, z. B. deinen Kunden, zu be-merken und zwar so, dass du ihn/sie dir merkst, dass er merk-würdig ist, im positiven Sinne.

Wir sind dann besonders aufmerksam, wenn wir eine Beziehung zum anderen aufbauen – und wenn wir neugierig auf den anderen sind. Beides bedingt sich gegenseitig. Wir sind neugierig und können deshalb eine Beziehung zum anderen aufbauen. Wir haben eine Beziehung aufgebaut und werden umso neugieriger auf den anderen. Aber es geht in einer Beziehung auch darum, den anderen neugierig auf sich selbst (oder das Produkt, das Unternehmen) zu machen.

Wie aufmerksam bist du im Kundenkontakt? Wie bist du in Beziehung mit anderen Menschen?

Beziehung aufbauen

Nun sagt man im NLP-Sprech: Beziehungen stellt man über Rapport oder Übereinstimmungen her. Wir spiegeln den anderen einfach auf verschiedenen Ebenen (Sprache, Gestik, Mimik, Körper, Haltung, logische Ebenen etc.). Ich bin aber der Meinung, das ist, nun ja, überflüssig und völlig unnötig. Es kommt nicht von Herzen. Was nicht von Herzen kommt, da kann nichts fruchtbares wachsen. Es geht vielmehr darum, dass wir uns auf einer Ebene begegnen, den anderen annehmen, wie er ist. Und sich selbst genauso. Also den anderen eben nicht spiegeln, sondern auch sich selbst so sein zu lassen, wie man ist.

Ich bin der Meinung, wir brauchen alle keine Strategien oder Methoden, um eine Beziehung aufzubauen. Wenn wir unser Herz aufmachen und die Werte eines Heart-Sellers® leben, werden auf magische Art und Weise wundervolle Beziehungen entstehen. Egal, ob mit deinen Kunden, der Bäckereiverkäuferin, dem Tankstellenwart, der Bedienung im Restaurant, deinen Kollegen, deiner Familie oder deinem Schatzi.

Neugierig sein

→ ***„Ich habe gar keine besonderen Talente. Ich bin einfach nur schrecklich neugierig."***
Albert Einstein // Physiker und Philosoph // USA/Deutschland

Neugier ist so wichtig! Hier geht es darum, wach zu sein und da zu sein. Kinder sind großartig neugierig. Sie wollen alles verstehen, sehen die Welt mit wachen Augen, finden alles spannend und supertoll. Zumindest sehr kleine Kinder. Ab dem Schulalter ist es dann vorbei mit der Neugier. Besteht da eventuell ein Zusammenhang? Schule = Neugier weg? Sobald man lernen muss, ist die Freude weg? Dann ist es cool und gehört zur Attitude, sich in möglichst lässigem Kein-Bock-mir-doch-egal-Zustand zu zeigen. Desinteresse ist angesagt. Ich beobachte das immer wieder. „Ja, mir doch egal!" oder „Weiß ich doch schon längst!" geben schon siebenjährige Knirpse von sich. Das ist wirklich unglaublich schade.

Wir müssen also wieder lernen, neugierig zu sein. Denn bei den meisten von uns ist sie irgendwann verschüttet gegangen. Wir glauben, wir können alles, kennen alles, wissen alles – und müssen nichts mehr lernen. Das ist fatal. Diese Einstellung hindert uns nicht nur daran, uns stetig weiterzuentwickeln und zu wachsen, sondern nimmt uns auch ganz einfach schlicht und ergreifend Lust und Lebensfreude.

Neugier ist die einzige Gier, die gut ist. Gierig nach Neuem sein. Und damit meine ich nicht neue Klamotten, neue Schuhe, neue Autos und neue Partner. Nein, ich meine die Lust und Freude daran, jeden Tag in den noch so vermeintlich langweiligsten Alltagssituationen Neues und Inspirierendes zu entdecken. Dafür müssen wir was tun? Genau. Herz auf.

„Wer nicht neugierig ist, erfährt nichts", sagte schon Johann Wolfgang von Goethe. Wenn du nicht neugierig bist, kannst du deinen Kunden niemals begreifen.

Und natürlich geht es auch darum, den Kunden auf dich, dein Unternehmen und dein Produkt neugierig zu machen. Hier helfen simple Fragetechniken:

- → Wie würden Sie das finden, wenn wir hier eine tolle Lösung für Sie finden?
- → Mal angenommen, es gibt eine Möglichkeit, die Sie noch gar nicht auf dem Schirm haben …
- → Wie wäre es für Sie, wenn wir die Lösung für Ihre Herausforderung hätten?

Mithilfe der „Helden-Methode" setzen wir uns mit dem Kunden gemeinsam in sein Boot, stellen eine Beziehung her, zeigen Verständnis und stellen auch zudem eine Lösung in Aussicht. Wir avancieren sozusagen zum Helden für den Kunden.

- → Ist Ihnen das auch schon mal passiert? Ist das auch schon bei Ihnen vorgekommen? Kennen Sie das auch? Haben sie auch schon mal davon gehört?
- → „Wie sind sie denn damit umgegangen?"
- → „Oh, ich konnte damit gar nicht umgehen!"
- → „Mal angenommen, dafür gibt es eine Lösung oder eine Möglichkeit damit umzugehen oder das zu ändern, wie wäre das für Sie?"
- → „Das wäre natürlich toll!" (Gefühl von „Gut, dass wir gerade miteinander reden" wird erzeugt).

Neugier kann man auch über starke Behauptungen erzeugen und diese dann untermalen:

- → Red Bull verleiht Flügel
- → Mars macht mobil
- → Snickers für den Hunger zwischendurch
- → Jacobs Krönung light: Halbes Koffein, volles Verwöhnaroma

Analysephase

Wenn wir achtsam und aufmerksam sind, eine Beziehung zum Gegenüber (Partner, Kunde, Mitarbeiter) aufgebaut haben, ihn oder sie spüren, geht es in die nächste Phase. In dieser Phase finden wir heraus, was der Kunde möchte und braucht. Dabei nehmen wir eine Lupe in die Hand, setzen uns ein fesches Mützchen auf und ziehen uns einen karierten Mantel über – wie Sherlock Holmes. Das tun wir natürlich nur imaginär. Aber so können wir uns besser merken, worauf es in dieser Phase ankommt. Wir stellen gute Fragen, wir untersuchen den „Fall", finden so viel wie möglich heraus.

Die richtigen Fragen zu stellen haben wir schon an anderer Stelle geübt – siehe Abschnitt 4.3: Hier kommt nun die S.C.O.R.E.-Methode endlich auch praktisch zum Einsatz.

Und jetzt komme ich und sage dir schon wieder Folgendes: Du kannst das aber auch weglassen. Verrückt, oder? Die S.C.O.R.E.-Methode ist großartig und sie hilft ungemein dabei, nicht nur herauszufinden, was dein Kunde wirklich braucht und möchte, sondern vertieft durch die intensive Fragetechnik zudem auch weiter eure Beziehung. Interesse erzeugt Gegeninteresse. Nichtsdestotrotz geht es auch ohne. Wenn du dich mit der Methode wohl fühlst, marschiere damit los. Alles gut. Du kannst aber auch Folgendes tun: einfach nur da sein. Höre hin. Höre zu. Höre rein. Lass dein Gegenüber reden. Und genau dabei stellst du fest, was sein Problem ist. Wo will er hin? Was sind die positiven Auswirkungen, wenn er seinen Jetzt-Zustand mit der Hilfe deines Produktes verändert? Wo steht er heute? Wie ist es dazu gekommen? Was wird passieren, wenn er das nicht ändert? Was braucht er, um die Situation zu ändern? Was macht es so wichtig, dass er bisher noch nichts verändert hat und am „Doofen" festhält? Was ist so wichtig, dass er es verändern möchte? Was sind seine Warums (siehe 3.6)? Oder gibt es etwas, was noch viel wichtiger ist als das Warum für gut und das Warum für doof?

In der Analysephase bekommen wir die Chance, unsere Kunden in der Tiefe zu erfahren. Verschenken wir diese Chance nicht. Nehmen wir die großen Bilder und Gefühle des Kunden wahr. Gehen wir in den Kontakt mit ihm.

Übrigens ist es wichtig, und das wird sehr gern sehr oft völlig unterschätzt: In diesen ersten drei Phasen (Achtsamkeit, Aufmerksamkeit, Analyse) hältst du als Verkäufer bitte die Klappe. Ja, verdammt. Fresse halten ist pure Magie! Du redest zu maximal 20 Prozent und lässt den Kunden die restlichen 80 Prozent reden. Zuhören. Hinhören. Hineingehören. Sperre deine Lauscher auf und lass die Klappe zu. So einfach ist das.

FRAG DICH DOCH MAL:

→ **Wie achtsam, aufmerksam und neugierig bist du, wenn du deinen Kunden begegnest?**

→ **Beobachte dich: Wie oft plapperst du, statt einfach mal hinzuhören?**

→ **Welche Rituale kannst du schaffen? Wie rahmst du deine wichtigen Termine?**

6.6 Präsentationsphase

→ ***„Bei einem Fluß ist das Wasser, das man berührt, das letzte von dem, was vorübergeströmt ist, und das erste von dem, was kommt. So ist es auch mit der Gegenwart."***

Leonardo da Vinci // Universalgenie // Italien

Jetzt darfst du wieder reden. Now it's your turn! Während du in den ersten drei Phasen dem Kunden das Reden überlassen hast, darfst du nun aktiv werden. Du warst vorher auch aktiv, keine Frage – du warst achtsam, aufmerksam und hast zugehört. Doch jetzt geht es darum, dem Kunden zu zeigen, dass du fähig bist, ihm genau das zu geben, was er laut Analysephase offenbart hat, was er braucht, erwartet und will.

In der Präsentationsphase geht es um zwei Dinge: präsent sein und Präsentieren.

Präsent sein

Sei präsent und ein „present" (engl. Geschenk). Uneingeschränkte Aufmerksamkeit ist das größte Geschenk, das man einem Menschen in Zeiten von Dauerinformationsflut und Ablenkung durch Smartphone und Co. machen kann.

→ ***„Wo bist du?" – „Hier."***
„Wie spät ist es?" – „Jetzt."
„Was bist du?" – „Dieser Moment."
Aus „Der Pfad des friedvollen Kriegers" von Dan Millman

Präsentieren mit allen Sinnen

In der Präsentationsphase geht es aber nicht nur darum, dass du als Verkäufer präsent bist, sondern auch darum, den Kunden so mit deiner Präsentation zu begeistern, dass er wie im oben genannten Zitat im Hier, im Jetzt und in genau diesem Moment ist. Wie „fesselst" du ihn? Musst du eine wilde, crazy Show abziehen?

Nein, natürlich nicht. Das Magische an der ganzen Sache ist nämlich, dass in dem Moment, in dem du ganz da bist, achtsam und aufmerksam bist, dasselbe bei deinem Gegenüber auch passiert. Mit deiner Achtsamkeit und Präsenz schärfst du auch seine Beobachtungsgabe, Wahrnehmung und Achtsamkeit. Das schafft einen wunderbaren Nährboden für die Samen, die du jetzt pflanzt: dein Produkt, dein Angebot, deine Services, deine Dienstleistungen.

Produktnutzen, Produktstärke, USP & ESP

Natürlich stellst du dein Produkt in der Präsentationsphase detailliert vor. Vor allem hebst du die Aspekte hervor, von denen du überzeugst bist, genau auf die in der Analysephase herausgearbeiteten Bedürfnisse einzugehen. Hier darfst du die (süße) Medizin für das Problem reichen. Deine Aufgabe ist es nun, Produktnutzen und Produktstärke attraktiv und fühlbar zu machen.

Welchen Mehrwert hat dein Produkt? Welche Werte gehen sogar über das Produkt hinaus?

Die Produktstärke beschreibt die objektiven Fähigkeiten deines Produktes. Es ist logisch, offensichtlich, greifbar. Was kann es? Was kann es besonders gut? Was macht es besonders? (USP) Hier geht es um Fakten. Alles ganz sachlich, nachvollziehbar, messbar. Schön und gut. Wichtig ist nun, dass du eine Brücke zum Produktnutzen schlägst. Denn dein Kunde möchte trotz aller offensichtlichen Mega-Fähigkeiten deines Super-Produktes verstehen und begreifen, wie genau es nun IHM in seiner Situation wirklich helfen und nutzen kann (ESP). Jetzt bist du wieder ganz bei ihm und stimmst deine weitere Präsentation subjektiv, emotional und individuell auf deinen Kunden ab.

Dafür musst du dein Angebot und dein Produkt sehr gut kennen. Denn jetzt heißt es, den Blick aus dem Produktkatalog zu heben und zu improvisieren. Du hast in der Analysephase so viel über deinen Kunden gelernt. Jetzt zeige, dass du ihn verstanden hast, dass du begriffen hast, um was es ihm geht und erkläre, warum ausgerechnet dein Produkt ihm helfen kann.

Beispiel Red Bull: USP ist klar: Sie waren die ersten Anbieter von Energy-Getränken auf dem Markt. Aber was ist der ESP von Red Bull? Nein, nicht, wie viele meinen, dass die Dose Flügel verleiht und du fliegen kannst. Der ESP ist, dass Red Bull seit jeher mit Extremsport verknüpft wird. Was bedeutet das für den Kunden? Er hat das Bild im Kopf, dass Red Bull von coolen, hippen, mutigen, starken, toughen Menschen getrunken wird. Und der normale Tankstellenkäufer will unbewusst genauso sein wie die von Red Bull gesponserten Basejumper, Kitesurfer und Co.

Was ist dein USP? Was ist dein ESP?

Hin-Zu-Brücke & Weg-Von-Brücke

Beim Präsentieren sind Verbindungsworte wichtig. Sie fungieren als Verstärker. Ich nenne sie auch oft Brückenwörter. Brückenwörter helfen mir und dem Kunden, Produktnutzen und Produktstärke direkt miteinander zu verbinden. Denn wenn ich nur von der Stärke eines Produktes erzähle (Das Produkt kann das und das und das!) und das kann ich noch so begeistert und überzeugt tun, hat der Kunde eventuell trotzdem nur im Kopf: Und? Was bringt mir das? Und wer sagt mir, dass du das auch kannst, mir wirklich helfen?

Hier baust du Brücken:
→ Mein Produkt kann das und das …
→ Das führt zu …
→ Und das sorgt für … Das steigert … Das macht … Das erhöht …

Diese Worte sind eine HIN-ZU-Brücke. Sie führen hin zur Freude. Hin zur Verbesserung.

Du kannst das aber auch umdrehen:
→ Mein Produkt kann das und das …
→ Das führt zu …
→ Und das sichert …
→ Das spart …
→ Das schützt …
→ Das beseitigt …

Hier baust du eine WEG-VON-Brücke. Sie führt raus aus dem Schlamassel, weg von Schmerz.

Produktstärke	Brückenwörter	Produktnutzen
objektiv	macht	subjektiv
logisch	sorgt	individuell
greifbar	steigert	E-motion
Merkmale	schafft	
Beweis	erzeugt	
Wert	bringt	
USP	schützt	
ESP	verhindert	
	beseitigt	
	...	
	BEDEUTET	

Präsentationstechniken

Über die Kunst, richtig zu präsentieren, gibt es unzählige Bücher, Seminare und Ratgeber. Ja, man spürt sofort, ob eine Präsentation richtig gut oder echt mies ist. Und natürlich kann man hier auch einiges an Methoden lernen. Dennoch bin ich der Meinung, dass eine in Stein gemeißelte Präsentation, die von jedem Verkäufer im Unternehmen genau so runtergerattert werden muss, nicht wirklich Magie erzeugt. Ich bin ein Fan von Improvisation, auf den Moment zu vertrauen, überraschend und kreativ zu sein. Das heißt nicht, dass du unvorbereitet in einen Termin gehst – da ziehe ich dir die Ohren lang! Aber es ist für mich selbstverständlich, dass du dein Produkt und dessen Stärken in- und auswendig kennst. Deine Hausaufgaben hast du schon lange gemacht. Deine inneren Schubladen sind gefüllt. Und nur dann kannst du vermeintlich easy aus der Hüfte schießen und deinen Kunden mit spontanen Ideen überzeugen.

Genauso mache ich im Übrigen alle meine Seminare. Die Inhalte, Modelle und Methoden sind alle in mir. Ich arbeite seit fast 20 Jahren in dem Business, habe selbst unzählige Trainings und Seminare besucht und mir Wissen angefuttert. Aber ich gehe frei in jedes Seminar und weiß, dass ich, egal, was im Raum ist, gewappnet bin, allem zu begegnen. Die richtigen Methoden, Modelle und Stories kommen im richtigen Moment. Darauf kann ich mich verlassen. Das Schöne an dieser Strategie ist: Es wird so niemals langweilig – auch mir selbst nicht. Ich überrasche mich oft selbst, was ich alles in welchem Moment aus meinem Hut zaubere, welche Geschichte oder Übung gerade hochkommt und ich direkt mit den Teilnehmern anwende. Ich bin im Jahr bei über 200 Seminaren und Coachings, wenn ich da immer wieder das Gleiche nach Schema F machen müsste, Halleluja, ich würde vor Langeweile und Routine sterben! So bleibe auch ich fresh und kann mich immer wieder auf meine Teilnehmer und die Arbeit mit ihnen freuen, nach dem Motto: Schau'n wir mal, was heute alles so passiert!

Nichtsdestotrotz empfehle ich dir, dir hier und da von all dem, was dich anspricht, etwas abzuschauen. Eine gute Verkaufspräsentation ist nichts anderes als ein Vortrag. Aber was macht einen guten Vortrag aus? Schau dir beispielsweise mal die Vorträge von GEDANKENtanken[68] oder TED[69] an und lass dich inspirieren.

→ ***„Das Leben vergeht. Ideen, Inspiration und Liebe bleiben. Bei einem Vortrag kommt es einzig und allein darauf an, dass Sie etwas zu sagen haben, und dass Sie es glaubwürdig und auf Ihre ganz eigene Art und Weise vermitteln. Vor allem aber sollten Sie ein Thema wählen, das einen Platz in der Nähe Ihres Herzens hat. Ein guter Vortrag kann das Weltbild des Publikums nachhaltig beeinflussen. Wenn Sie einen Vortrag halten, dann besteht Ihr oberstes Ziel darin, etwas für Sie sehr Bedeutsames in den Köpfen Ihrer Zuhörer neu zu erschaffen. Es geht darum, einen Gedanken, einen Samen, eine Idee in die Köpfe der Zuschauer zu pflanzen. Aber was ist eine Idee? Eine Idee ist alles, was die Sichtweise anderer Menschen verändern kann.“***
Aus „TED TALKS – Die Kunst der öffentlichen Rede“ von Chris Anderson

Ein guter Vortrag hat immer eine klare Struktur und ein Leitmotiv. Und genau das sollte auch deine Verkaufspräsentation haben. Ein Leitmotiv zieht sich als Grundgedanke oder Grundidee immer durch einen Vortrag und alle Argumente, die dann kommen, betrachten dieses Leitmotiv aus verschiedenen Blickwinkeln. Das Leitmotiv ist die Wäscheleine, an der wir alle Argumente aufhängen. Das Leitmotiv im Verkaufsgespräch könnte beispielsweise ein in der Analysephase herausgearbeiteter Bedarf sein.

Die Kraft des „Weil“

Gib den Menschen ein „Weil“. Fakten allein reichen nicht aus, wenn du Menschen überzeugen möchtest. Die Fakten brauchen eine Stütze: Das „Warum“. Das „Weil“. Wenn du Menschen ein „Weil“ gibst, wirkt die Überzeugung stärker.

Es gibt dazu einen spannenden Versuch der Harvard-Psychologin Ellen Langer, das berühmte Kopierer-Experiment[70] von 1977.

Bei diesem Experiment drängelte sich ein Forscher aus Ellen Langers Team in einer Bibliothek an der Kopierer-Warteschlange vor. Er tat das auf drei verschiedene Weisen:

1. Frage ohne Begründung: „Entschuldige, ich habe hier fünf Seiten zu kopieren. Kann ich bitte vor?“
2. Frage mit echter Begründung: „Entschuldige, ich hab hier fünf Seiten zu kopieren. Kann ich bitte vor, weil ich's echt eilig habe?“
3. Frage mit Fake-Begründung: „Entschuldige, ich hab hier fünf Seiten zu kopieren, kann ich bitte vor, weil ich kopieren möchte?“

Die Ergebnisse sind erstaunlich:

→ 60 Prozent ließen den Forscher vor, wenn er keinen Begründung lieferte.
→ 94 Prozent ließen den Forscher vor, als er eine echte Begründung angab
→ 93 Prozent ließen den Forscher vor bei der eher unsinnigen Begründung

Obwohl die meisten Menschen es hassen, wenn sich jemand in einer Schlange vordrängelt (Auch dazu gibt es spannende Versuche, die belegen, dass es den Wartenden in erster Linie gar nicht so sehr um den meist minimalen Zeitverlust geht, sondern darum, dass der Vordrängler die Normen eines sozialen Systems verletzt.70), ließen die Wartenden in der Bibliothek den Forscher vor, wenn er ihnen einen Grund gab. Das allein ist schon bemerkenswert. Bemerkenswert ist aber auch, dass es dabei völlig egal war, ob der Grund des Forschers Sinn machte („Ich habe es eilig“) oder nicht („Ich will kopieren“).

Wissenschaftler wiederholten das Experiment auch in anderen Zusammenhängen. Das Ergebnis bestätigte sich jedes Mal. Der Mensch liebt es, einen Grund für sein Handeln zu haben. Selbst wenn der Grund Quatsch ist. Ein „Weil“ zu haben beruhigt uns.

Erst neulich habe ich selbst wieder erlebt, wie gut das „Weil“ funktioniert. Ich saß am Bahnhof in Köln und wartete auf meinen ICE nach Frankfurt. Geschäftstermine. Ich beobachtete einen Mann, der die wartenden Menschen ansprach und offensichtlich um Geld bat. Er war sehr aufgeregt dabei. Dann kam er auf mich zu. Er: „Du siehst so nett aus, du kannst mir bestimmt helfen.“ Ich: „Wobei kann ich dir denn helfen?“ Er: „Ich habe nicht genug Geld. Aber ich möchte gern mit dem nächsten Zug nach Mannheim fahren, weil da ist meine Frau, die auf mich wartet. Ich habe hier fünf Euro, aber das Ticket kostet 25 Euro. Kannst du mir aushelfen und mir Geld für mein Ticket geben? Ich will wirklich gern nach Mannheim zu meiner Frau.“ Ich schaute ihn an. Ich entschied mich dafür, ihm seine Geschichte zu glauben. Ich gab ihm fünf Euro. Er bedankte sich. Sah mich an und sagte dann: „Das ist echt nett von dir, aber das reicht nicht für das Ticket.“ Dann schwieg er, sagte nichts. Ließ den Satz einfach wirken. Und ich dachte, verdammt, der ist echt gut. Zuerst liefert er mir ein starkes Weil, was an einem starken Warum hängt. Und als es drauf ankommt, hat er die Eier, den Moment einfach auszuhalten. Um mehr zu bitten, dann zu schweigen. Ich erinnere mich daran, dass auch ich im entscheidenden Moment immer die Klappe halte. Das kostet 100.000 Euro. Ich will von jedem von euch zehn Euro (siehe auch Abschnitt 2.1). Klappe halten. Aushalten. Und genau das tut er gerade vor mir. Ich könnte ihm jetzt sagen, dass er von mir fünf Euro bekommen hat und das doch mehr als genug sei. Ich könnte ihm sagen, er könnte ja noch die anderen Wartenden fragen. Als mir das durch den Kopf geht, komme ich mir ziemlich erbärmlich dabei vor. Ich frage mich stattdessen: Was würde die Liebe tun? Dann nehme ich ihm die fünf Euro wieder aus der Hand. Er will protestieren, aber ich grinse ihn an. Ich stecke die fünf Euro ein und hole stattdessen 20 Euro aus meinen Portemonnaie. „Reicht das? Kommst du damit bis nach Mannheim?“ frage ich ihn. Er strahlt mich an. „Ja! Das reicht. Danke!“ Er ist happy. Und ich bin auch happy. Und seine Frau war danach hoffentlich auch happy.

Zurück zu deinem Verkaufsgespräch. Gib deinen Kunden ein „Weil“:

→ Das kann ich Ihnen sagen, weil …
→ Bei meinem letzten Kunden war das so und so, weil …
→ Bei meinem letzten Kunden hat das und das gewirkt und das hatte damit zu tun, weil …

Ein Weil gibt immer Kraft und Überzeugung. Es hilft den Menschen in der Präsentationsphase, das, was sie gerade präsentiert bekommen, leichter anzunehmen.

Storytelling

In der Präsentationsphase hilft dir auch die Kraft und Macht des Storytellings. Dabei geht es darum, starke Behauptungen zu untermalen. Verpacke Stärken und Nutzen in eine Story.

„Wer die Menschen berühren möchte, schafft das nicht mit bloßen Fakten. Damit eine Geschichte in Erinnerung bleibt, muss sie Emotionen erzeugen. Bereits in der frühen Steinzeit wurden Erzählungen geteilt, um Erfahrungen und wichtige Informationen weiterzugeben. Wie erlege ich einen Bären? Wie finde ich im Wald Schutz? Wie mache ich Feuer? Die Geschichten sicherten das Überleben. Nur relevante Informationen schafften den Weg ins Gehirn."[72]

Storytelling Experte Christian Riedel[73] sagt dazu: *„Auch heute noch ist Geschichtenerzählen die einzige Form der Wissensvermittlung zwischen Menschen, bei der die Sachebene und die emotionale Informationsebene ausgetauscht werden. Wir erfahren nicht nur was passiert, sondern fühlen mit den Personen mit und lernen aus ihrem Handeln. Und jede Geschichte hat eine Moral, die der Erzähler vermitteln will."*

Im Verkaufsgespräch kannst du deinem Kunden beispielsweise eine direkte Story erzählen:

→ Stellen Sie sich vor, das wäre so und so …

Noch besser ist aber, du erzählst deine Story über eine dritte Person:

→ Letztens beim Kunden: Er hat das und das gemacht …
Das Produkt konnte das und das und sorgte dafür, dass …
→ Der Kunde hat mir erzählt …
→ Ich habe gehört …
→ ich habe gelesen …

Geschichten umgehen immer den bewussten Verstand. Ganz wichtig: Es geht nicht darum, hier etwas zu umgehen, sondern einzig und allein darum, etwas leicht und verständlich zu machen, damit der Kunde in seiner Welt Nutzen und Stärke des Produktes sowohl auf der sachlichen als auch der emotionalen Ebene erkennt.

FRAG DICH DOCH MAL:

→ **Welche Storys könnten deinen Kunden begeistern?**

→ **Kennst du dein Produkt wirklich schon gut genug?**

→ **Welche Geschichten hast du schon mit deinen Kunden erlebt?**

6.7 Einwandbehandlung

→ ***„Vertrauen ist gewohnheitsmäßiges Geben und Nehmen, das mit Gefühlen verbunden ist. Es entsteht, wenn zwei Menschen etwas zusammen machen, intensiv miteinander kommunizieren und dabei langsam lernen, dass sie sich auf einander verlassen können."***

David Brooks // Journalist // USA

Nach der Präsentationsphase kommen die gefürchteten Schreckgespenster: Der Kunde will nicht. Der Kunde zögert. Der Kunde ist nicht wirklich überzeugt. Der Kunde will sich das noch mal überlegen. Der Kunde ist nicht im Sack. Alle Mühe umsonst! Vielen Verkäufern wird eingetrichtert, dass, wenn sie bis dahin richtig gut waren, erst gar keine Einwände entstehen. Man muss den Kunden nur gut genug mit allerlei ausgefuchsten Techniken einlullen und umgarnen, und zack, gekauft. Ist doch ganz easy, oder? Und wenn es doch Einwände gibt, dann haste halt nicht gut genug performed und delivered, du Schwächling!

Das ist natürlich alles Blödsinn. Bullshit. Denn Einwände und Vorwände sind völlig normal. Gerade je komplexer und teurer ein Produkt ist, desto mehr hat ein Kunde natürlich das Recht, sich alles ganz genau anzuschauen und zu überlegen, sich Zeit zu nehmen, mit der Konkurrenz zu vergleichen und in Ruhe seine Entscheidung treffen zu dürfen. Und genau dabei unterstützt ihn ein guter, von und aus dem Herzen agierender Verkäufer.

Beim US-Amerikanischen Online-Versandriesen Zappos ist es beispielsweise absolut üblich, dass die Telefon-Supportteams ihre Kunden sogar dahingehend beraten, Produkte woanders zu kaufen, wenn diese nicht bei Zappos vorrätig sind. Die Sales-Leute recherchieren dafür sogar für die Kunden, wo sie das gewünschte Produkt erhalten und schicken sie ganz bewusst zur Konkurrenz. Kommt der Kunde beim nächsten Mal wieder? Aber sowas von absolut sicher! Der Kunde ist von diesem ungewöhnlichen und auf den ersten Blick irrational erscheinenden Support völlig begeistert. Im Online-Marketing nennt man das CEM (Customer Experience Management):

„Bei Zappos dagegen ist jeder persönliche Kontakt eines Kundenservicemitarbeiters mit dem Kunden eine Gelegenheit, um einen nachhaltigen WOW-Effekt zu erreichen. Im Internet wird berichtet, dass Zappos Mitarbeiter sogar dabei helfen Produkte auf anderen Seiten zu kaufen, die es bei Zappos nicht gibt oder die zurzeit nicht auf Lager sind. Schaut man sich die Beiträge von Kunden auf den Facebook-Seiten der Unternehmen an, wird schnell klar, dass Zappos in einer anderen Liga zu spielen scheint. In große Werbekampagnen braucht Zappos gar nicht zu investieren: die Mundpropaganda der Kunden im Social Web reicht als Empfehlung für Zappos allemal aus."[74]

Ein nachhaltiger WOW-Effekt. Persönlicher Kontakt. Mundpropaganda die nicht, wie so oft Empörung und Enttäuschung über ein Produkt, einen Service oder eine Firma in die Welt shitstormt, sondern echte Begeisterung teilen möchte. Willkommen im Verkaufsschlaraffenland!

→ **Der Verkäufer zum Kunden: „Diesen Mantel können Sie zu jeder Jahreszeit tragen!" – „Auch bei sehr warmen Wetter?" – „Aber natürlich. Bei Sommerhitze tragen Sie ihn über dem Arm!"**
unbekannt

Der Kunde als Gegner

Es gibt unzählige Techniken, um Einwände und Vorwände in einem Verkaufsgespräch zu „behandeln". Ausgeklügelte Techniken, um ein „Nein", ein „Ich muss noch mal überlegen" oder das Zögern eines Kunden in ein „Jo, Man!" umzuwandeln: Ursachenforschung mit der Rücksprungtechnik. Gezielte Sprachmuster anwenden. Vermutungstechnik. Schlagfertigkeit trainieren. Vertrauensaufbau. Kybernetik. Überfrachtungstechnik. Bedingte Zustimmung. Ignoranztechnik. Umdeutung des Einwandes. Vorteil-Nachteil-Methode. Referenztechnik. Relativieren. Akzeptanz- und Gegenvorschlags-Methode. Sprüchetechnik. Selbstbezichtigungstechnik. M+A+A+M-Technik. Zeitsprungtechnik. Analogiemethode. Ja-Aber-Technik. Boomerangmethode. Vorwegnahme. Überhören. Und, und, und.

Im auf Gruenderszene.de erschienenen Artikel „Die sieben Todsünden des Verkaufs"[75] nimmt Autor Stefan Gössler dazu kritisch Stellung:

„Einwände sind ein Graus. Sie sind zu fürchten und am besten lernt man schnell ein paar schlagfertige Antworten. Davon sind schlechte Verkäufer felsenfest überzeugt. Sie suchen nach dem einen Satz, der Einwände beseitigt und den Kunden

kaufen lässt. Die Verlockung ist groß: ein Satz, eine Formulierung, ein Kniff und der Kunde kauft.

Kunden erleben das ganz anders: Kunden sind durchaus interessiert, stellen ein paar Detailfragen und plötzlich, wie aus der Pistole geschossen: offensichtlich auswendig gelernte Phrasen. Persönlicher Kontakt? Menschliche Auseinandersetzung? Fehlanzeige! Der Verkäufer sollte zwar helfen, den Bedarf zu lösen, doch er verhält sich, als wären Kunden tatsächlich Gegner.

Es ist die konstruktive Auseinandersetzung, die Verkaufen möglich macht. Das Erörtern von Möglichkeiten, gemeinsam mit dem Kunden. Das Herausarbeiten von Lösungen. Phrasen und Stehsätze sind das exakte Gegenteil davon. Solide Verkaufskompetenz und das Beherrschen von Fragetechniken sind die Eckpfeiler konstruktiver Verkaufsgespräche."

Dein Kunde ist nicht dein Endgegner (im anderen Kontext: dein Mitarbeiter auch nicht, dein Chef nicht, deine Kollegen nicht, dein Partner oder deine Partnerin sowieso nicht.). Dennoch verhalten sich, leider, so viele Verkäufer und Verkaufsberater genau so. Nicht umsonst gibt es den zynischen Spruch: „Achtung, Kunde droht mit Auftrag."

Der Autor des zitierten Textauszugs nennt auch die Kernelemente des Heart-Sellings: persönlicher Kontakt, menschliche Auseinandersetzung. Ich bin ebenfalls kein Fan der Einwandbehandlung, werde dir aber dennoch in diesem Kapitel meine Auffassung darüber und meine Lieblingsmethode mit auf den Weg geben.

Wand vorm Kopf … ?!

Wenn der Kunde nicht so recht will, hat er entweder Einwände oder schiebt einen Vorwand vor. Früher sagte man, alter Verkäuferspruch, Vorwände muss man wie beim Arzt diagnostizieren, Einwände hingegen behandeln.

Ein Vorwand stellt uns im sprichwörtlichen Sinne eine Wand vor die Nase. Eine Wand ohne Tür. Er hat schon längst ein „Nein" im Kopf, kann und will es aber nicht – warum auch immer – klar und deutlich kommunizieren. Bei Vorwänden versteckt sich der Kunde hinter einer Maske (die Vor-Wand): Er will nicht sagen, worum es ihm wirklich geht. Er fühlt sich unwohl, hat Angst und kein Vertrauen. Als Heart-Seller® spüren wir das natürlich. Nun könnten wir daran herumdoktern, aber je mehr wir dann auf den Kunden einreden, desto mehr treiben wir ihn in sein Unwohlsein. Er fühlt sich bedrängt und kommt bei der nächsten Gelegenheit garantiert nicht wieder. Akzeptieren wir das, lassen wir den Kunden in Ruhe. Es ist sein gutes Recht. Je weniger Druck wir ausüben, desto größer ist die Wahrscheinlichkeit, dass der Kunde bei einer anderen Gelegenheit wieder zu dir kommt. Weil er dadurch, dass du ihn nicht „behandeln" wolltest, vertrauen zu dir gefasst hat. Wenn du Vorwände spürst, kannst du sie aber immer ansprechen. Meistens ist es so, dass erst dann, darauf angesprochen, der wirkliche Einwand zum Vorschein kommt.

Beim Einwand hingegen haben wir immer noch eine Chance. Die Wand hat eine Tür. Und wir haben die Chance, mit der richtigen Behandlung den passenden Schlüssel zu finden, um durch die Tür hindurchzukommen. Einwände entstehen oft schon viel früher, also nicht erst unmittelbar nach der Präsentationsphase. Sie entstehen, weil beispielsweise keine gute Beziehung zum Kunden aufgebaut werden konnte, der Kunde etwas nicht verstanden hat, er sich überrumpelt fühlt, den Nutzen noch nicht erkannt hat oder, oder, oder. Gründe für Einwände gibt es unzählige.

Warum ich Einwände gegen Einwandbehandlungen habe

Im Übrigen schule ich Einwände und Vorwände so gut wie gar nicht mehr. Heute nur auf eine ganz andere Art und Weise. Warum? Weil alles Energie ist (siehe 4.6). Wir gehen damit in Resonanz, dass Einwände und Vorwände kommen werden. Wir machen damit das Ergebnis klar, dass Einwände und Vorwände entstehen. Wir manifestieren uns sozusagen regelrecht die Wände vor unserer Nase selbst. Wir erzeugen ein Einwand-Vorwand-Resonanzfeld. Ich bin der festen Überzeugung, je mehr du Techniken zur Einwandbehandlung schulst, umso mehr Einwände wirst du auch bekommen. Energie folgt der Aufmerksamkeit. Da ist es wieder.

Einwände spielen sich immer auch in uns selbst ab. Einer meiner Coachees beklagte sich darüber, dass er immer wieder den Einwand von potentiellen Kunden bekommt, dass er zu teuer sei. Ich hörte mir seine ganze Story und sein Wehklagen an und fragte ihn dann: „Bist du geizig?" Er schaute mich etwas verwirrt an. Überlegte kurz und sagte dann leise „Ja, ich befürchte schon." Ich sagte daraufhin nur das zu ihm: „Hör auf damit."

Wie willst du Fülle anziehen, wenn du nicht selbst Fülle bist? Das gilt natürlich auch für alle anderen Bereiche des Lebens, in denen wir selbst immer wieder Körbe in Form von Einwänden à la keine Zeit, kein Geld, kein Interesse kassieren? Ob im privaten Umfeld oder im Businesskontext, das spielt gar keine Rolle. Schau doch mal genau hin: Wie viel Zeit nimmst du dir selbst für dich und andere im Leben? Wie viel echtes und wahrhaftes Interesse zeigst du dir selbst gegenüber und hast du für andere? Wie gehst du selbst mit Geld um?

Alles ist Schwingung. Alles ist Resonanz. Alles hängt mit allem zusammen. Hallo Universum! Alles war wir in unserem Leben haben – oder eben nicht haben – geht immer auf uns selbst zurück.

Drei nackte Männer und ein nervöser Stifte-Tick: Annehmen, Verstärken, Nutzen, Führen

Einwände kommen. Fast immer. Wie schon oben beschrieben, sind sie völlig normal. Also besteht erst recht kein Grund, sie regelrecht bekämpfen zu wollen. Einwände nehmen wir an (siehe auch Abschnitt 3.5 – „Es ist, wie es ist: Annahme"). Wir steuern nicht dagegen an, wir gehen nicht in den Widerstand. Dadurch machen wir Einwände im Zweifel nur noch größer. Wir dürfen Einwände sogar als Chance betrachten und uns dafür bedanken: „Danke, dass Sie das das so offen sagen und wir darüber reden können. Ich merke, dass Sie sich damit noch nicht so ganz wohl fühlen." Und dann kannst du mit tiefer gehenden Fragen noch mal, ganz wie Sherlock Holmes, nachhaken, wo es klemmt.

Im Kampfsport ist eine der Grundphilosophien, einem Widerstand keinen Widerstand entgegen zu bringen. Im Gegenteil. Der Widerstand wird durch den Nicht-Widerstand verstärkt und geht somit in die komplett entgegengesetzte Richtung. Die Kraft des Gegners wird von der Kraft, die sich eigentlich gegen dich richten sollte, in doppelte Kraft gegen sich selbst umgewandelt und zurückgeschickt. Annehmen, verstärken, nutzen (oder führen).

Nun habe ich eingangs gesagt, dass unser Kunde natürlich eben nicht unser Gegner ist. Wir kämpfen nicht gegeneinander. Wir arbeiten mit Freude und Leichtigkeit zusammen an einer tollen Lösung. Trotzdem dürfen wir uns das Bild aus dem Kampfsport zur Verdeutlichung der Thematik zu Nutze machen.

→ Wir nehmen an, was ist: Der Kunde hat einen Einwand. Das ist weder gut, noch schlecht. Es ist einfach.
→ Verstärken: Wir finden heraus, woran das liegt, woher der Einwand kommt. Kämpfen nicht dagegen, sondern gehen ganz bewusst hinein.
→ Nutzen/Führen: Dann bringen wir alles in eine andere Richtung und zwar in eine Richtung, die dem Kunden nutzt. Wir führen ihn dorthin.

Vom Begründer der modernen Hypnotherapie, dem US-amerikanischen Psychiater Milton H. Erickson,[76] gibt es für die Annehmen-Verstärken-Nutzen-Methode zwei schöne Anekdoten, die ich gern mit dir teilen möchte.

In einer seiner Uni-Vorlesungen lauschten ihm seine Studenten ehrfurchtsvoll. Hypnose war damals noch ein absolutes Mysterium und Faszinosum. Einer der Studenten im Saal hob die Hand und fragte Milton Ericsson herausfordernd und skeptisch: „Herr Erickson, ich habe so einen Tick, so eine Macke. Ich muss ständig einen Stift in der Hand halten und damit rumzappeln. Das nervt nicht nur mich, sondern auch meine Kommilitonen. Wenn es stimmt, dass sie hypnotisieren können, können Sie mir das doch bestimmt wegmachen, oder?“ Milton Erickson hörte sich seine Frage ruhig an, nickte nur und sagte dann: „Drehen Sie den Stift drei Mal um und legen Sie ihn dann weg.“ Genau das tat der Student. Und er rührte den Stift für den Rest der Vorlesung nicht ein einziges Mal an. Der Student samt all seiner anderen anwesenden Kommilitonen war beeindruckt. Wow, das muss doch Magie gewesen sein, dachten viele. Der Student kam nach dem Ende der Vorlesung auf Milton Erickson zugestürmt: „Haben Sie mich wirklich hypnotisiert?“ fragte er völlig außer Atem. Milton Erickson lächelte nur und sagte: „Ob ich Sie hypnotisiert habe, das dürfen Sie entscheiden. Genauso wie Sie entschieden haben, dass ich mit Ihrem Tick, bzw. der Heilung davon, etwas zu tun habe. Sie haben mich gefragt, ob ich hypnotisieren kann. Da habe ich nur genickt (annehmen). Dann habe ich Ihnen gesagt, was Sie machen sollen – Sie sollten den Stift drei Mal drehen, sie durften Ihren Tick also noch mal kurz ausleben (verstärken). Und dann habe ich die Führung übernommen und Ihnen den erwünschten Nutzen gebracht, in dem ich Ihnen eine klare Ansage gemacht habe: Legen Sie ihn weg (nutzen, führen).“

Die zweite Anekdote von Milton Erickson ist die Geschichte der drei nackten Männer. Eine seiner Patientinnen hatte eine Zwangsstörung. Sie sah immer drei nackte Männer, die sie überall hin begleiteten. Das war vor allem für ihren Mann ein großes Problem, es war ihm natürlich außerordentlich peinlich. Der Psychiater schlug seiner Patientin nun folgende ungewöhnliche Lösung vor: „Bringen Sie die drei nackten Männer doch einfach beim nächsten Termin mit!“. Damit nahm Milton Erickson die drei nackten Männer einfach erst mal an. Sie waren da. Er bekämpfte sie nicht. Er befand sich nicht im Widerstand, wie es normalerweise ihr Umfeld (Ehemann, Freunde, Kollegen, sogar sie selbst). Die Frau war verdutzt. „Wirklich?“ „Ja, wirklich!“ Gesagt, getan. Zur nächsten Sitzung brachte die Frau ihre drei klamottenlosen Nudisten-Freunde tatsächlich mit. Milton Erickson begrüßte die drei nackten Zeitgenossen freundlich und schlug ihnen sowie seiner Patientin folgendes vor: „Was halten Sie davon, wenn Sie in meinem Schrank bleiben? Dort ist es sehr gemütlich und kuschelig. Und wann immer Sie (die Patientin) zu mir kommen, können Sie

Ihre drei nackten Männer rausholen, mit ihnen reden, sie können sich einfach zu uns setzen und zuhören. Und wenn Sie wieder gehen, machen es sich die drei im Schrank wieder gemütlich." Hiermit verstärkte Milton Erickson die Störung der Patientin sogar. Aber die Frau fragte überrascht: „Das geht? Das würden Sie wirklich für mich und uns tun?" „Aber natürlich, gar kein Problem!" Die Frau bedankte sich begeistert: „Genau so machen wir das!" Die Frau ging nach der Sitzung Hause. Ohne die drei nackten Begleiter. Sie holte sie tatsächlich bei jeder weiteren Sitzung wieder heraus. Die Störung war also nicht verschwunden. Aber es war eine Möglichkeit, der Frau ein halbwegs normales Leben zu ermöglichen, sie war auf dem Weg der Heilung. Denn seitdem sie wusste, dass die drei nackten Männer im Schrank ihres Psychiaters auf sie warteten, war sie von ihnen im Alltag befreit (Nutzen/Führen).

Stimmt. Und?

Annehmen, verstärken, nutzen kannst du wunderbar mit meiner „Zaubertechnik" anwenden. Es ist die „Stimmt. Und?"-Methode. Die ist ganz einfach. Wenn jemand Einwände hat, sagst du einfach: „Stimmt." Und stellst dann die Frage „Und?", frei nach dem Motto, „so what?!". Das ist durchaus etwas provozierend, weil du dein Gegenüber antriggerst, sich zu erklären. Und du „entwaffnest" ihn, indem du den Einwand bestätigst. Hier nimmst du also an und verstärkst.

Du kannst das auch prima anwenden, wenn dich jemand mal wieder vollmault, rummotzt, rumjammert oder so wunderbare Besserwisser-Kommentare wie „aber das macht man doch nicht" oder „das geht doch nicht!". Da sagst du einfach „stimmt." Und das „und?!" denkst du dir. Schau mal was passiert. Das nimmt den Motzknödeln regelrecht den Wind aus den Segeln. Das zu beobachten ist sehr amüsant.

Auch ich konnte mit dieser Methode schon so manchen besserwisserischen Skeptiker zum wirklich neugierigen und angefixten Interessenten machen.

Nach einem Seminar war ich abends noch etwas essen. Ich ging nach draußen, um ihn Ruhe zu telefonieren, da sprach mich ein junger Mann an, ob ich Feuer hätte. Hatte ich parat und ich zündete ihm sein Kippchen an. Wir smalltalkten etwas, was man halt so tut, und dann fragte mich der junge Mann relativ direkt und geradeaus: „Sag mal, was machst du eigentlich beruflich?" Ich antwortete ihm: „Ich bin Trainer für Verkauf und Persönlichkeitsentwicklung." Der Kerl lachte und sagte: „Och, das bringt doch eh alles nichts. Ich glaube an sowas nicht. Du kannst doch aus einem Esel kein Rennpferd machen." Ich schaute ihn an, schwieg einen Moment, lächelte und sagte zustimmend: „Stimmt." Kurze Pause. Der junge Mann war leicht irritiert.

Er hat mit Widerspruch gerechnet. Stattdessen fragte ich ihn zurück und startete mit einem „und“ (Hallo Stimmt-Und!) „Und … was machst du beruflich?“ Er sagte: „Ich beliefere in Berlin alle Hotels mit Matratzen.“ Ich: „Und das machst du sicher richtig gut, oder?“ Er war geschmeichelt und sagte selbstbewusst: „Ja, das mache ich wirklich gut.“ Ich fragte ihn: „Und hast du auch Mitarbeiter?“ Er bejahte dies. Ich sah ihn an und sagte dann: „Wenn ich dich so anschaue, dann vermute ich, dass deine Leute deinen Job bestimmt längst nicht so gut machen wie du, oder?“ Er fühlte sich geschmeichelt und gockelte dann ein wenig rum. Männer gockeln immer rum, wenn sie über ihre eigenen Erfolge erzählen. Ich ging auf sein Gockeln ein: „Und du machst das bestimmt so gut wie kein anderer, oder?“ Er sagte: „Ja, genau. Klingt doof, aber ist so.“ Dann fragte ich ihn: „Was wäre denn, wenn deine Mitarbeiter das könnten, was du kannst? Also klar, sie würden das natürlich nie so gut hinbekommen wie du, aber nur mal angenommen, sie könnten es, wie wäre das?“ Sein Gesicht erhellte sich: „Ja, das wäre schon irgendwie super. Ich könnte noch erfolgreicher werden, wir könnten expandieren.“ Ich lächelte ihn an und sagte: „Weißt du, das Verrückte ist nämlich, dass die Chefs oder die besten Leute in einem Unternehmen oft gar nicht wissen, warum sie so gut sind. Welche Strategien sie haben. Oder weißt du immer, was du genau wie und warum richtig machst?“ Er überlegte kurz: „Nee. Stimmt. Das ist schon auch irgendwie eine Gabe oder vielleicht auch Talent.“ Ich zu ihm: „Mal angenommen, es wäre keine besondere Gabe und auch kein Talent. Sondern du könntest herausfinden, warum du so gut bist. Du würdest die Strategie dahinter erkennen. Und dann könntest du sie auf andere übertragen. Wie wäre das?“ Der junge Mann schaute mich neugierig an: „Ja, das wäre schon nicht schlecht.“ Ich sah ihm an, wie es ihn seinem Kopf ratterte. Ich sagte: „Und jetzt stell dir mal vor, deine Mitarbeiter könnten das dann alles fast genauso gut wie du. Was würde sich da alles in deinem Unternehmen verändern?“ Das Gesicht des Mannes strahlte: „Na, ich hätte noch mehr Aufträge, ich könnte mir überlegen, wie wir das Unternehmen erweitern, ich könnte wachsen, ich hätte mehr Umsatz, ich wäre insgesamt viel entspannter!“ Ich ließ seine Gedanken und Überlegungen und die daraus resultierende Begeisterung erst mal wirken und nachhallen. Ich sagte erst mal nichts (Du erinnerst dich? Die Macht des Schweigens. Einfach mal Fresse halten.) Er sah mich erwartungsvoll an, es hatte Klick bei ihm gemacht. Erst dann sagte ich: „Und soll ich dir mal was sagen? Genau DAS mache ich. Das ist mein Job. Ich arbeite mit so coolen Leuten wie dir. Wir finden die Strategien heraus und geben dir die Fähigkeit, diese auf andere zu übertragen.“ Er schaute mich mit großen Augen an: „Das geht?!“ Ich: „Na klar.“ Er: „Das klingt echt super! Hast du deine Karte dabei? Kannst du mir deine Karte geben? Ich melde mich nächste Woche direkt bei dir, ist das okay?“ Ich: „Na klar. Auf jeden Fall.“

Das, meine Damen und Herren, ist die „Stimmt. Und …?“-Technik.

FRAG DICH DOCH MAL:

→ **Welche Situationen kannst du positiv beeinflussen, wenn du die Annehmen-Verstärken-Nutzen/Führen-Methode ausprobierst?**

→ **Probiere bei der nächsten Gelegenheit, die sich bietet, die „Stimmt. Und?"-Methode aus. Was ist passiert? Was hat sich getan?**

6.8 Abschluss

→ ***„Dem Geld darf man nicht nachlaufen, man muss ihm entgegenkommen."***
Aristoteles Onassis // Reeder // Griechenland/Agentien

Schließe kurz die Augen. Und jetzt lass in deinem Kopf die berühmte bedrohliche Melodie aus dem Horror-Trash-Klassiker „Der weiße Hai"[77] abspielen. Und? Haste Schiss? Da bekommt man schon irgendwie ziemlich automatisch Gänsehaut, oder? Vor allem, wenn du dir dann noch dazu vorstellst, wie du im Meer schwimmst und auf einmal eine Haiflosse auftaucht. Wir möchten doch augenblicklich nur eins tun: Panisch an Land paddeln und laut HILFE! schreien.

Abgesehen davon, dass Haie als Horror-Tiere, vor denen man Angst haben muss, hochstilisiert wurden und jedes Auto auf der Straße eine hundertfach größere Bedrohung für unser Leben darstellt als diese Meeresbeißerchen, habe ich oft das Gefühl, dass die halbe Verkäuferwelt genauso panisch rumpaddelt und um Hilfe schreit, wenn es um den Abschluss geht. Kunde droht mit Abschluss, Hilfe! Oh Gott, und was, wenn er jetzt doch nicht kauft?! Abschluss ist schwer, den Sack zuzumachen ist schwer, so wird es uns oft vermittelt. Die halbe Verkäuferwelt hat Angst oder zumindest Respekt vorm Abschluss. Abschluss ist harte Arbeit. Bloß nicht auf den letzten Metern verkacken! Jetzt bloß nichts falsch machen! Der rettende Strand ist ganz in der Nähe (der Abschluss) – die Bedrohung, dass der Kunde uns in den Arsch beißt (der weiße Hai), aber auch. Wir sind voller Hoffnung und voller Angst gleichzeitig. Ganz ehrlich, wenn du dir das vorstellst oder an eigene Momente, in denen du dich so gefühlt hast oder die du bei Kollegen oder anderen Verkäufern, bei denen du Kunde warst, beobachten konntest, denkst: Welche Energie strahlst du, dein Kollege oder der Verkäufer aus? Eine ziemlich komische. Jedenfalls keine, bei der weder du noch der Kunde Lust hat, einzuschlagen.

Wie oft sehen wir das auch beim Fußball: Der Stürmer hat den Ball, er ist allein vorm Tor, kein Abwehrspieler weit und breit, und auch der Torwart ist verschwunden. Der Stürmer schießt. Und die Kirsche fliegt im hohen Bogen übers Netz. Ist das zu fassen?! Wie kann sowas passieren? Wie blöd kann man nur sein, fragen sich dann wütende und enttäuschte Fans. Und nicht zuletzt der Stürmer selbst.

Die Antwort ist einfach: Das hat damit zu tun, dass die meisten Menschen in dem Moment, wo der Erfolg, der Abschluss, das Ziel direkt und unmittelbar vor der Nase ist, Angst bekommen. Auf einmal dreht die Denkmaschine total durch, das Hirn schickt uns Gedanken noch und nöcher, da oben in unseren Köpfen rattern in Bruchteilen von Sekunden Gedanken und Szenarien durch unseren Kopf, dass es kein Wunder ist, dass wir im entscheidenden Moment versagen. Stressige Gedanken erzeugen stressige Gefühle und die wiederum manifestieren sich biologisch in unserem Körper. Das Stresshormon Cortisol wird ausgeschüttet. Wir sind nicht mehr in der Lage, cool und souverän zu agieren und zu reagieren. Das schlimme daran ist: Das ist alles hausgemacht. Wir haben völlig unnötige Ängste: Angst vor Ablehnung, Angst vor einem Nein, Angst etwas nicht zu schaffen, Angst schon wieder zu versagen, Angst schlechter dazustehen als die Kollegin, Angst vor dem Provisionsverlust und, und, und. Alles, was wir in unserer Psyche so an Restmüll, Ballast und doofen Erfahrungen mit uns herumschleppen, zeigt sich jetzt auf unterschiedliche Art und Weise. Wir manifestieren Angst und machen daraus Realität. Self-fulfilling Prophecy! Wir kreieren mit all unseren Ängsten unseren Misserfolg. Und das tun wir selbst.

Jetzt könnte man meinen, na, da müssen wir doch erst recht ganz ausgeklügelte Abschlusstechniken, Abschlussphrasen und garantiert funktionierende und bombensichere Abschlussmethoden lernen.

Und ich sage: Nö. Der Stürmer beim Fußball kann stürmen und sein Tor treffen. Er kann das. Er braucht das nicht zu üben. Je mehr daran rumgedoktert wird, desto mehr lernt die Psyche unbewusst: Du kannst das nicht! Du brauchst Krücken! Was der Stürmer braucht und was wir brauchen, sind nämlich nur vier Dinge: Vertrauen, Klarheit, Gelassenheit und die Rübe leer lassen.

Wenn du alles, was du bis hierhin gelernt und gelesen hast, anwendest, besser gesagt noch nicht mal anwendest, sondern es einfach bist und spürst und lebst, wenn du voll im Heart-Seller®-Modus bist, ist der Abschluss nur noch Nebensache und erfolgt automatisch. Du ziehst ihn durch alles, was du bis dahin getan und ausgestrahlt hast, magisch an. Es gibt nichts mehr zu tun, du hast das Ergebnis klar, du bist deinem Kunden mit Liebe, Freude und Begeisterung, Aufrichtigkeit und Wahrhaftigkeit, absichtslos und bedingungslos begegnet. Du bist mit ganzem und offenem Herzen dabei, du hast deinem Kunden, deinem Unternehmen und nicht zuletzt auch dir selbst gedient. Es gibt nichts, aber auch rein gar nichts, vor dem du auch nur ansatzweise Angst haben musst. Du bist voll im KI (dazu auch in Abschnitt 7.1 noch mehr). Dein innerer Stürmer hat schon längst getroffen.

Klarheit

→ ***„Ruhig wie ein tiefer See mit ungetrübtem Wasser ist der Weise mit seiner heiteren Klarheit."***
Buddha

Um deinen Stürmer auch wirklich treffen zu lassen, gibt es eine Sache, die ich dir ans Herz legen möchte. Du musst nichts tun, keine Methode lernen, wir müssen nicht noch irgendeine Technik oben drauf packen. Im Gegenteil – es geht an dieser Stelle umso mehr ums Sein-Lassen. Oft ist Lassen das bessere Tun. Lass alles weg. Kein Gelaber, kein Rumgeeiere, kein Rumgeschwurbel, kein doofer Small-Talk, kein nervöses Lachen. Nichts. Du tust, genau, nichts mehr. Es ist alles getan.

Du lässt das Wasser in deinem Wasserglas klar. Du verwirbelst es nicht durch Rumgerühre, du streust keine Krümel rein. Du lässt es klar und ruhig. Du bist Klarheit. Du bist dieses Wasser. Wir übersetzen das Ganze: Denn Klarheit heißt für mich an dieser Stelle nichts anderes als einfach mal die Klappe zu halten.

Wenn dein Produkt für deinen Kunden einen Mehrwert hat, du selbst überzeugt davon bist, du alles im Heart-Seller®-Prozess gegeben hast, gibt es nichts mehr zu sagen und nichts mehr zu tun. Alle, was du in der Abschlussphase noch sagst, ist nur dein innerer Zweifel und zeugt davon, dass du nicht von deinem Produkt oder deiner Dienstleistung, nicht von deinem Unternehmen und zuletzt auch nicht von dir selbst und deiner Arbeit überzeugt bist.

Gerade, wenn es zum Abschluss darum geht, Summen auf den Tisch zu bringen, sie klar auszusprechen, letztlich für ein gutes Produkt, eine gute Dienstleistung und nicht zuletzt gute Arbeit gutes Geld zu verlangen, wackeln die meisten Leute. Warum? Es ist die schon besagte oben angesprochene Angst: Angst vor dem Nein, Angst vor Ablehnung. Viele Menschen beziehen ein Nein oder eine Ablehnung auf ich selbst, auf ihr Ego, der findet mich doof, der mag mich nicht, ich war nicht gut genug. Auch das darfst du lernen, dir diesen Ego-Pullover gar nicht erst anzuziehen.

Klarheit heißt auch, nicht nur die einfach mal die Klappe zu halten. Klarheit heißt auch, wenn die Klappe wieder aufgeht, alle Rumgeeier-Wörter zu streichen. Kennst du Rum-Eier? Rum-Eier sind Eier, von denen du betrunken und diesig im Kopf wirst. Rum-Eier sind u. a.:

- → Vielleicht
- → Eventuell
- → Aber
- → Eigentlich
- → Man
- → Sollte
- → Könnte
- → Hätte
- → Müsste

Mich nerven Rum-Eier kolossal. Fühlt sich einfach nur doof an. Beobachte das mal, wann, wo und wie oft du dir selbst Rum-Eier ins Nest legst. Und wie oft das andere tun.

Sag JA zu dir selbst, indem du in der Klarheit bist. Das gelingt dir, indem du Rum-Eier verwandelst:

- → Aus „aber" machst du „und"
- → Aus „vielleicht machst du „sicherlich", „auf jeden Fall", „definitiv"
- → Aus „könnte", „sollte", „müsste" machst du „wir machen", „wir tun", „wir setzen das um"
- → Du verwendest „wir" oder „ich" statt „man"

Erinnerst du dich noch an meine zwei Geschichten aus Abschnitt 2.1? Hier hatte ich dir zum einen von meiner Zehn-Euro-Aktion während eines Vortrages erzählt. Auch hier war ich klar. Stand da. Habe nicht rumgeeiert, nicht rumgelabert. Stand einfach nur da und habe alles wirken lassen. Ich habe geschehen lassen. Und ja, ich habe es auch aushalten müssen. Ich war klar. Und genau das haben meine Teilnehmer zu spüren bekommen. Und genau deshalb habe ich dir die Geschichte auch am Anfang erzählt. Damit sich hier, nach unserer gemeinsamen Reise, der Kreis so langsam schließen kann.

In Abschnitt 2.1 habe ich dir auch die Geschichte von meinem 110.000-Euro-Deal erzählt. Natürlich war ich hier ganz im Heart-Seller®-Modus unterwegs, habe alles, was du bis hierhin gelernt und gelesen hast, angewendet. Um dann zum (Ab) Schluss was zu tun? Genau. Meine Klappe zu halten. Ich habe meinen Preis genannt: 110.000 Euro. Ich habe nichts dazu gesagt, denn ich hatte vorher alles gesagt, was gesagt werden musste. Auch, als die beiden Geschäftsführer anmerkten, dass das ja schon viel Geld sei, und sonstige übliche Kommentare machten, wenn sie selbst noch rumeiern. Lass dich von Rumeiern bloß nicht anstecken! Halte dein

Wasserglas klar und ruhig. Lass dir bloß nicht von anderen ihre Eier da reinrühren. Ich wiederholte stattdessen nur meinen Preis. Klar und ruhig – ohne weitere Erklärung, Entschuldigung, Einwände oder sonst was. Dann nahm einer der beiden Geschäftsführer einen Zettel, schrieb darauf eine Summe und reichte ihn mir kommentarlos rüber. Auf dem Zettel stand: 100.000 Euro. Ich schaute drauf, rechnete kurz im Kopf nach. Ja, bei dem Umfang kann man zehn Prozent Rabatt geben. Ich hörte in mich rein, spürte keinerlei Widerstand, war völlig okay damit. Ich schaute die beiden Geschäftsführer an und fragte klar und ruhig: „Ist das die Summe, die Sie sich vorstellen?" Der Geschäftsführer sah mich an und nickte. Und dann sagte ich nur noch das: „Okay. Dann machen wir das." Mein Abschluss war gesichert.

Dann machen wir das.

Die vier magischen Abschlussworte sind: Dann machen wir das. Du kannst es bei einem so simplen Satz aber auch verbaseln, nämlich durch die Art und Weise, wie du ihn sagst. Die gleichen Worte haben eine ganz andere Bedeutung und Energie, abhängig davon, wie du sie sagst. Das gilt im Übrigen für alles, was du sagst, egal zu wem.

→ **Dann … machen wir … das?** Du sagst den Satz mehr als Frage, zögerlich, ängstlich. So dass es so rüberkommt, als wärst du selbst überrascht oder unsicher. Das wirkt schon an sich nicht gerade souverän und klar. Wie soll der Kunde sich wohlfühlen, wenn du diese Unsicherheit ausstrahlst? Außerdem stellst du eine Frage. Und wo Fragen sind, kommen Einwände. Einwände kommen vor allem dann, wenn du zögerst. Und das ist logisch. Der Kunde riecht, dass hier etwas nicht stimmt. Wie der Hund, der riecht, dass du Angst hast und dich dann anbellt oder gar angreift.

→ Beim Abschluss fangen viele Verkäufer auf einmal an, viel zu viel zu fragen. Fragen sind anderer Stelle wichtig und essentiell (Analysephase, S.C.O.R.E. etc.). Aber in der Abschlussphase werden, verdammt noch mal, keine Fragen gestellt. Komm bitte bloß nicht auf die Idee so fragen: Ist das für Sie okay …? Ist das für Sie in Ordnung …? Am besten noch in so unterwürfiger Häschen-Sprache, schön immer mit der Stimmte ganz weit oben. Dann brauchst du dich auch nicht zu wundern, wenn Einwände kommen. Wenn du unsicher bist, kann sich der Kunde auch nicht sicher fühlten. Und an dieser Stelle will der Kunde nur eins: Er will mit einem hundertprozentig guten Gefühl JA sagen.

→ **DANN MACHEN WIR DAS!** Nun könntest du meinen, tja, wenn Frage doof ist, dann muss ich es knallhart machen. Bloß keine Zweifel aufkommen lassen. Bloß kein Zögern. Dann ist das ein Befehl. Es erzeugt Druck, Härte und Zwang. Der Kunde fühlt sich überrumpelt und könnte meinen, dass du ihm jetzt was unterjubelst. Vertrauen erzeugt das nicht.

→ **Ja, dann … machen wir das … halt.** Du kannst es wie eine Aussage sagen, aber so blabla-mäßig. Es kommt dann so daher wie eine nichtssagenden Flugzeugansage von einem gelangweilten Kapitän, der schon zum hundertste Mal sagt, dass es draußen zehn Grad hat und die Wolken tief hängen. Das ist nicht hü und auch nicht hott. Und dann kommt, mit Sicherheit, genau dieser Einwand: Ich muss noch mal drüber schlafen. Denn wenn du keine (nicht übertriebene!) Begeisterung erzeugen kannst, du dich selbst langweilst, dann hat der Kunde auch keine. Wenn du keine Begeisterung hast, keine Meinung, keine Haltung, überlegt sich der Kunde das nochmal.

→ **Dann machen wir das.** Ein ruhiger Satz – klipp und klar, kraftvoll. Du gehst mit dem Ton am Ende nach unten. Er strahlt Liebe, Ruhe und Vertrauen aus. Nicht nur für den Kunden, zuletzt auch für dich. Du vertraust dir selbst. Und der andere geht vertrauensvoll mit. Du bist in deiner Kraft und fühlst das auch. Du hast ein Commitment zu dir selbst, eine klare innere Haltung. Sag das noch mal: Dann machen wir das – ohne Punkt und Komma, ohne Wenn und Aber. Dann machen wir das. Du schlägst ein. Das Ding ist im Sack.

Übe die verschiedene Varianten mal. Sag es in den verschiedenen Tonalitäten. Du wirst spüren, was für einen riesigen Unterschied das macht.

FRAG DICH DOCH MAL:

→ **In welchen Situationen hast du es selbst zum Schluss verbaselt? Was ist da schief gelaufen?**

→ **Beobachte dich selbst: Wie oft wendest du Rum-Eier-Wörter an? Wie fühlt sich das an? Was passiert?**

→ **Ersetze die Rumschwurbel-Wörter mit klaren Wörtern. Wie fühlt sich das an? Was passiert?**

6.9 Cross-Selling & Empfehlungen

→ ***„Ich glaube daran, dass das größte Geschenk, das ich von jemandem empfangen kann, ist, gesehen, gehört, verstanden und berührt zu werden. Das größte Geschenk, das ich geben kann, ist, den anderen zu sehen, zu hören, zu verstehen und zu berühren. Wenn dies geschieht, entsteht Kontakt."***

Virginia Satir // Psychotherapeutin & Begründerin der Familientherapie // USA

Die beiden letzten Phasen des Heart-Selling-Prozesses sind Cross-Selling und Empfehlungsmarketing. Ganz wichtig: Du musst das nicht tun. Sie sind optional und du darfst auf deinen Bauch hören, ob es angemessen ist und passt. Wenn du den Abschluss hast und deine innere Stimme dir sagt, es ist alles gut so, dann ist gut. Nichts ist nerviger als auf Teufel komm raus den Kunden nach dem Abschluss noch mit zwanghaftem Cross-Selling oder Empfehlungsgedöns zu nerven, wenn du nicht wirklich noch etwas wahrhaft nützliches für den Kunden in petto hast.

Cross-Selling

Nach einem erfolgreichen Abschluss bist du natürlich happy. Und dein Kunde natürlich auch. Ihr habt beide bis zu diesem Punkt gut, hart und intensiv miteinander gearbeitet. So kann es dann schon passieren, dass man vor lauter Euphorie über den gelungenen Abschluss das Cross-Selling total vergisst. Wie oben schon gesagt, Cross-Selling ist keine Pflicht. Wenn du nichts wirklich Nützliches mehr für deinen Kunden zu bieten hast, ist das völlig in Ordnung.

Vertrau hier auf dein Gefühl. Wenn du als Heart-Seller® bis hierhin gekommen bist, bist du im wahrhaften Kontakt mit deinem Kunden. Du hast ihm eine Menge herausfordernde Fragen gestellt und du hast eine gute Vorstellung davon, wie dein Kunde tickt, was seine Bedürfnisse sind und was er braucht. Wenn neben dem Angebot, welches du deinem Kunden bereits erfolgreich verkauft hast, noch etwas in dir aufploppt, von dem du denkst, das es deinen Kunden weiterbringt, dann zögere nicht und hau es raus!

Viele Verkäufer denken nach dem Abschluss gar nicht daran, welche Produkte und Dienstleistungen sie eventuell noch haben, die für den Kunden eine prima Sache wären. Denn sie sind und waren so versteift auf den Abschluss und darauf, unbedingt verkaufen zu wollen, dass sie nur mit Tunnelblick unterwegs sind. Sie trauen sich nicht, diesen Pfad zu verlassen und vielleicht sogar noch mehr Aufträge und Umsätze zu generieren. Fokus ist gut, keine Frage. Aber wenn der Fokus dich blind, angespannt und unlocker macht, kommt deine Kreativität ins Stocken, du wirst im wahrsten Sinne des Wortes betriebsblind und siehst den Wald vor lauter Bäumen nicht. Wenn der Kunde also neben deinem schon bestehenden Angebot noch etwas braucht oder du eine Zusatzleistung in deinem Portfolio hast, die richtig gut für deinen Kunden wäre, warum dann nicht anbieten?

Lass dich hier von deinem Gefühl leiten. Du wirst schon während des gesamten Prozesses diese Stimme in dir hören, die dir sagt, Mensch, das und das wäre doch auch toll für den Kunden. Vertrau dieser Stimme! Wenn du mit deinem Kunden bis hierhin gekommen bist, vertraut er dir längst und empfindet es an dieser Stelle auch nicht nervig oder penetrant, wenn du ihm noch ein weiteres Produkt schmackhaft machst. Voraussetzung ist allerdings, dass es wirklich einen Mehrwert und einen echten Nutzen für die gemeinsam herausgearbeitete Situation deines Kunden hat.

Ist dies nicht der Fall, dann lass die Finger davon. Denn sonst fühlt sich dein Kunde wirklich wie auf einer Kaffeefahrt. Du bist kein Marktschreier und machst keinen Ausverkauf. Wenn du nichts zu sagen hast, dann halte die Klappe. Auch wenn in anderen Verkaufsratgebern steht, dass Cross-Selling sein muss. Wenn es nichts zu „cross-sellen“ gibt, dann lass es. Denn wenn du auf Teufel komm raus deinem Kunden noch irgendeinen Mist andrehen willst, nur um zu (remember, da ist es wieder, das böse „um … zu“) „cross-sellen“, machst du alles kaputt: das Vertrauensverhältnis, der echte wahrhafte Kontakt, das gute Gefühl bei deinem Kunden und nicht zuletzt eventuell sogar den Abschluss. Lass deinen Kunden in Ruhe, wenn du nichts mehr für ihn hast.

Bei meinem persönlichen Business macht das Cross-Selling in der Tat 30 bis 40 Prozent meiner Umsätze und Aufträge aus. Das gilt aber nur für mich. Ob das auch für dich gilt, darfst du herausfinden. Im Gespräch mit meinen Kunden fallen mir oft noch zusätzliche Angebote ein, von denen ich überzeugt bin, dass sie genau das Richtige für meine Kunden sind. Manchmal kreiere ich auch völlig spontan ein Angebot, das es eigentlich noch gar nicht gibt – und verkaufe es erfolgreich. In einem meiner Krieger-Seminare[78] spürte ich beispielsweise, dass die Gruppe riesiges Interesse an Energiearbeit hat. Daraufhin habe ich der Gruppe angeboten, ein spezielles Energieseminar mit ihnen zu machen. Ich fragte in die Runde, wer Bock drauf hätte. Fast jeder der der 25 Teilnehmer meldete sich. Ich skizzierte grob den Inhalt auf einem Flipchart, den möglichen Zeitraum und zögerte auch nicht, den Preis von 2.000 Euro zu nennen. Das Seminar hatte ich bis dato noch nie gehalten, aber ich wusste, spürte und sah, dass es perfekt für meine Teilnehmer wäre. Ich habe bis zu diesem Zeitpunkt schon fünf Tage mit meinen Teilnehmern gearbeitet. Wir haben gemeinsam schon viel erreicht, viele Grenzen durchbrochen, viele Themen gelöst. Meine Teilnehmer vertrauten mir, sie hatten Spaß und waren auf dem besten Weg, eine neue Version ihrer selbst zu werden. Fast die Hälfte der Teilnehmer nahm dann auch tatsächlich an dem spontan und neu kreierten Seminar ein halbes Jahr später teil. Den Umsatz kannst du dir selbst ausrechnen. Hätte ich gezögert, hätte ich gedacht, nee, du kannst doch kein Seminar anbieten, das es noch gar nicht gibt, wäre mir dieser Umsatz durch die Lappen gegangen – und die Teilnehmer hätten ein hilfreiches Tool weniger.

Du darfst beim Cross-Selling mutig, kreativ und spontan sein. Immer unter der Prämisse, dass die so entstehenden zusätzlichen Angebote deinem Kunden wirklich dienen.

Wenn du mit offenen Augen durch die Welt gehst, findest du überall Cross-Selling. Beim Bäcker kaufst du nicht nur Brötchen, nein, es geht auch darum, ein Gefühl zu verkaufen: ein perfekter Sonntagmorgen mit der Familie. Also gibt es beim Bäcker oft auch allerlei Klimbim, wie die Sonntagszeitung, Kaffee, ein Überraschungsei für die Kids, Plätzchen, Kerzen und, und, und.

In einem Fahrradladen kannst du nicht nur Fahrräder kaufen. Es geht auch hier um so viel mehr: um Transport, um Gemeinschaft, um Abenteuer, um Action. Was braucht man alles on the road? Körbe, Helme, Straßenkarten, Regenschutzanzüge, Picknickdecken, coole Kleidung in denen jeder aussieht wie ein Tour-de-France-Sieger und, und, und.

Wenn mein Schatzi beim Friseur ist, bekommt sie nicht nur die Haare schön. Sie bekommt speziellen, liebevoll zubereiteten Kräuter-Detox-Tee angeboten, den sie natürlich auch kaufen kann. Sie bekommt mit einem Sea-Salt-Peeling ihre Hände massiert. Natürlich kann sie diese Maniküre-to-Go auch kaufen.

Beim Cross-Selling geht es also immer darum, den Menschen das anzubieten, was gut für sie ist, ihrem erstrebten Gefühl dient, ihnen gut tut und zu ihren Bedürfnissen passt. Und als Heart-Seller® ist es ein Leichtes für dich, genau das herauszufinden.

→ ***„Zuhören ist sehr viel schwieriger, als gemeinhin angenommen wird; wirkliches Zuhören, wie die Meister es verstehen, bedeutet, uns selbst völlig loszulassen, alle Informationen, Konzepte, Vorstellungen und Vorurteile fallenzulassen, mit denen unsere Köpfe so vollgestopft sind."***
Sogyal Rinpoche // Meditationsmeister // Tibet

Empfehlungen

→ ***„Wer die Welt bewegen will, sollte erst sich selbst bewegen."***
Sokrates // Griechischer Philosoph

Zu guter Letzt steht noch das Empfehlungsmarketing auf der Liste. Ich tue mich damit, ehrlich gesagt, etwas schwer. Ich habe kein Problem damit, um Empfehlungen zu bitten, aber die Denkweise und das Mindset dahinter stößt mir persönlich bitter auf.

Ich bin der Meinung, mach doch erst mal deinen Job. Und mach ihn richtig gut. Du hast bis hierhin einen guten Job gemacht, du hast dem Kunden ein tolles Produkt verkauft, ihr seid beide happy. Das war Arbeit und eine hervorragende Leistung, keine Frage. Aber dann ist es an dir, erst mal einen guten Job zu machen. Was auch immer du deinem Kunden verkauft hast, ein Produkt, einen Service, eine Dienstleistung – gib dem Kunden doch erst mal Zeit, in den Genuss davon zu kommen. Direkt im Anschluss an den Abschluss nach Empfehlungen zu fragen, ohne dass du deinem Kunden beweisen konntest, wie gut dein Produkt oder deine Dienstleistung ist, finde ich persönlich übers Ziel hinausgeschossen und unangemessen. Zeig doch erst mal, was du kannst und drauf hast. Und wenn der Kunde gute Erfahrung mit deinem Produkt, deiner Firma, deiner Dienstleistung gemacht hat, euer Vertrauensverhältnis noch besser geworden ist, dann darfst du ihn gern fragen, ob er in seinem Umfeld noch Menschen kennt, für die dein Angebot auch eine prima Sache wäre.

Genau vor diesem Schritt, aktiv um Empfehlungen zu bitten, haben viele Schiss. Sie trauen sich nicht, fühlen sich doof dabei. Wenn du einen guten Job gemacht hast, dein Produkt oder deine Dienstleistung die Erwartungen des Kunden trifft oder besser noch übertrifft, gibt es keinen Grund, dich dabei doof zu fühlen. Du kannst die Frage ganz selbstbewusst stellen. Und dein Kunde wird sie dir gern beantworten. Also go for it.

Auch wenn ich dich hier ermutige, das zu tun, bin ich trotzdem der Meinung, dass du das eigentlich gar nicht brauchst. Heutzutage ist Empfehlungsmarketing ein Riesen-Ding. Man baut ganze Funnelsysteme im Internet, bei Online-Bestellungen oder Online-Buchungen winken Rabatt-Codes und Gutscheine, wenn du jetzt sofort am besten gleich dein ganzes E-Mail-Adressbuch deiner Freunde angibst, an die die Firma in deinem Namen gleich mal schnell eine Werbemail raushaut. Kann man so machen. Und klar ist so ein System auch schnell aufgesetzt und heute State-of-the-Art.

Ich sehe das kritisch. Heute wollen alle sofort den großen Erfolg. Gerade in meiner Branche tummeln sich die smarten jungen Menschen, die gerade mal ein Seminar mitgemacht und drei Bücher gelesen haben, und dann sagen, hey, das kann ich auch! Dann bauen sie Funnelsysteme und Online-Marketing-Kraken, hauen platte Kalenderblatt-Weisheiten raus und machen ihre Community mittels Funnelsystemen und Clickbaiting innerhalb kürzester Zeit groß – genauso wie den Geldhaufen. Kann man machen. Logo. Es ist verlockend.

Fast jeder bläst heute in dasselbe Horn: Ey, ohne Online-Marketing geht gar nichts! Natürlich ist Marketing wichtig, keine Frage. Aber ich bin der festen Überzeugung, viel wichtiger als all das Marketinggedöns ist dein Produkt, deine Firma, dein Service und am Ende du selbst. Wenn du doof bist, wenn deine Firma doof ist, wenn dein Produkt doof ist, wenn deine Dienstleistung doof ist, dann kannst du das tollste Marketing haben, die tollsten Systeme, das fetteste Budget – es wird dir dennoch früher oder später auf die Füße fallen. Mag sein, dass du im ersten Moment mega viel verkaufst, aber wenn deine Kunden nicht zufrieden sind, dann war es das. Mag sein, dass dir das egal ist, weil es dir in der Tat nur um den schnellen, fetten Umsatz geht. Doch dann bist du kein Heart-Seller®. Und hier sind wir wieder bei den Werten des Heart-Sellers®. Schau sie dir in Kapitel 3 nochmal an.

Natürlich dürfen wir solche Systeme nutzen. Aber, und ja, jetzt kommt ein ganz bewusstes „Aber“: Pass auf, dass du keine herzlose Contentblase baust. Mein ganz persönliches Mantra ist: Gute Arbeit machen. Dran bleiben. Gute Arbeit machen. Dran bleiben. Gute Arbeit machen. Dran bleiben. Das dauert Jahre. Ich bin seit über 20 Jahren im Trainings- und Seminar-Business unterwegs und der Erfolg, den ich jetzt habe, kam nicht über Nacht. Er kam langsam, verdammt langsam. Weil ich gut gearbeitet hab, über viele, viele Jahre hinweg, die auch nicht immer einfach waren. Und wenn du das tust, gut arbeitest, mit dem Herzen dabei bist, deinen Kunden wahrhaft dienst, dann baut sich dein Empfehlungsgeschäft von ganz allein auf. Wenn etwas wirklich gut ist, die Menschen begeistert sind von dir und deinem Produkt, trust the energy. Das spricht sich rum. Du musst nichts für Empfehlungen tun, wenn du deinen Job gut machst.

→ *„Nichts wahrhaft Wertvolles erwächst aus Ehrgeiz oder bloßem Pflichtgefühl, sondern vielmehr aus Liebe und Treue zu Menschen und Dingen.“*
Albert Einstein // Physiker und Philosoph // USA/Deutschland

FRAG DICH DOCH MAL:

→ **Sind dir schon weitere Aufträge und Umsätze durch die Lappen gegangen, weil du so auf den Abschluss fixiert warst?**
→ **Welche Cross-Selling-Produkte oder Angebote kannst du deinen Kunden anbieten? Was dient ihnen?**
→ **Würdest du dich, dein Produkt, deine Firma oder deine Dienstleistung weiterempfehlen?**

HEART-SELLER

07

LOS GEHT'S!

7.1 Ein Geheimnis zum Schluss

→ ***„Es ist wohl gerade in unserer aufgeregten Epoche mehr denn je nötig, den Blick aus den Tagesaffären hochzuheben und ihn von der Tageszeitung weg auf jene Zeitung zu richten, deren Buchstaben die Sterne sind, deren Inhalt die Liebe und deren Verfasser Gott ist."***

Christian Morgenstern // Dichter // Deutschland

Zum Abschluss möchte ich dich noch in eine ziemlich geile Sache einweihen. Ist es ein Geheimnis? Nein, eigentlich nicht. Es ist überall auf der ganzen Welt zugänglich, die Lehren vieler Großmeister und sonstigen schlauen Gurus haben genau dieses Ding im Zentrum, es ist ihr Kern. Es ist so einfach und doch so herausfordernd. Und es vereint ziemlich viel von dem, was du bis hierhin als Heart-Seller® gelernt und verinnerlicht hast.

Die Chinesen nennen es „Chi" oder „Qi", die Inder nennen es „Prana", die Tibeter „Lung", die Araber „Baraka". All diese Begriffe meinen dasselbe: Deine innere Lebensenergie. Und es geht letztlich in unserem Leben um nichts anderes, als diese Energie fließen zu lassen. Wenn wir Blockaden haben, ob körperlich oder mental, fließt die Energie nicht richtig. Alles gerät ins Stocken. Wir sind unglücklich oder sogar auch krank. Auch in meinen Seminaren und Coachings ist das ein ganz großer Bestandteil: Ein Bewusstsein für diese Lebensenergie zu schaffen, Blockaden zu lösen und das Fließen zu genießen. Let it flow!

Auch die Begriffe „Dao" (auch „Tao") und „Wu Wei" haben damit zu tun. Wu Wei wie was? Klingt Wu Wei nicht ziemlich magisch? Wu Wie ist der Kern des chinesischen daoistischen Prinzips. Wu Wei bedeutet „Handeln durch Nichthandeln". Wir als Heart-Seller® kennen das schon, denn wir haben das Ergebnis klar und wissen, dass es eigentlich nichts mehr zu tun gibt. Es heißt aber nicht, faul zu sein. Sondern es bedeutet vielmehr, den Potenzialen die Möglichkeit zu geben, sich zu entfalten bzw. dem natürlichen Lauf der Dinge zu folgen. Es sind letztlich all die Werte, die wir uns im 3. Kapitel angeschaut haben, die hier gelebt werden: hinhören, zuhören, Herz auf, Klappe halten, kein Druck, kein „um ... zu" – wahrnehmen, spüren. Ein passionierter Gärtner lebt beispielsweise „Wu Wie“. Er weiß, er kann nichts anderes tun, als seine Pflanzen wachsen zu lassen. Er kann mit bestimmten Maßnahmen (gießen, Unkraut entfernen) die Entwicklung seiner Pflanzen begünstigen und ihnen beim Gedeihen helfen. Aber er zerrt und zieht nicht an ihnen, damit sie schneller wachsen. Er vertraut darauf, dass sie wachsen und schafft dafür ein gutes Umfeld (einen schönen Raum).

Wu Wei ist auch die innere Haltung der Mühelosigkeit und Leichtigkeit. Im Wu Wei wissen wir und vertrauen darauf, dass die wesentlichen Dinge von ganz allein passieren. Alles, was wir dann tun müssen, ist, uns diesen Dingen nicht in den Weg zu stellen. Ist es nicht oft so, dass wir uns bei den meisten Problemen, die wir haben, regelrecht selbst im Weg stehen? Dass wir Dinge komplizierter machen, als sie es eigentlich sein müssten? Nach dem Motto „Warum einfach, wenn es auch kompliziert geht?“. Viele Menschen wollen die Dinge bewegen, anstatt sich bewegen zu lassen. Wu Wei ist die Hingabe an das, was ist: die vollkommene Annahme. Es ist, wie es ist.

→ ***„Wenn du auf dem Wasser reisen willst, ist ein Boot dafür geeignet, weil ein Boot sich auf dem Wasser in geeigneter Weise bewegt. Wenn du aber an Land gehst, kommst du damit nicht weiter und wirst nur Ärger haben und nichts erreichen als dir selbst Schaden zuzufügen.“***
Zhuangzi XIV // Philosoph und Dichter // China

Der Begriff Wu Wei ist einer der Kernelemente aus der chinesischen Lehre des Dao. Das Prinzip des Dao (oder auch Tao) besagt, dass alles miteinander zusammenhängt – Ursache und Wirkung – und dass wir seltener, als wir glauben, in dieses Prinzip eingreifen müssen. Alles ist eins und das Ziel ist es, zu diesem Ursprung zurückzukehren. Das gelingt, wenn wir den Gedanken, dass alles eins ist, annehmen und wir uns erlauben, Handlungen spontan und natürlich erfolgen zu lassen.

Wu Wei heißt nicht, dass man auf der faulen Haut liegt. Aber jede Handlung erfolgt aus sich selbst heraus und im Einklang mit dem Dao. Dadurch wird vieles leicht und mühelos. Blinder Aktionismus, Druck und Übereifer werden vermieden. Wu Wei ist innerer Frieden, Ruhe und Stille. Im Wu Wei zu sein vertraut darauf, zur richtigen Zeit das richtige zu tun, intuitiv, spontan, kreativ. Wer den Prinzipien des Wu Wei folgt, verschwendet seine Energie nicht, um zu tun nur des Tuns Willen.

Wu Wei heißt auch, seinen eigenen Weg zu finden und ihn zu gehen. Dieser Weg ist im Inneren, in unserem Herzen angelegt und ist auch genau dort zu finden – und nicht etwa im Außen. Wu Wei widerspricht in vielerlei Hinsicht der westlichen

Erfolgsmaxime, die besagt: Such dir halt ein Ziel und dann streng dich an. Wir wachsen alle mehr oder weniger mit dem Glaubenssatz auf, wenn man wirklich etwas will, dann muss man darum kämpfen. Man muss nur wollen und kämpfen und dann klappt schon alles. Hallo Ehrgeiz! Wo ein Wille ist, ist auch ein Weg. Und dann legen wir uns ins Zeug, sind fleißig und arbeiten rund um die Uhr im schlimmsten Falle noch in einem Job, der uns nicht wirklich erfüllt und uns nicht entspricht. Aber Hauptsache wir handeln und tun und sind fleißig und ständig in Action. Tschakka!

Wu Wei ist das Gegenteil: kein Druck. Wir fließen. Sind in unserem Chi, die Lebensenergie fließt und wir fließen mit ihr mit. Ich habe seit meinem siebten Lebensjahr Kampfsport betrieben und auch dort wendet man diese Prinzipen an. Wann ist handeln sinnvoll? Wann nicht? Es geht also auch immer darum, im gegenwärtigen Moment zu sein, zu beobachten – achtsam, bedingungslos, absichtslos. Und wir sind wieder bei unseren Heart-Seller®-Werten aus Kapitel 3. Im Wu Wei brauchst du eine ganze Menge aus dem Außen nicht mehr. Du bist in Liebe und im Einklang mit dir selbst und der Welt. Und dann gelingt dir so vieles so leicht. Ob im Verkauf, bei Führungsaufgaben, in der Kommunikation – einfach alles.

Ich entscheide mich für das, was ich will. Und dann lasse ich mich bewegen – vom „es", von Gott, von dieser Kraft. Wie auch immer du es nennen magst für dich persönlich.

Paul Ferrini schreibt in seinem Buch „Unterwegs nach Nirgendwo" über das Dao, dem Wu Wei zu Grunde liegt:

„Wir müssen nicht länger „tun" und „schaffen", um würdig für die Liebe zu sein. Wir wissen, dass wir nur durch unser Sein würdig für die Liebe sind. Und unsere innere Würde ermöglicht uns Liebe ohne Bedingungen oder Erwartungen zu schenken und schafft so einen Pfad, auf dem Liebe kurzerhand zu uns zurückkehren kann. Unsere Beziehung zur Welt und damit zu einander ist nicht mehr durch Manipulation, Anstrengung und Gier, sondern durch das Vertrauen in die natürliche Entfaltung aller organischer Vorgänge gezeichnet, oder dem, was die Chinesen Tao nennen.

Was geschehen muss, geschieht durch uns, weil wir es können und wollen, nicht, weil unser Ego es braucht, um sich selbst zu bestätigen. Das Tao entfaltet sich in uns und in allen Wesen. Wenn wir diesen Entfaltungsprozess respektieren, werden wir auf natürliche Weise von Ereignissen und Umständen angezogen, in die wir unsere Energie und Aufmerksamkeit investieren können."

Meine Kollegin Saskia Winkler führt in ihrem Buch „Eventuell spirituell …?! Eine ENTdeckungstour“ noch einen weiteren und hier wunderbar passenden Begriff auf:

„In der herrlich albernen Komödie „Austin Powers – Spion in geheimer Missionarsstellung“ hat Dr. Evil einen teuflischen Plan: Er will der Hauptfigur Austin Powers sein „Mojo“ klauen. Was ist das Mojo? Das Mojo ist unsichtbar und eigentlich kann ein Mojo nicht von einer anderen Person geklaut werden. Wenn das Mojo „angeschaltet“ ist, sorgt es dafür, dass alles möglich ist. Wenn das Mojo hingegen „aus“ ist oder jemand hat es, wie Dr. Evil es plant, geklaut, gelingt einfach nichts mehr im Leben. Man ist müde, mies drauf, nichts klappt.

Das Wörterbuch liefert tatsächlich eine Erklärung dazu. In Afrika ist es ein magisches Amulett, aber Mojo beschreibt auch die geheimnisvolle, unsichtbare Macht, die jemanden hilft, besonders effektiv zu sein, erfolgreich und glücklich zu sein. Es ist sowas wie dein natürliches Selbstvertrauen. Wenn wir uns selbst vertrauen, schalten wir das Mojo an. Und alles klappt wie von selbst oder wesentlich einfacher und leichter. Wir können Berge nicht nur mit Leichtigkeit und mühelos erklimmen, nein, wir können sie versetzen. Wenn wir unser Mojo verlieren (oder uns von Dr.-Evil-artigen Menschen klauen lassen – wer sind diese Menschen in deinem Leben?) erscheinen die Berge zehn Mal so hoch und dass wir sie versetzen könnten, ist undenkbar.

Wie gesagt, eigentlich kann uns niemand das Mojo nehmen. Wir können es nicht verlieren. Es ist keine Zauberkraft. Es beschreibt nur den Zustand, wenn wir auf unsere innere Stimme hören. Wenn wir uns vertrauen. Wenn wir uns auf unsere angeborene, innere Weisheit und die daraus entstehenden Energien verlassen. Wenn wir das zulassen, wenn wir mit dieser vermeintlich magischen Energie, die wir alle in uns haben, in Kontakt sind, in Verbindung stehen, fließt pure Lebendigkeit und Freude durch uns durch. Wir sind kreativ und produktiv, wir leuchten, wir strahlen, wir haben den Wow-Faktor.

Das Gefühl, unser Mojo zu verlieren, entsteht, wenn wir im Kopf bleiben und unsere Herzensenergie und die Stimme im Bauch ignorieren. Es ist, als würden wir mal eben den Hauptstecker von unserer unerschöpflichen Hauptenergietankstelle ziehen und stattdessen im beschränkten Batteriemodus laufen. Bei elektrischen Geräten passiert dann Folgendes: Der Bildschirm leuchtet nicht mehr so intensiv und manche Dinge funktionieren gar nicht mehr, um Batteriestrom zu sparen. Und immer ist die Angst dabei, dass bald der Saft weg ist und nichts mehr geht. Genau das passiert auch mit uns, wenn wir uns entkoppeln. Klar, irgendwie funktionieren wir noch. Aber so richtig was reißen können wir im Batteriemodus nicht. Wir haben keine Kraft.

Schließ dich also wieder an deine universelle Energie-Quelle an. ... Wenn du an deine innere Quelle, deine Schatzkammer angeschaltet bist, deine innere Stimme hörbar und dein Mojo angeschaltet ist, werden sich viele Dinge in deinem Leben ändern, ohne dass du allzu viel dafür tun musst. Manche Probleme verschwinden einfach so, für andere findest du Lösungen. Du läufst auf Hochtouren und wirst permanent dabei aufgeladen. Du verlierst keine Energie. Du fühlst dich ganz und komplett und vollgetankt. In jedem Moment. Alles gelingt dir, mühelos. Und das ganz ohne Zutaten von außen. Ohne Medizin, ohne Drogen, ohne andere Menschen, ohne was auch immer. Du brauchst dafür nichts. Ist das nicht irre? Wir „Spiris" sagen zu „Mojo" auch Prana-Kraft. Das ist die Kraft, die uns ans Universum anbindet, unsere Lebenskraft. Ist man daran angeschlossen, dann „läuft's". Lässt man sich aus dem Gleichgewicht bringen, verliert die Kraft an Fluss und somit ihre Stärke. ... Also, Mojo an!"

Grundtonus, Überspannung, Unterspannung

Ich versuche, mein Leben nach dem Dao-Prinzip zu leben. Ich versuche, meine Lebensenergie fließen zu lassen, achtsam zu handeln und genauso achtsam auch nicht zu handeln. Ich vertraue darauf, die Dinge geschehen zu lassen. Ich vertraue auf die natürliche Ordnung, die mich und mein Eingreifen nicht braucht. Ich füge mich ein. Ich bin Wu Wei.

Mir liegt dieses Prinzip sehr am Herzen, denn ich wünsche mir für alle Menschen, dass sie vertrauen, voller Lebensenergie sind und in Freude, Mühelosigkeit und Leichtigkeit genau die Dinge tun dürfen, die auf ihrem inneren Weg und in ihrem Herzen liegen. Dann ist alles leicht: Verkaufen ist leicht, Leben ist leicht, Lieben ist leicht, Arbeiten ist leicht. Egal, was – alles ist leicht.

Um die Prinzipien des Wu Wei besser vermitteln zu können, verwende ich die Begriffe Überspannung, Unterspannung und Grundtonus.

→ Wenn du in **Überspannung** bist, ist alles wahnsinnig anstrengend und hart. Du willst zu viel. Du willst, um etwas zu bekommen. Wollen. Kämpfen. Verkrampft. Verbissen. Ehrgeiz. Du spürst Druck und übst Druck aus. Du ziehst am Gras, damit es wächst. Mag sein, dass du damit gewisse Ziele erreichst, du hast dich ja auch immens angestrengt, aber dabei hast du gegen etliche innere und äußere Widerstände gekämpft. Du hast unglaublich viel Energie verbraucht, fühlst dich angespannt, leer, müde, kaputt, erschöpft, verbittert und frustriert. Du willst unbedingt und bist nicht frei vom Ergebnis – zu konzentriert, zu fixiert.

→ In der **Unterspannung** hast du dich allem ergeben. Du bist ein Opfer. Du kannst nicht. Du willst nicht. Alles ist doof. Die anderen sind schuld und immer kriegst du alles ab. Du hast keine Kraft, keine Energie, bist regelrecht apathisch. Apathie hat im Übrigen eine noch geringere energetische Schwingung als Ärger oder Wut. Apathie ist der schlimmste aller Zustände. Du fühlst dich wie ein Jammerlappen, wie ein labbriger Fisch. Du erleidest und erduldest die Dinge. Bist hoffnungslos und hilflos. Und die schlimmster aller Unterspannungen ist die Trägheit.

→ Im **Grundtonus** bist du im Wu Wei. Nullpunkt. Göttliche Schöpferkraft. Du bist wahrhaft. Hirn und Herz sind kohärent. Das was du willst, willst du wirklich aus dem Inneren heraus. Du übernimmst Verantwortung. Du bist Liebe, Freude, Gelassenheit. Du hast keine Absichten, stellst keine Bedingungen, hast keine Erwartungen. Du bist hundert Prozent in deiner Kraft, all deine Energie fließt. Und du fließt mit. Und wenn du ein Ergebnis klar machst, bist du bedingungslos und absichtslos (frei vom Ergebnis) – keine Erwartungen, pures Vertrauen.

Über-Spannung	→ tun, um etwas zu erreichen (Absicht / Abhängig vom Ergebnis) → statisch → konzentriert fixiert → Kontrolle → Stress → wollen (ich will es unbedingt ändern)
Ent-Spannung (Grundspannung)	→ nicht tun (Absichtslos / „Wu Wei“) → beweglich → aufmerksam → einfach sein → flexibel → stressfrei → Dinge einfach machen (frei vom Ergebnis) → Zulassen und Annehmen (es ist, wie es ist)
Unter-Spannung	→ nichts tun (resigniert) → schlaff → apathisch → lustlos → über sich ergehen lassen → erleiden / erdulden

Im Grundtonus zu sein ist ein magischer Zustand, den man schwer mit Worten erklären kann. Es ist die hundertprozentige Annahme des jetzigen Moments. So muss sich Yoda fühlen. Cool, weise und gelassen. Im Grundtonus, im Wu Wei, im Qi komme ich klar, ohne zu wollen. Ich hab den Würstchenblick, nehme die Welt ohne Fokus um mich herum wahr. Ich hab sowas wie ein unsichtbares Schutzschild um mich rum, mein System ist geschützt, niemand kommt rein. Mich kann nichts und niemand stressen. Nicht durch Worte, nicht durch Aktionen, gar nichts. Und dennoch bin ich entspannt, voll präsent, voll mit Liebe und stark. Wie anders sich die Welt und die Menschen – und nicht zuletzt ich mich selbst – anfühle(n), wenn ich in diesem Zustand bin!

Wenn du in deinem Grundtonus lebst, dann ist alles so viel einfacher. Anfangs ist es herausfordernd, denn absichtslos und erwartungslos zu sein, ist eine harte Nuss, wenn man in einer Gesellschaft aufwächst, die uns lehrt, voll mit Erwartungen zu sein, Absichten und Ziele zu haben, immer und ständig etwas zu wollen. Die Spuren im neuronalen Hirn-Schnee sind tief. Wir dürfen verlernen, zu sehr zu wollen. Wir dürfen verlernen, den „um … zu"-Modus zu verlassen. Wir dürfen eigentlich viel mehr ver-lernen statt neu zu lernen. Wir dürfen lassen statt tun. Wu Wei. Handeln durch Nicht-Handeln. Ist das nicht ein toller Unterricht?

In meinen Seminaren, speziell in meinem Seminar „KI vs. Ziele"[79] arbeite ich mit vielen unterschiedlichen Körperwahrnehmungsübungen, um die Teilnehmer die verschiedenen Zustände und deren Auswirkungen, Macht und Kraft (Überspannung, Unterspannung, Grundtonus) spüren zu lassen. Denn wir können viel darüber reden und lesen. Und sicher denkst du dir auch, jo, dat macht Sinn. Aber es ist ein immenser Unterschied, wenn du es wirklich, im wahrsten Sinne des Wortes, am eigenen Leib erfährst. Dann verinnerlichst du das.

Entspannt und glücklich wie Buddha zu sein, das können wir uns nicht anlesen. Wir müssen es erfahren und durchdringen, damit es wirklich Klick macht und in unserem System ankommt. Dazu sind die Körperwahrnehmungsübungen unglaublich hilfreich. Körper, Geist und Seele, alles ist eins und ganzheitlich. Dein Geist spiegelt sich im Körper wieder. Dein Körper ist dein Feedbackinstrument, welches dir ziemlich genau sagt, was gut oder nicht gut ist. Dafür müssen wir jedoch eine gute Körperwahrnehmung haben, achtsam sein, beobachten, in uns selbst hineinhören.

Deshalb macht es an dieser Stelle auch nicht wirklich Sinn, dir die Übungen zu beschreiben. Was hältst du stattdessen davon, wenn du einfach in mein Seminar kommst? Wir lernen uns persönlich kennen. Ich trainiere dich, wie du die Fähigkeit erlernst, in deinen Grundtonus zu kommen, damit du noch mehr Lebensqualität erhältst.

→ ***„Wissen ist für den Kopf, Erfahrung für den Körper."***
Joe Dispenza // Neurowissenschaftler und Autor // USA

Letztlich geht es immer darum, im KI, im Grundtonus, im Chi, im Qi, im Mojo oder im Wu Wei zu sein – ob im Job oder im Privatleben, in der Partnerschaft, in Freundschaften, beim Sport, beim Kochen, beim Spielen mit deinen Kindern, mit dir selbst, mit anderen. Egal wann, egal wo, egal mit wem. Denn dann geschieht und fließt das Leben – durch dich durch. Und nimmt dich mit. Du darfst darauf vertrauen, dass es dich genau dorthin führt, wo du hingehörst. Go with the flow, let it flow and grow.

Los geht's!

→ ***„Nur das Denken, das wir leben, hat einen Wert."***
Hermann Hesse // Schriftsteller und Dichter // Deutschland

Wir haben es geschafft. Du hast es geschafft. Es ist alles gesagt. Und jetzt halte ich mich an meine eigene Maxime: Klappe halten. Wirken lassen. Entstehen lassen. Wu Wei.

Willkommen im Heart-Seller®-Club. Ich wünsche dir viel Spaß beim Umsetzen, ausprobieren, anwenden. Egal, was du tust, mach dein Herz auf. Es lohnt sich!

HEART-
SELLER

Denys Scharnweber

→ ***„Meine Vision ist es, die Menschen ins Herz und ins Fühlen zu bringen, damit sie mit sich und mit anderen besser umgehen. Nur so kann die Welt besser werden."***
Denys Scharnweber

Im Herzen liegt die stärkste Kraft. Das ist meine tiefste Überzeugung. Bereits in frühen Jahren fing ich an, mich – noch unbewusst – für Persönlichkeitsentwicklung zu interessieren. Mit sieben Jahren tauchte ich in die Welt der Kampfkunst ein und übte dies viele Jahre sehr erfolgreich aus. Beim Kampfsport geht es darum, mit anderen Menschen in den wahren Kontakt zu gehen. Dort lernt man, fokussiert und gradlinig zu sein, sich auszurichten, Ziele zu erreichen, klar und wahrhaftig zu sein und vieles mehr. Diese wunderbaren Eigenschaften wollte ich an alle Menschen weitergeben.

Mit 16 Jahren wurde mir bewusst, dass ich Trainer der Persönlichkeitsentwicklung werden möchte. Ich wusste damals aber noch nicht, dass es diesen Beruf wirklich gibt. Also schlug ich zunächst einen anderen Weg ein. Ich war erfolgreicher Unternehmer im Bereich Vertrieb und Verkauf. Mit Ende 20 habe ich mich wieder daran erinnert, was eigentlich schon immer mein Traum war. Ich ließ mich von den besten Trainern der Welt professionell ausbilden. Da ich schon immer den Drang hatte, Dinge weiterzuentwickeln, kam auch hier der Punkt, an dem ich verstanden habe, dass es nicht nur darum geht, bestimmte Strategien und Techniken zu erlernen. Denn wenn echte Veränderung geschehen soll, funktioniert das nur, wenn Menschen wirklich tief im Herzen bewegt und berührt werden.

Viele Methoden haben Grenzen, sind zu starr und lassen keine Möglichkeit für persönliche Entfaltung. Flexibilität, Leichtigkeit, Freiheit, Offenheit und den Menschen das zu geben, was sie in diesem Moment brauchen – das ist für mich der richtige Weg, um dauerhaft wirklich etwas zu bewegen. Deshalb kreierte ich mein eigenes Rezept und fügte dem herkömmlichen NLP Herzenergie, Meditation und Energiearbeit hinzu und entwickelte daraus mein Neuro-Resonanz-Training. Die NRS-Methode ist heute eine der führenden Trainingsmethoden, um andere Menschen in ihre Kraft zu bringen.

Die Grundphilosophie meiner Akademie ist das Herz. Menschen in den Kontakt zu bringen, sie zu ermutigen, wahrhaft aus sich heraus zu leben und dadurch in ihrer Welt etwas zu bewegen, dafür stehe ich jeden Morgen auf. Von innen nach außen, das ist der Weg, um sich selbst, andere und damit die ganze Welt jeden Tag ein kleines Stück besser zu machen.

Im Internet findest du mehr über mich, alle meine Seminare und Termine unter www.denysscharnweber.com. Ich freue mich, von dir zu hören, schreib mir gern unter info@denysscharnweber.com.

Fußnoten

1 Denys hat auch mich überzeugt. Während er sein „Krieger-Seminar“ vorstellt, flüstert alles in mir: Verdammt, ich muss zu diesem Seminar. Und ich bin dankbar, dass Denys mir in diesem Moment etwas „verkaufen wollte“. Was ich dabei alles erlebt und gelernt habe? So viel.
Hier die ganze Story: https://tinyurl.com/denys-krieger
2 https://www.zukunftsinstitut.de/dossier/megatrend-new-work/
3 https://www.impulse.de/management/marketing/verkaufspsychologie/2734122.html
4 https://de.wikipedia.org/wiki/Verkaufspsychologie
5 https://de.wikipedia.org/wiki/Verkaufspsychologie
6 https://de.wikipedia.org/wiki/Paretoprinzip
7 https://www.brandeins.de/brand-eins-wirtschaftsmagazin/2016/das-neue-verkaufen/gekauft
8 https://www.amazon.de/dp/B00L83FBI4/ref=dp-kindle-redirect?_encoding=UTF8&btkr=1
9 https://de.wikipedia.org/wiki/Nicolai_Hartmann
10 https://de.wikipedia.org/wiki/Werte-_und_Entwicklungsquadrat
11 https://de.wikipedia.org/wiki/Paul_Helwig
12 https://de.wikipedia.org/wiki/Friedemann_Schulz_von_Thun
13 https://de.wikipedia.org/wiki/Werte-_und_Entwicklungsquadrat
14 https://www.amazon.de/Nikomachische-Ethik-Aristoteles/dp/3866473664
15 https://de.wikipedia.org/wiki/Johann_August_Eberhard
16 https://www.amazon.de/Synonymisches-Handwörterbuch-Deutschen-Sprache-Ausdrücken/dp/0366567098/ref=sr_1_6?ie=UTF8&qid=1541157009&sr=8-6&keywords=johann+august+eberhard
17 https://de.wikipedia.org/wiki/David_R._Hawkins
18 https://www.youtube.com/watch?time_continue=17&v=qXuw12aC9Yk
19 https://www.youtube.com/watch?v=_7xMflp-irg
20 https://en.wikipedia.org/wiki/Random_act_of_kindness
21 https://www.youtube.com/watch?v=xznHyikWg9M
22 https://de.wikipedia.org/wiki/Flow_(Psychologie)
23 https://www.amazon.de/Die-vier-Versprechen-Freiheit-Würde/dp/3548745601/ref=sr_1_1?s=books&ie=UTF8&qid=1541828745&sr=1-1&keywords=die+vier+versprechen+don+miguel+ruiz
24 https://de.wikipedia.org/wiki/Stoa
25 https://de.wikipedia.org/wiki/Epiktet
27 https://de.wikipedia.org/wiki/Verkaufspsychologie
28 https://de.wikipedia.org/wiki/Verkaufspsychologie
29 https://de.wikipedia.org/wiki/Verkaufspsychologie

30 Gesammelte Schriften 1 zum frühgriechischen Epos“, Ernst Heitsch
31 ttps://www.stern.de/digital/computer/rede-in-stanford-steve-jobs-ueber-leben-und-tod-3769932.html
32 https://de.wikipedia.org/wiki/Sirene_(Mythologie)
33 http://thework.com/sites/thework/deutsch/
34 http://beingwithbyronkatie.de/wp-content/uploads/2017/06/ThreeKindsofBiz_ger_15un2015_a4_Europe.pdf
35 https://impulsdialog.de/ueber_uns/blog/ueber-neurone-im-herz-br-unser-herz-kann-mehr-als-gedacht
36 https://de.wikipedia.org/wiki/Virginia_Satir
37 https://de.wikipedia.org/wiki/Flow_(Psychologie)
38 https://de.wikipedia.org/wiki/Robert_Dilts
39 https://de.wikipedia.org/wiki/Low-Involvement-Produkte
40 https://www.helles-koepfchen.de/artikel/3108.html
41 https://karrierebibel.de/smart-methode/
42 https://de.wikipedia.org/wiki/Talmud
43 https://de.wikipedia.org/wiki/Sokrates
44 https://mymonk.de/3-siebe/
45 https://www.ted.com/talks/arianna_huffington_how_to_succeed_get_more_sleep?language=de
46 https://www.huffingtonpost.de/steffi-burkhart/buero-kollegen-freunde-warum-frollegen-auf-der-arbeit-gold-wert-sind_b_5643928.html
47 https://de.spiritualwiki.org/hawkins/skala
48 https://de.wikipedia.org/wiki/Energieerhaltungssatz
49 https://de.wikipedia.org/wiki/Oxymoron
50 https://www.mediummagazin.de/aktuelles-essay-drepper/
51 https://www.deutschlandfunk.de/menschsein-wir-sind-unsere-haltungen.886.de.html?dram:article_id=395766
52 https://www.zeit.de/1955/02/verkaufspsychologie
53 http://www.studgen.uni-mainz.de/manuskripte/jordan.pdf
54 https://www.apotheken-umschau.de/Medizin/Als-das-Herz-die-Heimat-der-Gefuehle-und-Gedanken-war-528611.html
55 https://de.wikipedia.org/wiki/Duncan_MacDougall
56 https://www.focus.de/gesundheit/ratgeber/herz/psychokardiologie-gesunde-seele-gesundes-herz_id_7314254.html
57 https://www.focus.de/wissen/experten/intelligenz-des-herzen-wie-intelligent-ist-ihr-herz_id_7503548.html
58 https://de.wikipedia.org/wiki/António_Damásio
59 http://www.online.emotion-der-film.de
60 https://de.wikipedia.org/wiki/Alain_de_Botton

61 https://en.wikipedia.org/wiki/Richard_Reed
62 https://www.derblauereiter.de/journal/journal/start/
63 https://de.wikipedia.org/wiki/Verkaufspsychologie
64 https://www.tonyrobbins.com/ask-tony/priming/
65 https://de.wikipedia.org/wiki/Was_ist_mit_Bob%3F
66 https://de.wikipedia.org/wiki/George_Armitage_Miller
67 https://www.stern.de/digital/computer/rede-in-stanford-steve-jobs-ueber-leben-und-tod-3769932.html
68 www.youtube.com/gedankentanken
69 www.ted.com
70 https://www.mindful-mornings.org/2017/08/30/copy-machine-experiment/
71 https://www.zeit.de/1993/16/forsche-forscher
72 https://www.welt.de/icon/design/article155995347/Heute-verkauft-man-Produkte-mit-guten-Geschichten.html
73 http://www.growthbystory.de
74 http://www.webspotting.de/e-commerce/das-kundenerlebnis-beim-fashion-einkauf-customer-experience-management-bei-mode-pure-playern/
75 https://www.gruenderszene.de/allgemein/sieben-todsuenden-verkauf
76 https://de.wikipedia.org/wiki/Milton_H._Erickson
77 https://www.youtube.com/watch?v=TIQgv8RpB8I
78 https://denysscharnweber.com/360-grad-du-das-kriegerseminar/
79 https://denysscharnweber.com/ki-vs-ziele/

Literatur

33 Herzensqualitäten – Die Intelligenz der Liebe // Christina Kessler

Geschichte der Konsumgesellschaft // Wolfgang König

Verkäufer, Firma, Kunde – Wie Amerika Verkaufskunst lehrt // Kurt Th. Friedlaender

Die vier Versprechen // Don Miguel Ruiz

Delivering Happiness: Wie konsequente Kunden- und Mitarbeiterorientierung einzigartige Unternehmen schaffen // Tony Hsieh

Königin und Samurai – Wenn Mann und Frau erwachen // Veit und Andrea Lindau

Der Pfad des friedvollen Kriegers // Dan Millman

Was im Leben wichtig ist: Begegnungen mit außergewöhnlichen Menschen und ihre wertvollsten Ratschläge // Richard Reed

Die Ebenen des Bewusstseins // David R. Hawkins

Das Café am Rande der Welt // John Strelecky

Handbüchlein der Moral // Epiktet

Loslassen – Der Pfad widerstandsloser Kapitulation // David R. Hawkins

Werde übernatürlich: Wie gewöhnliche Menschen das Ungewöhnliche erreichen // Joe Dispenza

Frag immer erst: warum: Wie Top-Firmen und Führungskräfte zum Erfolg inspirieren // Simon Sinek

der blaue reiter – Journal für Philosophie (Ausgabe 42, Titelthema „Liebe“)

Mein Weg zu dir: Kontakt finden und Vertrauen gewinnen // Virginia Satir

Brand Eins Magazin // Ausgabe „Das neue Verkaufen“ (2016)

Eventuell spirituell … ?! Eine ENTdeckungs-Tour // Saskia Winkler

TED Talks – Die Kunst der öffentlichen Rede // Chris Anderson

Die Kunst zu überzeugen: Faire und unfaire Dialektik // Albert Thiele

Verkaufen in digitalen Zeiten: Einfach mal Mensch sein // Lars Schäfer

Gespräche mit Gott // Neale Donald Walsch

Liebe und Erkenntnis // Max Scheler

Charlie und die Schokoladenfabrik // Roald Dahl

Die Schlaf-Revolution: So ändern Sie Nacht für Nacht Ihr Leben // Ariana Huffington

Im Anfang war das Gefühl – Der biologische Ursprung menschlicher Kultur // António Damásio

Die neue Medizin der Emotionen // David Servan-Schreiber

Gesammelte Schriften 1 zum frühgriechischen Epos // Ernst Heitsch

Was ist Haltung? Begriffsbestimmung, Positionen, Anschlüsse // Frauke A. Kurbacher

Unterwegs nach Nirgendwo // Paul Ferrini

Synonymischen Handwörterbuch der deutschen Sprache // Johann August Eberhard

Secrets of the Millionaire Mind // T. Harv Eker

Das Reiss Profile: Die 16 Lebensmotive. Welche Werte und Bedürfnisse unserem Verhalten zugrunde liegen // Steven Reiss